中国数论名家著作选系列

"十三五"国家重点图书

赋值论

Valuation Theory

● 戴执中 著

哈爾濱工業大學出版社
HARBIN INSTITUTE OF TECHNOLOGY PRESS

由黑龍江省精品圖書出版工程專項資金資助出版

内 容 简 介

赋值论是域论的一个分支，是研究“代数数论”和“交换代数”的一个工具.本书主要介绍赋值论的成果，共6章，包括：域的绝对值与一阶赋值、赋值与赋值环、赋值域的代数扩张、Hensel赋值域、极大赋值域与完全赋值域、环的赋值及附录等内容.

本书适合数学及相关专业师生和爱好者参考阅读.

图书在版编目(CIP)数据

赋值论/戴执中著.—哈尔滨：哈尔滨工业大学出版社，2019.7

ISBN 978-7-5603-8191-6

Ⅰ.①赋…　Ⅱ.①戴…　Ⅲ.①赋值　Ⅳ.①O153.4

中国版本图书馆CIP数据核字(2019)第090773号

策划编辑　刘培杰　张永芹
责任编辑　王勇钢
封面设计　孙茵艾
出版发行　哈尔滨工业大学出版社
社　　址　哈尔滨市南岗区复华四道街10号　邮编150006
传　　真　0451-86414749
网　　址　http://hitpress.hit.edu.cn
印　　刷　黑龙江艺德印刷有限责任公司
开　　本　787mm×1092mm　1/16　印张14.5　字数260千字
版　　次　2019年7月第1版　2019年7月第1次印刷
书　　号　ISBN 978-7-5603-8191-6
定　　价　98.00元

前言

作者曾于2008年出版《赋值论基础》一书，今值赋值理论面世已逾百年，借此机会对原书进行了增改，并增加一个附录，对该理论产生的背景及始创期的主要工作进行介绍. 自20世纪中叶始，赋值理论已延伸到域以外的其他代数分支. 今于本书最后一章对环的赋值做一简介. 挂一漏万，自所不免. 失误处希阅者见教为感.

作　者

2018年3月

本书部分常用符号

$\mathbf{N}$	自然数集
$\mathbf{Z}$	整数集;整数加群
$\mathbf{Q}$	有理数集;有理数域
$\mathbf{R}^+$	实数加群;正实数集
$\mathbf{Q}_p$	p — 进数域
(K,v)	赋值域
$(A,\mathfrak{M})$	v 的赋值对
Γ	序加群,v 的值群
$\Gamma_\infty = \Gamma \cup \{\infty\}$	增广序群
$D(\Gamma)$	群 Γ 的可除闭包
$\overline{K}$ 或 $\overline{K}_v$	赋值域(K,v)的剩余域
$I_K(R)$	子环 R 在域 K 内的整闭包
$e(w/v)$ 或 $e(L/K)$	v 在 L 上拓展 w 关于 v 的分歧指数
$f(w/v)$ 或 $f(L/K)$	v 在 L 上拓展 w 关于 v 的剩余次数
$G_z(w \mid K)$ 或 $G_z(B \mid K)$	w(或 B)关于 K 上的分解群
$K_z(w \mid K)$ 或 $K_z(B \mid K)$	w(或 B)在 K 上的分解域
$G_T(w \mid K)$ 或 $G_T(B \mid K)$	w(或 B)关于 K 的惯性群
$K_T(w \mid K)$ 或 $K_T(B \mid K)$	w(或 B)在 K 上的惯性域
$G_V(w \mid K)$ 或 $G_V(B \mid K)$	w(或 B)关于 K 的分歧群
$K_V(w \mid K)$ 或 $K_V(B \mid K)$	w(或 B)在 K 上的分歧域

◎目

第1章 域的绝对值与一阶赋值

1.1 域的绝对值

实数与复数的绝对值是我们熟知的概念，今以它的特征来给任意域定义一个类似的概念，使得数域上的绝对值成为其特款，并借此导出有关域的一系列重要理论.

定义 1.1 设 K 为任一域，$|\ |$ 表示从 K 到非负实数集 $\mathbf{R}^+$ 内的一个映射，满足下列条件：

① 对任一 $a \in K$ 均有 $|a| \geqslant 0$，且 $|a| = 0$ 当且仅当 $a = 0$；

② $|ab| = |a| \cdot |b|$；　　(1)

③ $|a+b| \leqslant |a| + |b|$.

其中，a，b 可取 K 中任何元，今称映射 $|\ |$ 为 K 的一个绝对值.

今暂以 e_1 记作 K 的乘法单位元，从定义即知有 $|e_1| = 1$ 以及 $|a| = |-a|$. 记 $K^* = K \setminus \{0\}$，$|K| = \{r \in \mathbf{R}^+$ 且 $r \neq 0 \mid \exists a \in K^*, |a| = r\}$. 显然，$|K|$ 是乘法群 $\mathbf{R}^+ \setminus \{0\}$ 的一个子群，称为 $|\ |$ 的值群. 另外，K^* 的子集 $\{a \in K \mid |a| = 1\}$ 是 K^* 的一个乘法子群，它的元称为关于 $|\ |$ 的单位. 若 K^* 中所有的元都是关于 $|\ |$ 的单位，即 $|K| = \{1\}$，则称 $|\ |$ 是 K 的一个浅显绝对值，或称 $|\ |$ 是浅显的. 若 $|K| \neq \{1\}$，则称 $|\ |$ 是非浅显的.

若将定义 1.1 中的条件 ③ 更换为较强的条件

$$|a+b| \leqslant \max\{|a|, |b|\} \quad \text{（记为条件 ③}'\text{）}$$

则称这种 $|\ |$ 为非阿基米德型的，或者称 $|\ |$ 为一非阿基米德绝对值，而将满足原有条件的绝对值称作阿基米德绝对值. 称满足定义 1.1 中 ①②③′ 的 $|\ |$ 为非阿基米德型，其依据在于由条件 ③′ 可得出

$$|me_1| = |\underbrace{e_1 + \cdots + e_1}_{m\text{个}}| \leqslant |e_1| = 1$$

即 K 中单位元 e_1 的任何整数倍在映射 $|\ |$ 下的取值均小于或等于 1. 这是绝对值 $|\ |$ 成为非阿基米德型的一个特征. 今有下面的定理.

定理 1.2　设 $|\ |$ 是域 K 的一个非浅显绝对值. $|\ |$ 成为非阿基米德型的，当且仅当对任何 $n \in \mathbf{Z}$，均有 $|ne_1| \leqslant 1$.

证明　只须证其充分性. 设 $a, b \in K$，n 为任一正整数，于是有

$$\begin{aligned} |a+b|^n = |(a+b)^n| &= \left| a^n + \binom{n}{1} a^{n-1}b + \cdots + b^n \right| \\ &\leqslant |a|^n + |a|^{n-1} \cdot |b| + \cdots + |b|^n \\ &\leqslant (n+1)\max\{|a|^n, |b|^n\} \end{aligned}$$

从而有

$$|a+b| \leqslant (n+1)^{\frac{1}{n}} \max\{|a|, |b|\}$$

由 $\lim\limits_{n\to\infty}(n+1)^{\frac{1}{n}} = 1$，即得

$$|a+b| \leqslant \max\{|a|, |b|\}$$

故条件 ③′ 成立. 这就证明了 $|\ |$ 是非阿基米德绝对值.

推论　对于特征数为 $p \neq 0$ 的域，其绝对值必然是非阿基米德型的.

非阿基米德绝对值[①]还有一个显著不同于阿基米德绝对值的特征. 由条件 ③′ 知，在域 K 中所有满足 $|a| \leqslant 1$ 的元组成 K 的一个子环，今记作 A. 在非浅显的前提下，A 中必有使 $0 < |a| < 1$ 成立的元 a，所有满足此要求的元，再添入 0，组成 A 中一个唯一的极大素理想，今记作 $\mathfrak{M}$. 从而由 A 关于 $\mathfrak{M}$ 的剩余类组成一个域，称为 K 关于 $|\ |$ 的剩余域，记为 $\overline{K} = A/\mathfrak{M}$. 由于非阿基米德绝对值能对所在域给出这些有意义的代数结构，这就使得它较阿基米德绝对值更具有探讨的价值. 经过形式的转化，它将成为今后讨论的"赋值"这一概念的特款，并以"一阶赋值"来称呼它.

---

① 所论绝对值，若无声明，均指非浅显的而言.

今先对绝对值作些初步讨论. 设 $|\ |_1$, $|\ |_2$ 是域 K 的两绝对值,如果从 $|a|_1<1$ 可得 $|a|_2<1$,就记作 $|\ |_1\sim|\ |_2$. 此关系"$\sim$"具有自反性是显然的. 它又有传递性,因由 $|\ |_1\sim|\ |_2$ 及 $|\ |_2\sim|\ |_3$ 显然可得 $|\ |_1\sim|\ |_3$. 今往证它尚有对称性.

引理 1.3 设 $|\ |_1\sim|\ |_2$,于是有 $|\ |_2\sim|\ |_1$.

证明 设 $|a|_2<1$. 若 $|a|_1>1$,则有 $\left|\frac{1}{a}\right|_1<1$,从而 $\left|\frac{1}{a}\right|_2<1$ 以及 $|a|_2>1$,矛盾! 又若 $|a|_1=1$,可取 $b\in K$ 使有 $|b|_1>1$,从而 $|b|_2>1$. 令 $c=a^nb$. 于是有 $|c|_1=|a^n|_1\cdot|b|_1>1$,以及 $|c|_2=|a^n|_2\cdot|b|_2>1$. 但 $|a^n|_2<1$,因此可取适当大的正整数 n,使得 $|a^nb|_2<1$. 由此又有 $|c|_1=|a^nb|_1<1$,矛盾! 因此由 $|a|_2<1$ 只能有 $|a|_1<1$,即 $|\ |_2\sim|\ |_1$. 证毕.

由以上所示即知"$\sim$"为一等价关系.

命题 1.4 设 $|\ |_1$, $|\ |_2$ 为域 K 的两绝对值,"$\sim$"的规定如上,于是下列诸论断是等价的:

① $|\ |_1\sim|\ |_2$;

② $|a|_1<1$ 当且仅当 $|a|_2<1$; (2)

③ 存在某一实数 $r>0$,使得 $|\ |_2=|\ |_1^r$,即对任何 $a\in K$ 皆有 $|a|_2=|a|_1^r$.

证明 由于"$\sim$"为一等价关系,故论断 ① 与 ② 等价,③ → ① 显然成立. 今往证 ② → ③. 取 $c\in K$ 使有 $|c|_1>1$,从而 $|c|_2>1$,令 $|a|_1=|c|_1^s$,s 是正实数. 若有理数 $\frac{m}{n}>s$,则 $|a|_1<|c|_1^{\frac{m}{n}}$,从而 $\left|\frac{a^n}{c^m}\right|_1<1$,于是 $\left|\frac{a^n}{c^m}\right|_2<1$. 由此又有 $|a|_2<|c|_2^{\frac{m}{2}}$. 又若 $\frac{m}{n}<s$,则有 $|a|_2>|c|_2^{\frac{m}{2}}$,从而得知 $|a|_2=|c|_2^s$. 又由 $s=\frac{\lg|a|_1}{\lg|c|_1}$,故有

$$|a|_2=|c|_2^{\frac{\lg|a|_1}{\lg|c|_1}}=|a|_1^{\frac{\lg|a|_2}{\lg|c|_2}}$$

因此 $\frac{\lg|c|_2}{\lg|c|_1}=\frac{\lg|a|_2}{\lg|a|_1}$ 是一个与 c 的选择无关的数,于是,只要令 $r=\frac{\lg|a|_2}{\lg|a|_1}$ 就可对任何 $a\in K$ 均有 $|a|_2=|a|_1^r$,即论断 ③ 成立.

③ → ① 是显然的,命题即告证明. □

当 $|\ |$ 为 K 的阿基米德绝对值时,必有 K 的单位元 e_1 的某个整倍元 me_1 使得 $|me_1|>1$. 今对有理数域 $\mathbf{Q}$ 考查它具有的阿基米德绝对值.

为了记法上的方便,今以 $|\ |_0$ 记通常的实数绝对值,对于 $\mathbf{Q}$ 的单位元仍以 1 记之. 今有下面的命题.

命题 1.5 有理数域 $\mathbf{Q}$ 的任何阿基米德绝对值 $|\ |$ 均与通常的绝对值 $|\ |_0$

等价.

证明(Artin)　只须对 **Q** 中的整数环 **Z** 进行论证. 设 m,n 均为大于 1 的整数,又令

$$n=a_0+a_1m+\cdots+a_tm^t \quad (a_t\neq 0, 0\leqslant a_i<m)$$

由于 $|\;|_0$ 是通常的绝对值,故对正的 m,n,a_i 不妨以 m,n,a_i 代替 $|m|_0$, $|n|_0$, $|a_i|_0$. 由

$$|n|\leqslant|a_0|+|a_1||m|+\cdots+|a_t||m|^t$$

以及 $0\leqslant a_i<m$,故有

$$|n|<m(1+|m|+\cdots+|m|^t)<m(t+1)\max\{1,|m|^t\}$$

据所设 $n\geqslant m^t$,故 $t\leqslant\dfrac{\lg n}{\lg m}$. 代入上式得

$$|n|<m\left(\frac{\lg n}{\lg m}+1\right)\max\{1,|m|\}^{\frac{\lg n}{\lg m}}$$

今以 n^s 代替 n,则有

$$|n^s|<m\left(\frac{s\lg n}{\lg m}+1\right)\max\{1,|m|\}^{\frac{s\lg n}{\lg m}}$$

从而 $|n|<\left(m\dfrac{s\lg n}{\lg m}+m\right)^{\frac{1}{s}}\max\{1,|m|^{\frac{\lg n}{\lg m}}\}$. 再令 $s\to\infty$,即得

$$|n|<\max\{1,|m|^{\frac{\lg n}{\lg m}}\} \tag{3}$$

由 $|\;|$ 是阿基米德绝对值,故有正整数 $m,n\neq 1$,使得 $|n|>1$, $|m|>1$,并可以从式(3) 得到

$$|n|^{\frac{1}{\lg n}}\leqslant|m|^{\frac{1}{\lg m}} \tag{4}$$

由于 n,m 在论证中是可以互换的,故式(4) 中应有等号成立,即

$$\frac{\lg|n|}{\lg n}=\frac{\lg|m|}{\lg m}=r$$

于是,对每个整数 n 皆有 $|n|=|n|_0^r$ 成立,据命题 1.4,即得 $|\;|\sim|\;|_0$,命题即告证明.

在讨论 **Q** 的非阿基米德绝对值之前,先给出一条并不局限于 **Q** 的引理:

引理 1.6　设 $|\;|$ 是域 K 的一个非阿基米德绝对值. 若对于 $a,b\in K$ 有 $|a|\neq|b|$,则有

$$|a+b|=\max\{|a|,|b|\} \tag{5}$$

证明　不妨设 $|a|>|b|$,由 $a=(a+b)-b$,可得

$$|a|\leqslant\max\{|a+b|,|b|\}=|a+b|$$

因此 $|a|\leqslant|a+b|\leqslant|a|$,即式(5) 成立,证毕.

现在来考虑 $\mathbf{Q}$ 上的非阿基米德绝对值. 设 $|\ |$ 为任一非浅显的非阿基米德绝对值，据前面指出，$\mathbf{Q}$ 中所有满足 $|a|\leqslant 1$ 的有理数集构成一个子环 A，并且其中凡满足 $|a|<1$ 的元组成 A 中唯一不等于 (0) 的素理想 $\mathfrak{M}$，即 A 的唯一极大理想，今在 $\mathfrak{M}$ 中取一最小正整数 $p\neq 0$ 使 $|p|$ 有最小值，这种整数是必然存在的. 因若 $r=\frac{m}{n}$ 有最小值 $|r|$，则由 $|m|=|r|\cdot|n|\leqslant|r|$ 知 $|m|=|r|$. 今设正整数 p 有最小值 $|p|$，不难验知 p 是素数. 因若 $p=ab$，其中 a,b 都是大于 1 且小于 p 的整数，故 $|a|=|b|=1$，从而 $|p|=|a||b|=1$，矛盾！现在来证明 $\mathfrak{M}$ 是由 p 生成的主理想. 设 $\frac{m}{n}\in\mathfrak{M}$. 若 m,n 都与 p 互素，例如 $m=ap+b,b\neq 0$，则由所设有 $|b|=1$. 据 $|m|\leqslant\max\{|ap|,|b|\}$，其中 $|ap|<1$，由引理 1.6 知 $|m|=|b|=1$，因此 $\frac{m}{n}=p^k\frac{m'}{n'}$，其中 m',n' 与 p 互素. 若 $k>0$，则 $\left|\frac{m}{n}\right|<1$，从而 $\frac{m}{n}\in\mathfrak{M}$；若 $k<0$，则 $\left|\frac{m}{n}\right|>1$，此时 $\frac{m}{n}\in\mathbf{Q}\backslash A$. 这表明了 $\mathfrak{M}=pA$，即 $\mathfrak{M}$ 是 A 中由 p 生成的主理想. 今设 $|p|=c,0<c<1$. 对于任一有理数 t 皆可写作 $t=p^l\frac{m}{n}$，其中，m,n 均与 p 互素，$l=0,\pm 1,\pm 2,\cdots$. 对此，可令 $|t|_p=c^l$，以及 $|0|_p=0$. 映射 $|\ |_p:\mathbf{Q}\to\mathbf{R}^+\cup\{0\}$ 显然满足定义 1.1 中的条件 ① 和 ②.

现在来证明条件 ③. 设 t 如前，令 $s=p^k\frac{a}{b}$，其中，$a,b\in\mathbf{Z}$，均与 p 互素. 于是 $|s|_p=c^k$. 若 $l>k$，则有

$$s+t=p^k\left(p^{l-k}\frac{m}{n}+\frac{a}{b}\right)=p^k\left(\frac{p^{l-k}bm+an}{bn}\right)$$

其中 $p^{l-k}bm+an$ 显然与 p 互素. 因此 $|s+t|_p=c^k=|s|_p>|t|_p$，即 $|s+t|_p=\max\{|s|_p,|t|_p\}$. 若 $l=k$，则 $s+t=p^l\left(\frac{a}{b}+\frac{m}{n}\right)=p^l\left(\frac{an+bm}{bn}\right)$. 由于 $an+bm$ 可能有 p 的因子，因此 $|s+t|_p\leqslant\max\{|s|_p,|t|_p\}$，即 $|\ |_p$ 满足条件 ③. 这证明了 $|\ |_p$ 是非阿基米德绝对值.

现在再给 $|\ |_p$ 另一个表达形式. 取 $c=\frac{1}{p}$，记 $l=v_p(t)$.

于是 $|t|_p=p^{-v_p(t)}$，$|s|_p=p^{-v_p(s)}$. 不难验知这个 v_p 具有以下的性质：

$v_p(0)=\infty$，∞ 是大于任何实数的符号.

$v_p(st)=v_p(s)+v_p(t)$.

$v_p(s+t) \geqslant \min\{v_p(s), v_p(t)\}$.

这个 v_p 是 2.2 节中所定义的赋值的一个特款.因此,我们又称 $| \ |_p$ 是 $\mathbf{Q}$ 的 p 一进赋值.

据命题1.4知 $| \ |_p$ 与原先所给的 $| \ |$ 是等价的,结合命题1.5可得定理如下:

定理 1.7(Ostrowski)[①] 有理数域 $\mathbf{Q}$ 的绝对值若是阿基米德型的,则与通常实数的绝对值等价;若是非阿基米德型的,则等价于 p 一进赋值,$p \neq 1$,可取正整数中任一素数. □

依照上述证明中出现的 v_p,可以对任一域 K 的非阿基米德绝对值 $| \ |$ 做类似的处理,即令

$$|a| = \mathrm{e}^{-v(a)} \quad (a \in K) \tag{6}$$

e 是自然对数的底,v 作为映射 $K \to \mathbf{R} \cup \{\infty\}$ 满足以下的条件:

①$v(a) \in \mathbf{R} \cup \{\infty\}$,$v(a) = \infty$,当且仅当 $a = 0$;

②$v(ab) = v(a) + v(b)$; (7)

③$v(a+b) \geqslant \min\{v(a), v(b)\}$.

其中,∞ 与任一实数 r 的运算为 $r + \infty = \infty + \infty = \infty$,以及 $r < \infty$.这样定义的映射 v 称为域 K 的一个一阶赋值.至于前面出现的 v_p,由于它取值于 $\mathbf{Z} \cup \{\infty\}$,故称为 $\mathbf{Q}$ 的一阶离散赋值.在下一章我们再对此予以一般化,即令映射 v 所取的值并不局限于实数范围.

在讨论了等价的绝对值后,今对不等价的情形做一简约讨论.域的两个绝对值若无等价关系,就称它们是独立的,现在先给出如下的引理:

引理 1.8 设 $| \ |_1, | \ |_2, \cdots, | \ |_n (n \geqslant 2)$ 是域 K 的 n 个绝对值,其中任意两个均是互为独立的,于是有 $a \in K$,满足以下条件

$$|a|_1 > 1, \ |a|_i < 1 \quad (i = 2, \cdots, n)$$

证明 当 $n = 2$ 时,有 $c \in K$ 使得 $|c|_1 > 1$,$|c|_2 \leqslant 1$,以及 $b \in K$ 使得 $|b|_1 \leqslant 1$,$|b|_2 > 1$.于是取 $a = cb^{-1}$,即得 $|a|_1 > 1$ 及 $|a|_2 < 1$,故结论对 $n = 2$ 成立.今对 n 使用归纳法,设有 $c \in K$ 满足

$$|c|_1 > 1, \ |c|_i < 1 \quad (i = 3, \cdots, n)$$

又有 $b \in K$ 使得 $|b|_1 > 1$,$|b|_2 < 1$.对于 $|c|_2$ 则有两种可能:$|c|_1$ 或 $|c|_2 > 1$.就第一种可能而论,可取 $a = c^r b$,r 是适当大的正整数,于是

$$|a|_1 > 1, \ |a|_2 < 1, \cdots, \ |a|_n < 1$$

① 见本章参考文献[11].

若 $|c|_2>1$，可取 $a=\dfrac{c^r b}{1+c^r}$. 当 $r\to\infty$ 时，有 $|a|_1\to|b|_1>1$，$|a|_2\to|b|_2<1$ 以及 $|a|_i\to 0<1, i=3,\cdots,n$. 因此，引理成立.[①]

定理 1.9（逼近定理，Artin-Whaples）[②]　设 $||_1,\cdots,||_n(n\geqslant 2)$ 是域 K 的 n 个绝对值，其中任意两个均为独立；又设 $a_1,\cdots,a_n\in K$ 为任意取定的元；$\varepsilon>0$ 为任一给定的实数. 于是，有 $a\in K$ 满足

$$|a-a_i|_i<\varepsilon\quad(i=1,\cdots,n)$$

证明　据上述引理，对每个 $||_i$ 都可取一个 $b_i\in K$，使得 $|b|_i>1$，$|b_i|_j<1, j\neq i, i,j=1,\cdots,n$. 令 r 是正整数，当 $r\to\infty$ 时，有

$$\left|\frac{b_i^r}{1+b_i^r}\right|_i\to 1,\left|\frac{b_i^r}{1+b_i^r}\right|_j\to 0\quad(j\neq i)$$

因此又有

$$\left|\frac{a_ib_i^r}{1+b_i^r}\right|_i\to a_i,\left|\frac{a_ib_i^r}{1+b_i^r}\right|_j\to 0\quad(j\neq i)$$

于是当 $r\to\infty$ 时，有

$$\left|\sum_{i=1}^n\frac{a_ib_i^r}{1+b_i^r}\right|_j\to a_j$$

只要令 $a=\sum\limits_{i=1}^n\dfrac{a_ib_i^r}{1+b_i^r}$，取充分大的 r 就有

$$|a-a_i|_i<\varepsilon\quad(i=1,\cdots,n)$$

定理即告成立.

此定理还可以进一步导出以下的推论.

推论　设 $||_i$ 及 a_i 如定理所设，$i=1,\cdots,n$；又以 $r_1,\cdots,r_n$ 分别表示 $||_1,\cdots,||_n$ 的值群中任意取定的实数，于是有 $a\in K$ 满足

$$|a-a_i|_i=r_i\quad(i=1,\cdots,n)$$

证明　取实数 $\varepsilon<\min\{r_1,\cdots,r_n\}$，对每个 r_i 在 K 中取元 x_i，使有 $|x_i|_i=r_i$，由定理知存在元 $x\in K$，使得

$$|x-x_i|_i<\varepsilon<r_i$$

对每个 $i=1,\cdots,n$ 成立. 从 $x=x-x_i+x_i$ 知

$$|x|_i=|x-x_i+x_i|_i=\max\{|x-x_i|_i,|x_i|_i\}=r_i$$

又由定理知有 $y\in K$ 满足

---

① 在引理中自然也可以选某个 $a\in K$，使得 $|a|_i>1$，$|a|_j<1, j\neq i, i,j=1,\cdots,n$.

② 见本章参考文献[2][3][6]；对于一般的情况见 2.8 节.

$$|y-a_i|_i<\varepsilon \quad (i=1,\cdots,n)$$

令 $a=x+y$，于是有

$$|a-a_i|_i=|y-a_i+x|_i=\max\{|y-a_i|_i,|x|_i\}=|x|_i=r_i$$

对每个 $i=1,\cdots,n$ 成立. 推论即告证明.

从定理的证明尚可得知，实际上可以有无限多个 a 满足定理及推论的要求.

1.2 域关于绝对值的完全化

设域 K 带有一个绝对值 $|\,|$，今记以 $(K,|\,|)$. 令 $\{a_n\}_{n\in\mathbf{N}}$ 是 K 中一序列，若对于任一 $\varepsilon>0$（ε 是实数），恒有某个正整数 n_0，使得当 $n>n_0$，$m>n_0$ 时有 $|a_n-a_m|<\varepsilon$ 成立，则称 $\{a_n\}_n$ 为一 $|\,|-$ 收敛序列. 又若 K 中有元 a，使得对任一 $\varepsilon>0$，总有 n_0，当 $n>n_0$ 时就有 $|a-a_n|<\varepsilon$ 成立，则称 a 为序列 $\{a_n\}_n$ 的 $|\,|-$ 极限，记以 $|\,|-\lim\limits_{n\to\infty}a_n=a$，此时又可称 $\{a_n\}_n$ $|\,|-$ 收敛于 a. 从绝对值的条件③不难得知，当 $\{a_n\}_n$ 是 $|\,|$ 收敛序列时，$\{|a_n|\}_n$ 是通常意义下的收敛序列. 有 $|\,|-$ 极限的序列必为 $|\,|-$ 收敛序列. 若 $\{a_n\}_n$ 的 $|\,|-$ 极限为 0，则称 $\{a_n\}_n$ 为 $|\,|-$ 零序列. 当 $(K,|\,|)$ 中每个 $|\,|-$ 收敛序列都在 K 中有 $|\,|-$ 极限时，就称 $(K,|\,|)$ 为完全域，或称 K 关于 $|\,|$ 是完全的. 对于一个不是完全域的 $(K,|\,|)$，如何做出一个包含它的完全域 $(\widetilde{K},|\,|^{\sim})$，使得 $K\subsetneqq\widetilde{K}$，$|\,|^{\sim}$ 又是 $|\,|$ 的拓展，这将是本节所要讨论的课题. 首先引进有关的称谓：设 $(K_1,|\,|_1)$ 与 $(K_2,|\,|_2)$ 是两个带有绝对值的域，若 $K_1\subsetneqq K_2$，并且对任何 $a\in K_1$ 皆有 $|a|_2=|a|_1$，则称 $|\,|_2$ 是 $|\,|_1$ 在 K_2 上的拓展；又称 $|\,|_1$ 是 $|\,|_2$ 在子域 K_1 上的限定，记以 $|\,|_1=|\,|_{2|K_1}$. 此时，可称 $(K_2,|\,|_2)$ 为 $(K_1,|\,|_1)$ 的带绝对值的域扩张，记以 $(K_1,|\,|_1)\subsetneqq(K_2,|\,|_2)$. 至于所涉及的绝对值 $|\,|$，不论是阿基米德型，或非阿基米德型的均可. 至于浅显的特款，那就是单纯的域扩张.

以下我们恒设 $(K,|\,|)$ 是任一带有绝对值 $|\,|$ 的域.

定义 1.10 设 $(K,|\,|)$，$(\widetilde{K},|\,|^{\sim})$ 为两个带有绝对值的域，若满足下列条件：

①$(K,|\,|)\subsetneqq(\widetilde{K},|\,|^{\sim})$；

②$(\widetilde{K},|\,|^{\sim})$ 是一个完全域； (8)

③K 在 $\widetilde{K}$ 中稠密，即 $\widetilde{K}$ 的每个元都是 K 中某个 $|\,|-$ 收敛序列的 $|\,|^{\sim}$ 极限，

则称 $\widetilde{K}$ 是 K 关于 $|\ |$ 的一个完全化，或称($\widetilde{K}$, $|\ |^{\sim}$) 是(K, $|\ |$) 的一个完全化.

例如，有理数域 **Q** 关于通常的绝对值 $|\ |_0$ 不是完全的，它的完全化就是带有通常绝对值的实数域 **R**.

为了对给定的(K, $|\ |$) 构作它的完全化，应先给 K 的序列 $\{a_n\}_n$，$\{b_n\}_n$ 规定加与乘的运算如下

$$\{a_n\}_n + \{b_n\}_n = \{a_n + b_n\}_n$$

$$\{a_n\}_n \cdot \{b_n\}_n = \{a_n b_n\}_n \tag{9}$$

今以 $\widetilde{A}$ 记(K, $|\ |$) 中所有 $|\ |$－收敛序列所成的集，现在证明 $\widetilde{A}$ 关于以上所定义的加与乘都是封闭的. $\widetilde{A}$ 关于加法的封闭性是易知的，为证明 $\widetilde{A}$ 关于乘法也封闭，先来证明一个事实，即由 $|\ |$－收敛序列 $\{a_n\}_n$ 所得到的实数序列 $\{|a_n|\}_n$ 均有界. 设 $\{a_n\}_n$ 是 $|\ |$－收敛序列，取任一实数 $\varepsilon > 0$. 于是有 $n_0 \in \mathbf{N}$，使得当标号 $s \geqslant n_0$，$t \geqslant n_0$ 时，有 $|a_s - a_t| < \varepsilon$ 成立. 由

$$|a_s| = |a_s - a_{n_0} + a_{n_0}| \leqslant |a_s - a_{n_0}| + |a_{n_0}| < \varepsilon + |a_{n_0}|$$

取实数 $\gamma > \max\{|a_1|, \cdots, |a_{n_0}|\}$，于是有

$$|a_s| < \gamma + \varepsilon = \lambda_1$$

对所有的 a_n 皆成立，故 $\{|a_n|\}_n$ 是有界的. 对于 $|\ |$－收敛序列 $\{b_n\}_n$ 也同样可得到一个实数 λ_2，使得对每个 b_n 皆有 $|b_n| < \lambda_2$. 做了如上的选取后，对任一 $\varepsilon > 0$，总可选取某个 $m_0 \in \mathbf{N}$，使得当标号 $s \geqslant m_0$，$t \geqslant m_0$ 时有

$$|a_s - a_t| < \frac{\varepsilon}{2\lambda_2} \text{ 与 } |b_s - b_t| < \frac{\varepsilon}{2\lambda_1}$$

成立，于是可得

$$\begin{aligned}
|a_s b_s - a_t b_t| &= |a_s(b_s - b_t) + (a_s - a_t)b_t| \\
&\leqslant |a_s||b_s - b_t| + |a_s - a_t||b_t| \\
&< \lambda_1 |b_s - b_t| + \lambda_2 |a_s - a_t| \\
&< \lambda_1 \frac{\varepsilon}{2\lambda_1} + \lambda_2 \frac{\varepsilon}{2\lambda_2} = \varepsilon
\end{aligned}$$

这就证明了由式(9) 所规定的乘法使得 $|\ |$－收敛序列的积仍然是 $|\ |$－收敛序列，从而按式(9) 的规定 $\widetilde{A}$ 是交换环.

今以 $\widetilde{\mathfrak{M}}$ 记作 $\widetilde{A}$ 中所有 $|\ |$－零序列所组成的集，$\widetilde{\mathfrak{M}}$ 关于加法显然是封闭的，又由于 $|\ |$－收敛序列的值所组成的实数序列有界，故 $|\ |$－零序列与 $|\ |$－收敛序列的乘积是 $|\ |$－零序列，这表明了 $\widetilde{\mathfrak{M}}$ 是 $\widetilde{A}$ 的一个理想. 为证明 $\widetilde{\mathfrak{M}}$ 是 $\widetilde{A}$ 的极大理想，今有下面的引理.

引理 1.11　设 $\{a_n\}_n$ 是 $|\ |$－收敛序列，但不是 $|\ |$－零序列，于是有某个正实

数 η，以及某个 $m_0\in\mathbf{N}$，使得当标号 $s\geqslant m_0$ 时，有

$$|a_s|>\eta$$

成立.

证明 由于 $\{a_n\}_n$ 不是 $||$－零序列，故对某个 $\varepsilon>0$，无论 m_0 取多大的正整数，总有标号 $n>m_0$ 使得 $|a_n|<\varepsilon$. 另外，由于 $\{a_n\}_n$ 是 $||$－收敛序列，故对适当选取的 $n_0\in\mathbf{N}$，当 $s\geqslant n_0$，$t\geqslant n_0$ 时，有

$$|a_s-a_t|<\frac{\varepsilon}{2}$$

成立. 令 $t=m$，于是对于 $s\geqslant m_0$ 恒有

$$|a_s|=|a_s-a_m+a_m|\geqslant|a_m|-|a_s-a_m|>\varepsilon-\frac{\varepsilon}{2}=\frac{\varepsilon}{2}$$

取 $\eta=\dfrac{\varepsilon}{2}$ 即能满足引理的要求. 证毕. □

回到所欲证明的事实上来，假若 $\widetilde{\mathfrak{M}}$ 不是 $\widetilde{A}$ 的极大理想，则存在理想 $\widetilde{\mathfrak{M}}'\supsetneqq\widetilde{\mathfrak{M}}$，此时有某个 $\{b_n\}_n\in\widetilde{\mathfrak{M}}'\backslash\widetilde{\mathfrak{M}}$. $\{b_n\}_n$ 是 $||$－收敛序列，但不是 $||$－零序列. 据上述引理，当 $s\geqslant m_0$ 时，有某个正实数 η，使得

$$|b_s|>\eta$$

成立. 不失一般性，不妨设 $b_{m_0},b_{m_0+1},\cdots$ 均不等于 0. 今另作一序列 $\{c_n\}_n$，其中 $c_n=\dfrac{1}{b_n}$，$n=m_0,m_0+1,\cdots$. 于是

$$|c_s-c_t|=\left|\frac{1}{b_s}-\frac{1}{b_t}\right|=\left|\frac{b_t-b_s}{b_sb_t}\right|$$

取 $n_0>m_0$，使得当 $s\geqslant n_0$，$t\geqslant n_0$ 时，有 $|b_t-b_s|<\eta^2\varepsilon$，于是有

$$|c_s-c_t|<\frac{1}{\eta^2}|b_s-b_t|<\frac{1}{\eta^2}\eta^2\varepsilon=\varepsilon$$

这表明了 $\{c_n\}_n\in\widetilde{A}$. 另外，由式(9) 可得

$$\{c_n\}_n\cdot\{b_n\}_n=\{\underbrace{\cdots}_{\text{有限多个}},1,1,\cdots\}$$

故 $\{b_n\}_n$ 是 $\widetilde{A}$ 中的单位，从而 $\widetilde{\mathfrak{M}}'=\widetilde{A}$. 这就证明了 $\widetilde{\mathfrak{M}}$ 是 $\widetilde{A}$ 中的极大理想，而且是唯一的极大理想.

今以 $\widetilde{K}$ 记剩余域 $\widetilde{A}/\widetilde{\mathfrak{M}}$，它的元是 $\widetilde{A}$ 中序列关于 $\widetilde{\mathfrak{M}}$ 的剩余类，例如 $\alpha=\{a_n\}_n+\widetilde{\mathfrak{M}}$. 对于 K 的每个元 a，都对应一个 $||$－收敛序列 $\{a,a,\cdots\}$，记以 $\tilde{a}=\{a,a,\cdots\}+\widetilde{\mathfrak{M}}$. 于是

$$a\to\tilde{a}\tag{10}$$

就是一个从 K 到 $\widetilde{K}$ 内的单一映射，而且又是同态映射，因此 $\widetilde{K}$ 包含一个与 K 同

构的子域. 如果将 K 与它在 $\widetilde{K}$ 内的同构象等同起来,$\widetilde{K}$ 就成为 K 的一个扩域.

前已指出,当$\{a_n\}_n$ 为 K 中$|\,|$—收敛序列时,$\{|a_n|_0\}_n$ 是实数域 $\mathbf{R}$ 中的收敛序列,由($\mathbf{R}$, $|\,|_0$) 是完全域,故收敛序列$\{|a_n|_0\}_n$ 在 $\mathbf{R}$ 中有极限. 因此,对 $\alpha=\{a_n\}_n+\widetilde{\mathfrak{M}}$ 可以定义它的绝对值为

$$|\alpha|^{\sim}=|\,|_0-\lim_{n\to\infty}|a_n|_0 \tag{11}$$

定义的有效性不难验知. 若α 又可表如$\{a'_n\}_n+\widetilde{\mathfrak{M}}$,则$\{a_n-a'_n\}_n+\widetilde{\mathfrak{M}}$ 是$|\,|$—零序列,因此有

$$|\,|_0-\lim_{n\to\infty}|a_n|_0=|\,|_0-\lim_{n\to\infty}|a'_n|_0$$

容易验明,由式(11) 定义的$|\,|^{\sim}$ 能满足定义 1.1 的条件. 另外,由式(10) 与(11)可得

$$|a|^{\sim}=|\tilde{a}|^{\sim}=|\,|-\lim_{n\to\infty}|a|=|a|$$

因此,$|\,|^{\sim}$ 是 $|\,|$ 在 $\widetilde{K}$ 上的一个拓展,即(K, $|\,|$) $\subsetneq$ ($\widetilde{K}$, $|\,|^{\sim}$).

定理 1.12 在上述符号的意义上,($\widetilde{K}$, $|\,|^{\sim}$) 是(K, $|\,|$) 的一个完全化.

证明 定义 1.10 的条件 ① 显然成立,故只须验证定义中的 ② 与 ③,先来证条件 ③:设 $\alpha\in\widetilde{K}$ 由 K 中$|\,|$—收敛序列$\{a_n\}_n$ 所给定,于是

$$|\alpha-a_n|^{\sim}=|\,|^{\sim}\lim_{i\to\infty}|a_i-a_m|$$

对任一 $\varepsilon>0$,有某个 $n_0\in\mathbf{N}$,使得当 $n>n_0$,$m>n_0$ 时,有 $|a_n-a_m|<\varepsilon$,因此,只要 $m>n_0$ 就有 $|\alpha-a_m|^{\sim}<\varepsilon$. 这就证明了$\{a_n\}_n$ 在域$\widetilde{K}$ 中$|\,|^{\sim}$—收敛于 α,即 K 在 $\widetilde{K}$ 中是稠密的.

现在来验证定义中的条件 ②:设$\{\alpha_1,\alpha_2,\cdots\}$ 是 $\widetilde{K}$ 中一个 $|\,|^{\sim}$—收敛序列,今任取一个以 0 为极限的递减正实数列$\{\varepsilon_1,\varepsilon_2,\cdots\}$,据以上对条件 ③ 的证明,对每个 α_i 总有 K 中的元 a_i,使得有关系

$$|\alpha_i-a_i|^{\sim}<\varepsilon_i\quad(i=1,2,\cdots)$$

于是得到 K 的一个序列$\{a_i\}_i$. 今往证$\{a_i\}_i$ 是$|\,|$—收敛序列. 任取实数 $\varepsilon>0$,由于$\{\varepsilon_1,\varepsilon_2,\cdots\}$ 是以 0 为极限的递减实数序列,故有某个正整数 n_1,使得当 $i\geqslant n_1$ 时,有 $\varepsilon_i<\dfrac{\varepsilon}{3}$. 又由于$\{\alpha_i\}_i$ 是 $|\,|^{\sim}$— 收敛序列,故有正整数 n_2,使得当 $s\geqslant n_2$,$t\geqslant n_2$ 时,有 $|\alpha_s-\alpha_t|^{\sim}<\dfrac{\varepsilon}{3}$. 取 $n_0=\max\{n_1,n_2\}$,于是当 $s\geqslant n_0$,$t\geqslant n_0$ 时,有

$$\begin{aligned}|a_s-a_t|&=|a_s-\alpha_s+\alpha_s-\alpha_t+\alpha_t-a_t|^{\sim}\\&\leqslant|a_s-\alpha_s|^{\sim}+|a_t-\alpha_t|^{\sim}+|\alpha_s-\alpha_t|^{\sim}\end{aligned}$$

$$\leqslant \varepsilon_s + \varepsilon_t + \frac{\varepsilon}{3} < \frac{\varepsilon}{3} + \frac{\varepsilon}{3} + \frac{\varepsilon}{3} = \varepsilon$$

这就证明了$\{a_n\}_n$是$||$－收敛序列.据$\widetilde{K}$的做法,$\{a_n\}_n$是以α为它在$\widetilde{K}$中的$||^{\sim}$－极限,今证明α同时又是$\{\alpha_i\}_i$的$||^{\sim}$－极限.任取$\varepsilon>0$,有$n_1\in\mathbf{N}$使得当$i\geqslant n_1$时,有$|\alpha_i - a_i|^{\sim} < \frac{\varepsilon}{2}$;另外,又有$n_2\in\mathbf{N}$,使得当$i\geqslant n_2$时,有$|\alpha - a_i|^{\sim} < \frac{\varepsilon}{2}$.于是可取$n_0=\max\{n_1,n_2\}$,使得当$i\geqslant n_0$时,有

$$\begin{aligned}|\alpha_i - \alpha|^{\sim} &= |\alpha_i - a_i + a_i - \alpha|^{\sim} \\ &\leqslant |\alpha_i - a_i|^{\sim} + |a_i - \alpha|^{\sim} \\ &< \frac{\varepsilon}{2} + \frac{\varepsilon}{2} = \varepsilon\end{aligned}$$

因此$||^{\sim}-\lim\limits_{i\to\infty}\alpha_i=\alpha$,这就证明了$(\widetilde{K},||^{\sim})$是完全域.定义1.10的条件全部满足,定理即告成立.

尚需证明$(K,||)$的完全化$(\widetilde{K},||^{\sim})$具有某种意义上的唯一性.为此,今再引进一个概念;对于具有绝对$||$的域K,可以利用这个$||$在K上规定一个度量d,使得K成为一个度量空间,令

$$d(a,b)=|a-b| \quad (\forall a,b\in K) \tag{12}$$

并要求d满足下列条件:

①$d(a,b)\geqslant 0$,$d(a,b)=0$当且仅当$a=b$;

②$d(a,b)=d(b,a)$; (13)

③$d(a,b)+d(b,c)\geqslant d(a,c)$.

按$||$的性质,以上诸条件均能成立.对于任一实数$\varepsilon>0$,令

$$V_\varepsilon(a)=\{x\in K \mid d(a,x)<\varepsilon\}$$

并且称它为a的一个ε－邻域.当K作为集合时,设U是它的一个子集,称U为开集,当且仅当对U中任一元a,必有a的某个ε－邻域$V_\varepsilon(a)$含在U内.据此规定,集合K成一拓扑空间,具体而言,是一个带有度量d的度量空间,记以(K,d).今有下面的定理.

定理 1.13 带有绝对值的域$(K,||)$,在式(12)的规定下成一拓扑域.

证明 首先,由

$$\begin{aligned}d((x+a)+(y+b),(a+b)) &= |(x+a)+(y+b)-(a+b)| \\ &= |x+y| \leqslant |x|+|y|\end{aligned}$$

取$x\in V_{\frac{\varepsilon}{2}}(a)$,$y\in V_{\frac{\varepsilon}{2}}(b)$,由上式可得

$$d((x+a)+(y+b),(a+b))<\varepsilon$$

因此加法运算是连续的,又由 $|-x|=|x|$ 知减法也连续.其次,要考虑乘法运算及除法运算.先考虑前者,从

$$\begin{aligned} d((x+a)(y+b),ab) &= |xy+ay+bx| \\ &\leqslant |x|(|y|+|b|)+|y||a| \end{aligned}$$

适当地取 $\varepsilon_1>0,\varepsilon_2>0$,使得 $x\in V_{\varepsilon_1}(a),y\in V_{\varepsilon_2}(b)$ 时,上式右边小于 ε,ε 是给定的正实数,这表明了(K,d) 中的乘法是连续的.最后,来考查除法的连续性.由

$$\begin{aligned} d((a+x)^{-1},a^{-1}) &= |(a+x)^{-1}-a^{-1}| \\ &= |(a+x)^{-1}(1-(a+x)a^{-1})| \\ &= \frac{|x|}{|a|\cdot|a+x|} \\ &\leqslant \frac{|x|}{|a|\cdot||a|-|x||} \end{aligned}$$

若令 $|a|=\zeta$,对于 $\varepsilon>0$,只须取 x 使得 $|x|<\zeta^2\varepsilon$ 就可使上式右边小于 ε,因此除法也是连续的.从而$(K,||)$ 在度量空间(K,d) 中是拓扑域.

设$(K,||)$,$(K',||')$ 是两个带绝对值的域.若 K 与 K' 间有同构映射 π,使得 K 中 $||$-零序列$\{a_n\}_n$ 映射到 K' 中的 $||'$-零序列$\{\pi(a_n)\}_n$,则称$(K,||)$ 与$(K',||')$ 是解析同构的.

另外,设 d,d' 分别是 K,K' 经式(12) 所定义的度量,若同构 π 使得对任何 $x,y\in K$ 均有 $d(x,y)=d'(\pi(x),\pi(y))$ 成立,则称 π 是度量空间(K,d) 与(K',d') 间的一个等距同构.

又如果 K,K' 均为某个域 F 的扩域,且 π 在 F 上的限制为恒同映射,以及对任一 $a\in F$ 均有 $|a|=|a|'$,从而对 $x,y\in F$ 将有 $d(x,y)=d'(x,y)$,此时可称$(K,||)$ 与$(K',||')$ 为 F-解析同构的,(K,d) 与(K',d') 为 F-等距同构空间.今有下面的定理.

定理 1.14 设$(\widetilde{K},||^{\sim})$ 是$(K,||)$ 的一个完全化,于是有以下的论断成立:

① 除 K-解析同构不计外,$(\widetilde{K},||^{\sim})$ 是唯一确定的;

② 作为度量空间,$(\widetilde{K},\widetilde{d})$ 是唯一确定的,此处 $\widetilde{d}$ 定义为 $\widetilde{d}(\alpha,\beta)=|\alpha-\beta|^{\sim}$.

证明 ① 设 $\widetilde{K}_1,\widetilde{K}_2$ 是$(K,||)$ 的两个完全化,$||_1^{\sim}$,$||_2^{\sim}$ 分别是 $||$ 在 $\widetilde{K}_1,\widetilde{K}_2$ 上的拓展.令 $\alpha\in\widetilde{K}_1$ 为 K 中 $||$-收敛序列$\{a_n\}_n$ 在 $\widetilde{K}_1$ 上的 $||_1^{\sim}$-极限;同一个$\{a_n\}_n$ 在 $\widetilde{K}_2$ 中的 $||_2^{\sim}$-极限记作 α'.于是令

$$\pi: \alpha \to \alpha'$$

这是一个从 $\widetilde{K}_1$ 到 $\widetilde{K}_2$ 的单一 $K-$同态. 因若 $\alpha \neq \beta$ 是 $\widetilde{K}_1$ 中分别由 K 的 $|\,|-$收敛序列 $\{a_n\}_n$ 和 $\{b_n\}_n$ 所定出的元，则 $\{a_n - b_n\}_n$ 不是 $|\,|-$零序列，故 $\{a_n\}_n$ 与 $\{b_n\}_n$ 不能给出 $\widetilde{K}_2$ 中同一个元. π 显然是满射的，因此 π 是 $\widetilde{K}_1$ 与 $\widetilde{K}_2$ 间的一个 $K-$同构. 由

$$|\alpha|_{\tilde{1}} = \lim_{n\to\infty} |a_n| \to \lim_{n\to\infty} |\pi(a_n)| = |\alpha'|_{\tilde{2}}$$

即知 π 是 $(\widetilde{K}_1, |\,|_{\tilde{1}})$ 与 $(\widetilde{K}_2, |\,|_{\tilde{1}})$ 间的一个 $K-$解析同构.

② 从上述证明已可得知，若令

$$\tilde{d}(\alpha,\beta) = |\alpha - \beta|^{\sim}$$

$$\tilde{d}'(\alpha',\beta') = \tilde{d}'(\pi(\alpha),\pi(\beta)) = |\alpha' - \beta'|^{\sim}$$

则 π 是 $(\widetilde{K},\tilde{d})$ 与 $(\widetilde{K}',\tilde{d}')$ 间的一个 $K-$等距同构. 由于 π 与它的逆 π^{-1} 都是连续的，故 π 是 $(\widetilde{K},\tilde{d})$ 与 $(\widetilde{K}',\tilde{d}')$ 间的一个同胚映射. 证毕.

作为完全化的例子，先来看有理数域 $(\mathbf{Q}, |\,|)$，此处 $|\,|$ 为一个阿基米德绝对值. 前已指出，$|\,|$ 等价于通常实数的绝对值 $|\,|_0$，但 $(\mathbf{Q}, |\,|_0)$ 的完全化除解析同构不计外，就是实数域 $(\mathbf{R}, |\,|_0)$，这已是熟知的事实. 现在对非阿基米德的情形进行考虑，前已指出，经过转换，它们可以改为 $p-$进赋值 v_p，取值于 $\mathbf{Z} \cup \{\infty\}$，并且称之为一阶离散赋值. 作为赋值而言，它所满足的条件已由式(7) 给出. 由于值群的改变，引理 1.6 对于赋值而论也有相应的变更，为以后的应用计，今将该引理的内涵陈述如下[①]：

在赋值域 (K,v) 中，若 $v(a) \neq v(b)$，则有

$$v(a+b) = \min\{v(a), v(b)\} \tag{14}$$

证明同于引理 1.6 之证，兹从略. 又为了今后在记法上保持一致，今以 v 来记 v_p.

定理 1.15 设 (K,v) 是一阶赋值域，$(\widetilde{K},\tilde{v})$ 是它的完全化域，于是有 $\Gamma = v(K) = \widetilde{\Gamma} = \tilde{v}(\widetilde{K})$，即二者有相同的值群；此外，它们的剩余域除同构不计外，也是相同的.

证明 设 $\alpha \in \widetilde{K}$ 且 $\alpha \neq 0$ 是由 K 中 $v-$收敛序列 $\{a_n\}_n$ 所定出的元. 由式(11)，有 $\tilde{v}(\alpha) = \lim\limits_{n\to\infty} v(a_n)$. 由于 $\{a_n\}_n$ 不是 $v-$零序列，故有正实数 η，使得当标号 s 大于某个 $n_0 \in \mathbf{N}$ 时，有 $v(a_s) < \eta$；另外，由于 $\{a_n\}_n$ 是 $v-$收敛序列，故自某一标号 n_1 起，恒有 $v(a_i - a_s) > \eta, i \geqslant n_1, s \geqslant n_1$. 取 $m = \max\{n_0, n_1\}$，于是由

① 此结论并不局限于一阶赋值，见第 2 章.

式(14)知,当 $i \geqslant m, s \geqslant m$ 时,有

$$v(a_i) = v(a_i - a_s + a_s) = \min\{v(a_i - a_s), v(a_s)\} = v(a_s)$$

即自某个 a_m 起,所有的 $v(a_i)$ 相等,从而 $\tilde{v}(\alpha) = v(a_s), s \geqslant m$,这就证明了 $\widetilde{\Gamma} = \tilde{v}(\widetilde{K}) = v(K) = \Gamma$.

现在来证明定理的后一论断,置

$$\widetilde{A} = \{\alpha \in \widetilde{K} \mid \tilde{v}(\alpha) \geqslant 0\}, \widetilde{\mathfrak{M}} = \{\alpha \in \widetilde{A} \mid \tilde{v}(\alpha) > 0\}$$

易知 $\widetilde{\mathfrak{M}}$ 是 $\widetilde{A}$ 中唯一的极大理想,剩余域 $\overline{\widetilde{K}} = \widetilde{A}/\widetilde{\mathfrak{M}}$ 显然包含 $\overline{K} = A/\mathfrak{M}$(不计同构).另外,从以上证明知有 $\tilde{v}(\alpha) = v(a_s)$,故每个适合 $\tilde{v}(\alpha) \geqslant 0$ 的 α 必由某个 $\{a_n\}_n$ 所定,其中的元自某个标号 s 起皆有相同的值,使得 $\tilde{v}(\alpha) = v(a_s) \geqslant 0$.这表明了 $\widetilde{A}/\widetilde{\mathfrak{M}}$ 与 $A/\mathfrak{M}$ 是同构的.若不计及同构,就可以认为(K, v) 与$(\widetilde{K}, \tilde{v})$ 有相同的剩余域,证毕. □

这个定理表明一阶赋值域与它的完全化域具有相同的值群和剩余域(不计及同构).凡具有此一情况的赋值域扩张称作紧接扩张,因此定理所阐明的事实可做如下的陈述:一阶赋值域的完全域是该赋值域的一个紧接扩张.

作为一阶赋值的完全域,今举 $\mathbf{Q}$ 的 p - 进赋值为例.以 v 为 $\mathbf{Q}$ 的一个 p - 进赋值;$(\mathbf{Q}_p, \tilde{v})$ 为$(\mathbf{Q}, v)$ 的完全化,v 的赋值环自然包含 $\mathbf{Z}$,它的赋值理想 $\mathfrak{M}$ 是由素数生成的主理想,设为(p).令 $v(p) = \xi, 0 < \xi < 1$.任取 $\alpha \in \mathbf{Q}_p$,α 是由 $\mathbf{Q}$ 中 v 收敛序列 $\{a_n\}_n$ 所定,即 $\alpha = v - \lim\limits_{n\to\infty} a_n$,从而有 $\tilde{v}(\alpha) = |\ |_0 - \lim\limits_{n\to\infty} v\{a_n\}$,因此自某个标号 n_0 起,所有的 $v\{a_n\}$ 均相等,设为 $\tilde{v}(\alpha) = v(a_{n_0})$.令 $a_{n_0} = p^t \dfrac{b}{c}$,其中 b,c 为与 p 互素的整数,t 与 p 无关.此时 $\tilde{v}(\alpha) = t\xi$,设 $\beta = \dfrac{\alpha}{p^t}$,于是 $\tilde{v}(\beta) = \tilde{v}(\alpha) - v(p^t) = t\xi - t\xi = 0$,即 β 为 $\tilde{v}$ 的赋值环 $\widetilde{A}$ 中的单位.若 β 由 v - 收敛序列 $\{b_n\}_n$ 所定,同 α 一样,只要 b_n 的标号取得充分大,$\tilde{v}(\beta)$ 就等于 $v(b_{n_0})$,此时,b_{n_0} 为 A 中的单位.令 $b_{n_0} = \dfrac{c}{d}$,$c, d \in \mathbf{Z}$,均与 p 互素,于是有 $yd + zp = 1$,即

$$yd \equiv 1 (\operatorname{mod} \mathfrak{M})$$

令 $a_{n_0} = cy$,于是

$$b_{n_0} - a_{n_0} = \frac{c}{d} - cy = \frac{c(1 - dy)}{d} \equiv 0 (\operatorname{mod} \mathfrak{M})$$

又由 $\beta - b_{n_0} \in \widetilde{\mathfrak{M}}$,故有

$$\beta + \widetilde{\mathfrak{M}} = b_{n_0} + \widetilde{\mathfrak{M}} = a_{n_0} + \widetilde{\mathfrak{M}}$$

令 $\gamma_1 = (\beta - a_{n_0}) p^t$,则有 $\tilde{v}(\gamma_1) > t\xi = v(a_{n_0})$.再对 γ_1 做同样的讨论,经有限多

次运作可得

$$\alpha = a_{n_0} p^t + a_{n_0+1} p^t + \cdots + a_{n_0+k-1} p^{t+k-1} + \gamma_k$$

其中系数均满足 $0 \leqslant a_i < p$，此外，$\tilde{v}(\gamma_k) > v(p^{t+k})$. 当 $k \to \infty$，$v(p^{t+k}) \to \infty$.

今称 $\mathbf{Q}_p$ 的元为 p － 进数，于是有下面的定理.

定理 1.16 任一非零 p － 进数 α 均可唯一地表如

$$\alpha = \sum_{n=n_0}^{\infty} a_n p^{t+i} \tag{15}$$

其中，$a_{n_0} \neq 0$，$0 \leqslant a_n < p$，$i = 0, 1, 2, \cdots$.

证明 只须验证表达式的唯一性. 假设 α 尚有另一表达式 $\alpha = \sum_{n=n_0}^{\infty} a'_n p^{t+i}$，其中 l 是第一个使得 $a_l \neq a'_l$ 的标号，于是有 $\infty = \tilde{v}(0) = v(a_l - a'_l) l\xi$，矛盾！定理即告成立.

表达式(15)称作 p － 进数的 p － 进级数表达式，或称式(15)为 p － 进级数，$\mathbf{Q}_p$ 又称 p － 进数域.

1.3 完全域的代数扩张(Ⅰ)

本节所论及的完全域是指关于非阿基米德绝对值而言. 前已指出，非阿基米德绝对值与一阶赋值实质上是一致的，可以互相转换，只是所适合的条件有所不同. 在以下的论述中，我们交替使用这两种方式，若用非阿基米德绝对值，则用符号 $|\,|$；若用一阶赋值，则记以 v. 此时 $A = \{x \in K \mid v(x) \geqslant 0\}$ 成一个环，称为 v 的赋值环；$\mathfrak{M} = \{x \in K \mid v(x) > 0\}$ 是 A 中唯一不等于(0)的素理想，称为 v 的赋值理想；又称 $\overline{K} = A/\mathfrak{M}$ 为 v 的剩余域. ①

在论述主要内容之前，先由 K 的一个一阶赋值 v 来规定有理函数域 $K(X)$ 的一个赋值. 设

$$f(X) = a_n X^n + a_{n-1} X^{n-1} + \cdots + a_0 \in K[X]$$

为 K 上任一多项式，令

$$v^*(f) = v^*(f(X)) = \min\{v(a_i) \mid i = 0, 1, \cdots, n\}$$

对于有理函数 $f(X)/g(X)$，则规定

① 这些概念在第 2 章中将再次予以确定.

$$v^*(f/g)=v^*(f(X)/g(X))=v^*(f)-v^*(g)$$

不难验知 v^* 满足式(7)中所有条件，故 v^* 是 $K[X]$ 上的一个一阶赋值，而且是 v 在 $K(X)$ 上的拓展.

现在来对完全域证明一个重要结论.

定理 1.17(Hensel引理)　设(K,v)是完全域，A，$\mathfrak{M}$ 和 $\overline{K}$ 分别是 v 的赋值环、赋值理想和剩余域，又设 $f(X)\in A[X]$ 为一本原多项式[①]，$\deg f(X)=s>1$. 若 $f(X)$ 在 $\overline{K}[X]$ 中的同态象 $\overline{f}(X)$ 在 $\overline{K}$ 上分解为

$$\overline{f}(X)=g_0(X)h_0(X)$$

其中，$g_0(X),h_0(X)\in\overline{K}[X]$，是互素的多项式，$g_0(X)$ 的首项系数是 $\overline{K}$ 中的单位元，并且 $\deg g_0(X)=r$，$0<r<s$. 于是有下列诸论断成立：

① 有 $g(X),h(X)\in A[X]$，使得 $f(X)=g(X)h(X)$；

② $\overline{g}(X)=g_0(X)$，$\overline{h}(X)=h_0(X)$；

③ $\deg g(X)=\deg g_0(X)=r$.

证明　由所设知 $\deg\overline{f}(X)\leqslant s$，$\deg h_0(X)\leqslant s-r$. 首先，取 $g_0(X)$，$h_0(X)$ 在 $A[X]$ 中的任一原象 $g_1(X)$，$h_1(X)$，使得 $\overline{g}_1(X)=g_0(X)$，$\overline{h}_1(X)=h_0(X)$，以及 $\deg g_1(X)=\deg g_0(X)$，$\deg h_1(X)=\deg h_0(X)$. 今设 $i=n-1$ 时已构成 $g_{n-1}(X)$ 及 $h_{n-1}(X)$，使得有 $\overline{g}_{n-1}(X)=g_0(X)$，$\overline{h}_{n-1}(X)=h_0(X)$，以及 $\deg g_{n-1}(X)=\deg g_0(X)$，$\deg h_{n-1}(X)=\deg h_0(X)$，并且$(\overline{g}_{n-1}(X),\overline{h}_{n-1}(X))=1$. 于是有 $a(X),b(X)\in A[X]$，使得

$$\overline{a}(X)\overline{g}_{n-1}(X)+\overline{b}(X)\overline{h}_{n-1}(X)=\overline{1}\tag{16}$$

从而

$$f(X)-g_{n-1}(X)h_{n-1}(X)\in\mathfrak{M}[X]$$
$$a(X)g_{n-1}(X)+b(X)h_{n-1}(X)-1\in\mathfrak{M}[X]$$

令

$$\varepsilon=\min\{v^*(f(X)-g_{n-1}(X)h_{n-1}(X))$$
$$v^*(a(X)g_{n-1}(X)+b(X)h_{n-1}(X)-1)\}$$

若 $\varepsilon=+\infty$，则 $f(X)-g_{n-1}(X)h_{n-1}(X)$. 此时，只须令 $g(X)=g_{n-1}(X)$，$h(X)=h_{n-1}(X)$，即能满足定理的要求.

今设 $0<\varepsilon<+\infty$，取 $e\in K$，使有 $v(e)=\varepsilon$. 今将对每个 $i=1,2,\cdots$ 作 $A[X]$ 中的多项式 $g_i(X)$，$h_i(X)$，使满足下列要求：

---

① 指它的系数至少有一个是 A 中的单位.

$$
\begin{aligned}
&①f(X)\equiv g_i(X)h_i(X)(\bmod e^i);\\
&②g_i(X)\equiv g_{i-1}(X)(\bmod e^{i-1}),h_i(X)\equiv h_{i-1}(X)(\bmod e^{i-1});\\
&③\bar{g}_i(X)=g_0(X),\bar{h}_i(X)=h_0(X);\\
&④\deg g_i(X)=\deg g_0(X)=r,\deg h_i(X)\leqslant s-r.
\end{aligned}
\tag{17}
$$

已知对 $i=1$ 有 $g_1(X),h_1(X)$ 满足式(17). 今设在 $i=n-1$ 时已作出 $g_{n-1}(X),h_{n-1}(X)$ 使式(17) 成立. 令

$$g_n(X)=g_{n-1}(X)+e^{n-1}c(X)$$
$$h_n(X)=h_{n-1}(X)+e^{n-1}d(X)$$

$c(X)$ 与 $d(X)$ 是 $A(X)$ 中的两个待定多项式,由

$$
\begin{aligned}
g_n(X)h_n(X)=g_{n-1}(X)h_{n-1}(X)+e^{n-1}(g_{n-1}(X)d(X)+\\
h_{n-1}(X)c(X))+e^{2n-2}c(X)/d(X)
\end{aligned}
$$

以及 $2n-2\geqslant n$,故有

$$
\begin{aligned}
&f(X)\equiv g_n(X)h_n(X)(\bmod e^n)\\
\Leftrightarrow &f(X)\equiv g_{n-1}(X)h_{n-1}(X)+e^{n-1}(g_{n-1}(X)d(X)+\\
&h_{n-1}(X)c(X))(\bmod e^n)
\end{aligned}
$$

按所设有

$$u=u(X)=\frac{f(X)-g_{n-1}(X)h_{n-1}(X)}{e^{n-1}}\in A(X)$$

由此可得

$$
\begin{aligned}
&f(X)\equiv g_n(X)h_n(X)(\bmod e^n)\\
\Leftrightarrow &u(X)\equiv g_{n-1}(X)d(X)+h_{n-1}(X)c(X)(\bmod e)
\end{aligned}
$$

由式(16) 有

$$a(X)g_{n-1}(X)+b(X)h_{n-1}(X)\equiv 1(\bmod e)$$

从而又有

$$u(X)a(X)g_{n-1}(X)+u(X)b(X)h_{n-1}(X)\equiv u(X)(\bmod e)$$

由辗转相除法可写出

$$u(X)b(X)=q(X)g_{n-1}(X)+c(X)$$

故 $c(X)\in A[X]$,且 $\deg c(X)<\deg g_{n-1}(X)=r$. 不妨设 $g_{n-1}(X)$ 的首项系数为 1,于是有

$$
\begin{aligned}
&(u(X)a(X)+q(X)h_{n-1}(X))g_{n-1}(X)+c(X)h_{n-1}(X)\\
&\equiv u(X)(\bmod e)
\end{aligned}
$$

今在 $u(X)a(X)+q(X)h_{n-1}(X)$ 的系数中,凡能被 e 整除的均以 0 代换,并以 $d(X)$ 记经此代换所得的多项式,显然 $d(X)\in A[X]$. 于是由上式可得

$$d(X)g_{n-1}(X)+c(X)h_{n-1}(X)\equiv u(X)\ (\bmod\ e) \tag{18}$$

从而有 $f(X)\equiv g_n(X)h_n(X)(\bmod\ e^n)$，即 $g_n(X),h_n(X)$ 满足式(17) 的要求①. 至于条件(17) 的要求 ② 和 ③，$g_n(X)$ 与 $h_n(X)$ 显然也满足. 最后来验证

$$\deg g_n(X)=\deg g_0(X)=r$$

以及 $\deg h_n(X)\leqslant s-r$. 首先，由于 $\deg c(X)<r$，由 $g_n(X)$ 的规定即知

$$\deg g_n(X)=\deg g_{n-1}(X)=r$$

假若 $\deg h_n(X)>s-r$，则

$$\deg d(X)>s-r$$

按 $\deg u(X)=s$，$\deg c(X)h_{n-1}(X)\leqslant s$，且 $g_{n-1}(X)$ 的首项系数为 1，$\deg g_{n-1}(X)=r$，而与式(18) 矛盾！因此应有

$$\deg h_n(X)\leqslant s-r$$

由 $i=n-1$ 到 $i=n$ 的构作即告完成. 因此对所有 $i=1,2,\cdots$ 均有满足条件(17) 的 $g_i(X)$ 与 $h_i(X)$ 存在. 今对每个 i，设

$$g_i(X)=X^r+a_{r-1}^{(i)}X^{r-1}+\cdots+a_1^{(i)}X+a_0^{(i)}$$

其中，$a_j^{(i)}\in A,j=0,1,\cdots,r-1$. 由 $g_{i+1}(X)\equiv g_i(X)(\bmod\ e^i)$ 可得 $a_j^{(i+1)}\equiv a_j^{(i)}(\bmod\ e^i)$，从而$\{a_j^{(i)}\}$ 为$v-$收敛序列，$j=0,1,\cdots,r-1$. 由(K,v) 的完全性有 $v-\lim\limits_{i\to\infty}a_j^{(i)}=a_j\in A,j=0,1,\cdots,r-1$，现在令

$$g(X)=X^r+a_{r-1}X^{r-1}+\cdots+a_1X+a_0$$

由 $a_j\equiv a_j^{(i)}(\bmod\ e^i)$，故 $g(X)\equiv g_i(X)(\bmod\ e^i)$，$i=1,2,\cdots$. 同样可得 $h(X)=b_{s-r}X^{s-r}+\cdots+b_1X+b_0$，使得有 $h(X)\equiv h_i(X)(\bmod\ e^i)$，$i=1,2,\cdots$. 因此

$$f(X)\equiv g_i(X)h_i(X)\equiv g(X)h(X)(\bmod\ e^i)$$

对所有的 $i=1,2,\cdots$ 均成立，由此即得等式 $f(X)=g(X)h(X)$. 最后，$\bar{g}(X)=\bar{g}_i(X)=g_0(X)$，以及 $\bar{h}(X)\equiv\bar{h}_i(X)=h_0(X)$. 又由 $\deg g(X)=r$，$\deg h(X)\leqslant s-r$，可得 $\deg f(X)=\deg g(X)+\deg h(X)$，从而有

$$\deg g(X)=r=\deg g_0(X)$$

证明即告完成. □

推论 1 设 $f(X)=a_nX^n+\cdots+a_1X+a_0\in K[X]$ 是不可约多项式，(K,v) 为完全域，于是有

$$v^*(f)=\min\{v(a_n),\cdots,v(a_0)\}=\min\{v(a_0),v(a_n)\}$$

证明 设结论不成立，则有 $v(a_i)=\min\{v(a_n),\cdots,v(a_0)\}$，$i\neq 0,n$. 令 r 是使得 $v(a_i)=\min\{v(a_n),\cdots,v(a_0)\}$ 成立的最小标号，今以 a_r^{-1} 乘 $f(X)$，得

$$a_r^{-1}f(X)=a'_nX^n+\cdots+X^r+a'_{r-1}X^{r-1}+\cdots+a'_0\in A[X]$$

从而$\overline{a_r^{-1}f(X)}=\bar{a}'_n X^n+\cdots+X^r=X^r(\bar{a}_n^{-1}X^{n-r}+\cdots+\bar{1})\in\bar{K}[X]$. 据定理，$a_r^{-1}f(X)$ 在 $A[X]$ 中是可分解的，从而 $f(X)$ 在 $K[X]$ 上并非不可约，与所设矛盾！证毕. □

推论 2 设 $f(X)=X^n+a_{n-1}X^{n-1}+\cdots+a_0\in K[X]$ 是首项系数为单位元的不可约多项式，(K,v) 是完全域，于是 $f(X)\in A[X]$ 当且仅当 $a_0\in A$.

证明 必要性显然成立；充分性的证明同于推论 1 之证. □

推论 3 设 $f(X)=X^n+a_{n-1}X^{n-1}+\cdots+a_0\in A[X]$ 在 K 上不可约，(K,v) 是完全域，于是 $\bar{f}(X)$ 是 $\bar{K}[X]$ 中不可约多项式之幂.

证明 设 $\bar{f}(X)=\prod_{i=1}^{r}(h_i(X))^{n_i}$，其中每个 $h_i(X)\in\bar{K}[X]$ 均在 $\bar{K}$ 上不可约. 不失一般性，设 $n>1$. 今假设 $r>1$，置 $h_0(X)=(h_i(X))^{n_1}$，$g_0(X)=\prod_{i=2}^{r}(h_i(X))^{n_i}$，于是有 $\bar{f}(X)=h_0(X)g_0(X)$，$(h_0(X),g_0(X))=\bar{1}$. 由定理知，这将导致 $f(X)$ 在 K 上为可约，矛盾！因此只能是 $r=1$，故结论成立.

凡满足 Hensel 引理(定理 1.17)的赋值域可称为 Hensel 赋值域，上述定理表明，一阶赋值的完全域是 Hensel 赋值域. 在本书的最后两章中，此结论将被推广于任意阶的完全赋值域.

定理 1.18 设$(K,|\ |)$为完全域，L/K 为一有限扩张，$[L:K]=n$，对于 L 中任一元 α，令

$$|\alpha|'=\sqrt[n]{|N_{L/K}(\alpha)|}\tag{19}$$

其中，$N_{L/K}(\alpha)$ 为 α 关于 K 的范，于是 $|\ |'$ 是 $|\ |$ 在 L 上的一个拓展.

证明 首先，$|\ |'$ 在 K 上的限制是 $|\ |$. 对于 $|\ |'$，定义 1.1 的条件 ①② 显然成立，只须验证条件 ③′. 不失一般性，就可由 $|\alpha|'\leqslant 1$ 来证明 $|\alpha+1|'\leqslant 1$. 设 α 适合的最小多项式为

$$f(X)=X^r+a_{r-1}X^{r-1}+\cdots+a_0\in K[X]$$

于是有 $N_{L/K}(\alpha)=\pm a_0^m$，$m=[L:K(\alpha)]=\dfrac{n}{r}$，从而有 $|a_0^m|\leqslant 1$，故 $a_0\in A$. 由定理 1.17 的推论 2 知 $a_i\in A$，$i=r-1,\cdots,1,0$. 令 $g(X)=f(X-1)$，于是有 $g(1+\alpha)=0$，$g(X)$ 应为 $1+\alpha$ 在 K 上的最小多项式，于是有

$$N_{L/K}(1+\alpha)=(\pm g(0))^m=(\pm(-1)^r+a_{r-1}(-1)^{r-1}+\cdots+a_0)^m$$

因此 $N_{L/K}(1+\alpha)\in A$. 由式(19) 知 $|1+\alpha|'\leqslant 1$，即条件 ③′ 成立. 这就证明了由式(19) 规定的 $|\ |'$ 是 $|\ |$ 在 L 上的一个拓展，定理即告成立. □

当 α 适合以上的 $f(X)$ 时，有

$$|\alpha|' = \sqrt[n]{|N_{L/K}(\alpha)|} = \sqrt[n]{|a_0|^m} = \sqrt[r]{|a_0|}$$

若以一阶赋值 v 来表达，则为 $w(\alpha) = \dfrac{1}{r}v(a_0)$；$w$ 是 v 在 L 上的唯一拓展. 此一结论对于 v 为 K 上任意阶 Hensel 赋值时也同样成立(见第 4 章 4.1 节).

由于$(K, ||)$ 是完全域，自然会想到 L 关于由式(19) 所定的 $||'$ 是否也是完全的，为此，先给出如下的引理.

引理 1.19 设$(K, ||)$ 与 L/K 的定义如定理 1.18；又设$\{\omega_1, \cdots, \omega_n\}$ 为 L 关于 K 的一组基，$||'$ 是 $||$ 在 L 上的任一拓展. 又令$\{\alpha_i\}_i$ 是 L 中一序列. 若每个 α_i 都表如

$$\alpha_i = \sum_{j=1}^{n} a_{ji}\omega_j \quad (i = 1, 2, \cdots) \tag{20}$$

其中，对所有的 $i, j, a_{ji} \in K$. 于是$\{\alpha_i\}_i$ 成为$||'$－收敛序列，当且仅当 K 中的 n 个序列$\{a_{ji}\}_i (j = 1, \cdots, n)$ 都是$||$－收敛序列.

证明 充分性显然成立. 今设$\{\alpha_i\}_i$ 为$||'$－收敛序列. 对 n 使用归纳法，当 $n = 1$ 时，$\alpha_i = \alpha_i\omega_1$，结论自然成立. 今设引理对小于或等于 $n-1$ 的情形已告证明. 现在令 α_i 可表如式(20) 的形式，并且$\{\alpha_{ni}\}_i$ 是$||$－收敛序列，设

$$\beta_i = \alpha_i - a_{ni}\omega_n \quad (i = 1, 2, \cdots)$$

于是$\{\beta_i\}_i = \{\alpha_i\}_i - \{\alpha_{ni}\omega_n\}_i$ 是$||'$－收敛序列，但 $\beta_i = \sum_{j=1}^{n-1} a_{ji}\omega_j$，据归纳法前设，此时$\{a_{ji}\}_i (j = 1, \cdots, n-1)$ 都是$||$－收敛序列，故引理成立.

假若$\{a_{ni}\}_i$ 不是$||$－收敛序列，即对某个 $\varepsilon > 0$，无论取任何整数 n_0，总有 $s \geqslant n_0, t \geqslant n_0$，使得

$$|a_{ns} - a_{nt}| > \varepsilon$$

现在作两个自然数列 $s_1 < s_2 < \cdots$ 与 $t_1 < t_2 < \cdots$，使得对每个 $i = 1, 2, \cdots$ 均有

$$|a_{ns_i} - a_{nt_i}| > \varepsilon$$

成立. 令

$$\beta'_i = (a_{ns_i} - a_{nt_i})^{-1}(\alpha_{s_i} - \alpha_{t_i})$$

由于$\{\alpha_{s_i} - \alpha_{t_i}\}_i$ 是$||'$－零序列，以及 $|(a_{ns_i} - a_{nt_i})^{-1}| < \dfrac{1}{\varepsilon}$，所以$\{\beta'_i\}_i$ 是$||'$－零序列. 但 β'_i 又可表如

$$\beta'_i = \sum_{j=1}^{n-1} b_{ji}\omega_j + \omega_n \tag{21}$$

所以$\{\beta'_i - \omega_n\}_i$ 是$||'$－收敛序列. 据归纳法的前设，它的 $n-1$ 个由系数组成的序列$\{b_{ji}\}_i (j = 1, \cdots, n-1)$ 都是$||$－收敛序列，于是由$(K, ||)$ 的完全性知，

有

$$|\,|-\lim_{i\to\infty} b_{ji}=b_j\in K \quad (j=1,\cdots,n-1)$$

在式(21)的两边同取$|\,|'$－极限，即得

$$0=\sum_{j=1}^{n-1} b_j\omega_j+\omega_n$$

但这与$\omega_1,\cdots,\omega_n$在K上的线性无关性相矛盾，从而证明了$\{a_{ji}\}_i$都是$|\,|$－收敛序列，$j=1,\cdots,n$. 证毕. □

从引理可知，当$(K,|\,|)$为完全域时，K上有限扩张L关于$|\,|$在其上的拓展也是完全域. 按定理1.18，$|\,|$在L上有由式(19)给出的一个拓展，除这一拓展外，是否尚有其他拓展，对此问题，今有下面的定理.

定理1.20 设$(K,|\,|)$是完全域；L是K上有限扩张，$[L:K]=n$. 于是，由式(19)给出的$|\,|'$是$|\,|$在L上唯一的拓展，且$(L,|\,|')$是完全域.

证明 $(L,|\,|')$的完全性已由上述引理得知. 今证明拓展的唯一性. 假设$|\,|$在L上的拓展除由式(19)所给出的$|\,|'$外，尚有另一个与$|\,|'$不等价的拓展$|\,|^*$，于是有$\alpha\in L$且$\alpha\neq 0$，使得$|\alpha^n|^*\neq|N_{L/K}(\alpha)|$. 不失一般性，设

$$|\alpha^n|^*<|N_{L/K}(\alpha)|$$

令$\beta=\alpha^n/N_{L/K}(\alpha)$，于是$|\beta|^*<1$，但

$$N_{L/K}(\beta)=N_{L/K}(\alpha^n)/(N_{L/K}(\alpha))^n=1$$

从$|\beta|^*<1$知有$|\,|^*-\lim\limits_{i\to\infty}\beta^i=0$，即$\{\beta^i\}_i$为$|\,|^*$－零序列. 设$\{\omega_1,\cdots,\omega_n\}$为$L/K$的一组基，于是$\{\beta^i\omega_j\}_i(j=1,\cdots,n)$都是$|\,|^*$－零序列. 若$\beta^*\omega_j=\sum\limits_{l=1}^{n} b_{li}^{(j)}\omega_l$，$i=1,2,\cdots$，则从引理1.19可知$\{b_{li}^{(j)}\}(j,l=1,\cdots,n)$都是$|\,|$－零序列. 由于$N_{L/K}(\beta^*)=\det(b_{li}^{(j)})$，故$\{N_{L/K}(\beta^i)\}_i$是$K$中的$|\,|$－零序列，但这与$N_{L/K}(\beta)=1$相矛盾. 这就证明了$|\,|$在$L$上只有唯一的拓展，即由式(19)所定的$|\,|'$，证毕. □

前已指出，非阿基米德绝对值$|\,|$与一阶赋值v可以经式(6)相互转换，因此，若(K,v)是一阶赋值的完全域，L/K是有限扩张，则v在L上只有唯一的拓展ω，而且(L,ω)也是完全域. 此时，对于$\alpha\in L$，有$w(\alpha)=\dfrac{1}{n}v(N_{L/K}(\alpha))$.

设(K,v)如前，现在来考虑v在K上的任意代数扩张L上的拓展问题，此时$[L:K]=\infty$. 首先假定v在L上有拓展，但并非唯一. 设w_1,w_2都是v的拓展且不相同，于是有$\alpha\in L$且$\alpha\neq 0$，使得$w_1(\alpha)\neq w_2(\alpha)$. 但$K(\alpha)/K$是有限扩张，今以$w'_1,w'_2$记$w_1,w_2$在$K(\alpha)$上的限制，它们自然可作为$v$在$K(\alpha)$上

的拓展，于是有 $w'_1(\alpha) \neq w'_2(\alpha)$，但这与上述定理相悖. 因此，若 v 在 L 上有拓展，则拓展是唯一的.

其次要考虑拓展的存在性问题[①]. 对于 K 上的无限代数扩张 L 均可表如

$$L = \bigcup_{L'} L'$$

其中，L' 遍取 L 中关于 K 的有限子扩张，今以 w' 记 v 在 L' 上的唯一拓展，对于 $\alpha \in L'$，规定

$$w(\alpha) = w'(\alpha) \tag{22}$$

今断言这样规定的 w 就是 v 在 L 上的拓展. 首先，w 在 K 上的限制自然是 v，条件(7) 的 ① 是自明的. 对于 α, β，取 $L' = K(\alpha, \beta)$. 这是 K 上的有限扩张，故有

$$w(\alpha\beta) = w'(\alpha\beta) = w'(\alpha) + w'(\beta) = w(\alpha) + w(\beta)$$

$$\begin{aligned} w(\alpha+\beta) = w'(\alpha+\beta) &\geqslant \min\{w'(\alpha) + w'(\beta)\} \\ &= \min\{w(\alpha) + w(\beta)\} \end{aligned}$$

这表明式(22) 所规定的 w 能满足条件(7) 的 ②③，因此 w 是 v 在 L 上拓展的赋值. 这就证明了下面的命题：

命题 1.21 设 (K, v) 为完全域，L 是 K 上任一代数扩张，于是 v 在 L 上有唯一的拓展. □

在证明了拓展的存在与唯一性后，自然会问 L 关于这个拓展是否成为完全域. 不同于有限扩张的情形，它将对不同情况分别做出结论. 为证明计，先有以下的定理.

定理 1.22(Krasner 引理) 设 $(K, |\,|)$ 是完全域，$|\,|'$ 是 $|\,|$ 在 K 的代数闭包 Ω 上的唯一拓展. 又设 $f(X) \in K[X]$ 是 K 上不可约的可分多项式；$\alpha_1, \cdots, \alpha_n$ 为 $f(X)$ 在 Ω 中的零点. 令

$$\gamma = \min\{|\alpha_i - \alpha_j|' \mid i, j = 1, \cdots, n, i \neq j\}$$

若 K_1 是 K 的一个有限扩张，$\beta \in K_1$ 使有 $|\alpha_1 - \beta|' < \gamma$，则 α_1 是 $f(X) = 0$ 含在 K_1 中唯一的零点，并且又有 $K(\alpha_1) \subseteq K(\beta)$.

证明 若 K_1 中以 $\alpha_1 - \beta$ 为零点多项式不是一次式，据 $f(X)$ 为 K 上可分多项式，故 $\alpha_2 - \beta, \cdots, \alpha_n - \beta$ 中必有某几个在 K_1 上与 $\alpha_1 - \beta$ 共轭，设 $\alpha_i - \beta$ 为其一. 由定理 1.18 知，有 $|\alpha_1 - \beta|' = |\alpha_i - \beta|' < \gamma$，从而导致

$$\begin{aligned} |\alpha_1 - \alpha_i|' &= |\alpha_1 - \beta + \beta - \alpha_i|' \\ &\leqslant \max\{|\alpha_1 - \beta|', |\alpha_i - \beta|'\} < \gamma \end{aligned}$$

---

① 关于拓展的存在性，以后将就一般的赋值予以证明，见第 2 章定理 2.36.

矛盾！这就表明了 $\alpha_1-\beta$ 为 K_1 上一次方程的零点，而且是 $f(X)=0$ 在 K_1 中唯一的零点. 因此有 $K(\alpha_1)\subseteq K(\beta)$，证毕. □

为了今后的应用和在任意阶赋值论述上取得一致，现将此一重要结论再以 v 的形式陈述如下：

定理 1.22′ 设 (K,v) 为一阶完全赋值域，w 是 v 在 K 的代数闭包 Ω 上唯一的拓展. 设 $f(X)\in K[X]$ 是 K 上一不可约可分多项式；$\alpha_1,\cdots,\alpha_n$ 为 $f(X)$ 在 Ω 中的零点. 令 $\gamma=\max\{w(\alpha_i-\alpha_j)\mid i,j=1,\cdots,n,i\neq j\}$. 若 K_1 是 Ω 内 K 上的有限扩张，$\beta\in K_1$ 并且满足 $w(\beta-\alpha_1)>\gamma$，则 α_1 是 $f(X)=0$ 在 K_1 中唯一的零点，并且有 $K(\alpha_1)\subseteq K(\beta)$.

在第 4 章将证明此一结果与 Hensel 引理是等价的. 现在返回到上述问题的讨论. 首先就 K 上可分无限扩张证明如下的结论：

命题 1.23 设 $(K,|\,|)$ 为完全域，L 是 K 上可分无限代数扩张，于是，L 关于 $|\,|$ 在其上的唯一拓展不是完全域.

证明(Ostrowski) 今以 $|\,|'$ 记 $|\,|$ 在 L 上的唯一拓展，设 $\alpha_1,\alpha_2,\cdots$ 为 L 中不属于 K 的某一有限扩张中的无限元素列，以 $f_i(X)\in K[X]$ 记 α_i 的最小多项式，又对每个 α_i 以 γ_i 记上述 Krasner 引理中出现的 γ. 取 $\alpha\in K$，使有 $0<|\alpha|<1$，并且确定两个正整数列

$$q_1,q_2,\cdots$$
$$t_1,t_2,\cdots$$

满足以下的要求

$$|a|^{q_n}<\frac{1}{2}\gamma_n,\ |a|^{q_n}<\frac{1}{2},\ |\alpha_{n+1}|'|\alpha|^{t_n}<1 \tag{23}$$

作无穷级数

$$\alpha_1+a^{q_1+t_1}\alpha_2+a^{q_1+q_2+t_1+t_2}\alpha_3+\cdots+a^{q_1+\cdots+q_n+t_1+\cdots+t_n}\alpha_{n+1}+\cdots$$

其部分和记以 $S_1,S_2,\cdots$. 由条件(23) 知这是 $|\,|'$－收敛序列. 令 $|\,|'-\lim\limits_{i\to\infty}S_i=S$，若 $S\in L$，作 $K_1=K(S)$. 在 K_1 中 $|S-S_n|'$ 适合以下的关系

$$\begin{aligned}
|S-S_n|'&\leqslant|a|^{q_1+\cdots+q_n+t_1+\cdots+t_n}|\alpha_{n+1}|'+\cdots\\
&=|a|^{q_1+\cdots+q_{n-1}+t_1+\cdots+t_{n-1}}|a|^{q_n}\{|a|^{t_n}|\alpha_{n+1}|'+\\
&\quad|a|^{q_{n+1}+t_n}|a|^{t_{n+1}}|\alpha_{n+1}|'+\cdots\}\\
&<|a|^{q_1+\cdots+q_{n-1}+t_1+\cdots+t_{n-1}}\cdot\\
&\quad\frac{1}{2}\gamma_n\left\{1+\frac{1}{2}|a|^{t_n}+\left(\frac{1}{2}\right)^2|a|^{t_n+t_{n+1}}+\cdots\right\}\\
&<|a|^{q_1+\cdots+q_{n-1}+t_1+\cdots+t_{n-1}}\gamma_n<\gamma_n
\end{aligned}$$

当 $n=1$ 时,上式给出 $|S-\alpha_1|'<\gamma_1$,由定理 1.22 有 $\alpha_1\in K_1$. 设 $\alpha_1,\cdots,\alpha_{n+1}$ 都已知属于 K_1,则

$$\beta=\frac{S-S_{n-1}}{a^{q_1+\cdots+q_{n-1}+t_1+\cdots+t_{n-1}}}\in K_1$$

从而 $|\alpha_n-\beta|'=\dfrac{|S-S_n|'}{|a|^{q_1+\cdots+q_{n-1}+t_1+\cdots+t_{n-1}}}<\gamma_n$. 由此导致 $\alpha_n\in K_1$,但这与 α_1, $\alpha_2,\cdots$ 不同属于 L 中 K 的某一有限扩张的所设相矛盾,因此 S 应是 K 上的超越元. 这就证明了 L 关于 $|\,|$ 在其上的唯一拓展不是完全的. 命题即告成立. □

推论 设 $(K,|\,|)$ 是完全域,L 是 K 的代数扩张. 若 L 中包含一个关于 K 的无限可分子扩张,则 L 关于 $|\,|$ 的拓展不是完全的. □

在讨论了可分的情形后,现在来看另一种可能情况. 今有下面的命题.

命题 1.24 设$(K,|\,|)$为完全域,K 的特征数为 $p\neq 0$,L 是 K 的代数扩张. 若 L 中含有关于 K 的次数为任意高的不可分元,则 L 关于 $|\,|$ 的拓展不是完全域.

证明(Ostrowski) 设 $\alpha_1,\alpha_2,\cdots$ 是 L 中一无限列,并且存在递增的正整数列 $l_1,l_2,\cdots$,使得 α_i 为 K 上不可约方程 $f_i(X)=X^{p^{l_i}}-c_i=0(i=1,2,\cdots)$ 的零点,设

$$\begin{cases}d(\alpha_i,K)=\{d(\alpha_i,a)\mid\ \forall a\in K\}\\ \vdots\\ d(\alpha_i^{p^{l_i-1}},K)=\{d(\alpha_i^{p^{l_i-1}},a)\mid\ \forall a\in K\}\end{cases}$$

于是对每个 α_i 有 l_i 个集$\{d(\alpha_i,K),\cdots,d(\alpha_i^{p^{l_i-1}},K)\}$. 今以 γ_i 为小于 1 的正数,且又小于上述 l_i 个集的最小下确界,取 $a\in K$,$0<|a|<1$,并选定两正整数列

$$q_1,q_2,\cdots$$

$$t_1,t_2,\cdots$$

满足

$$|a|^{q_n}<\frac{1}{2}\gamma_n,\ |a|^{q_n}<\frac{1}{2},\ |a|^{t_n}\ |\alpha_{n+1}|'<1$$

于是无穷级数

$$\alpha_1+a^{q_1+t_1}\alpha_2+\cdots+a^{q_1+\cdots+q_n+t_1+\cdots+t_n}\alpha_{n+1}+\cdots$$

为$|\,|'$-收敛;以 $S_1,S_2,\cdots$ 记其部分和,令$\{S_i\}_i$ 的$|\,|'$-极限为 S. 与命题 1.23 的情形一样,假定 S 属于 L 中某一代数子扩域 K_1/K,并假定 S 适合 K 上不可约方程 $f(X)=g(X^{p^l})=0$,$g(X)$ 是可分多项式,于是 $\bar{S}=S^{p^l}$ 是 $g(X)=0$ 的零点.

另外,$\overline{S}$ 为级数

$$\alpha_1^{p^l}+a^{(q_1+t_1)^{p^l}}\alpha_2^{p^l}+\cdots+a^{(q_1+\cdots+q_n+t_1+\cdots+t_n)^{p^l}}\alpha_{n+1}^{p^l}+\cdots$$

的部分和 $S_1^{p^l},S_2^{p^l},\cdots$ 的$|\ |'$ — 极限,与前一命题的证明一样,有

$$|S-S_n|'<|a|^{q_1+\cdots+q_{n-1}+t_1+\cdots+t_{n-1}}\gamma_n$$

从而有

$$|\overline{S}-S_n^{p^l}|'<|a|^{(q_1+\cdots+q_{n-1}+t_1+\cdots+t_{n-1})p^l}\gamma_n^{p^l}$$

若 $g(X)$ 是一次式,则 $\overline{S}\in K\subsetneqq L$. 又若 l_n 是第一个大于 l 的数,于是 $\alpha_1^{p^l}$,$\alpha_2^{p^l},\cdots,\alpha_{n-1}^{p^l}$,从而 $S_{n-1}^{p^l}$ 都属于 K,但 $\alpha_n^{p^l}$ 则否. 令

$$\beta=\frac{\overline{S}-S_{n-1}^{p^l}}{(\alpha^{q_1+\cdots+q_{n-1}+t_1+\cdots+t_{n-1}})^{p^l}}\in K$$

于是有

$$|\alpha_n^{p^l}-\beta|'=\frac{|\overline{S}-S_n^{p^l}|'}{|(\alpha^{q_1+\cdots+q_{n-1}+t_1+\cdots+t_{n-1}})^{p^l}|}<\gamma_n^{p^l}<\gamma_n$$

但这与 γ_n 的取法相矛盾,故应有 $\deg g(X)\neq 1$.

又若 $\deg g(X)=n>1$,令 γ 为如定理 1.22 中所定义的数,取正整数 m 使有 $|\overline{S}-S_m^{p^l}|'<\gamma$ 成立. 令 $K_1=K(\alpha^{p^l},\cdots,\alpha_m^{p^l})$,$K_1$ 是关于拓展$|\ |'$的完全域. 由 $|\overline{S}-S_m^{p^l}|'<\gamma$,据定理 1.22 知 $\overline{S}\in K_1$,但 K_1 是 K 上纯不可分扩张,而在 $\overline{S}$ 上是可分代数元,故此为不可能. 命题即告成立. □

结合命题 1.23 与 1.24 即得下面的定理.

定理 1.25(Ostrowski)[①] 设$(K,|\ |)$为完全域,L 为 K 上的代数扩张,若 L 中含有关于 K 为任意高次数的元,无论为可分与否,L 关于$|\ |$在其上的唯一拓展$|\ |'$将不为完全域. □

以下我们使用一阶赋值 v 来论述,当 Ω 为 K 的一个无限代数闭扩域时,Ω 关于v的拓展不是完全的,此时作Ω关于该拓展赋值的完全化$\widetilde{\Omega}$,可以证明$\widetilde{\Omega}$是代数闭域.

先给出以下的引理:

引理 1.26 设(K,v)为完全域,$f(X)\in K[X]$是可分多项式,于是有实数 t,使得对适合

$$v^*(g(X)-f(X))>t$$

---

① 命题 1.23,1.24 及此一定理均取自本章参考文献[10].

的多项式 $g(X) \in K[X]$ 同样是 K 上的可分多项式.

证明 不失一般性,设 $f(X)=X^n+a_{n-1}X^{n-1}+\cdots+a_0$,它在 K 的代数闭包 Ω 内分解成

$$f(X)=(X-\alpha_1)\cdots(X-\alpha_n)$$

设 w 是 v 在 Ω 上的唯一拓展,令 γ 为使得

$$\gamma > \max\{w(\alpha_i-\alpha_j) \mid i,j=1,\cdots,n,i\neq j\}$$

成立的一个实数,又取

$$t=\max\{0,n\gamma-\min\{jw(\alpha_i) \mid i\in[1,n],j\in[1,n-1]\}\}$$

若多项式 $g(X)$ 的首项系数为 1,且满足 $v^*(g(X)-f(X))>t$,显然有

$$\deg g(X)=\deg f(X)=n$$

设

$$g(X)=X^n+b_{n-1}X^{n-1}+\cdots+b_0$$

并且以 $\beta_1,\cdots,\beta_n$ 为其零点,今以 α 表示 $\alpha_1,\cdots,\alpha_n$ 中的任意一个,于是

$$g(\alpha)=(\alpha-\beta_1)(\alpha-\beta_2)\cdots(\alpha-\beta_n)$$

另外,由 $g(\alpha)=g(\alpha)-f(\alpha)$,故又有

$$g(\alpha)=\sum_{i=0}^{n-1}(b_i-a_i)\alpha^i$$

于是

$$\begin{aligned} w(g(\alpha)) &= w\Big(\sum_{i=0}^{n-1}(b_i-a_i)\alpha^i\Big) \\ &> t+\min\{jw(\alpha_i) \mid j\in[0,n-1],i\in[1,n]\} \\ &> n\gamma \end{aligned}$$

因此由 $w((\alpha-\beta_1)\cdots(\alpha-\beta_n))=\sum_{i=1}^{n}w(\alpha-\beta_i)$ 知必有某个,例如 $w(\alpha-\beta_i)>\gamma$,且对于一个 β,只能有一个 α_i 使得 $w(\beta-\alpha_i)>\gamma$. 因若有另一个 α_j 满足

$$w(\beta-\alpha_j)>\gamma$$

则得

$$w(\alpha_i-\alpha_j)=w(\alpha_i-\beta+\beta-\alpha_j)\geqslant\min\{w(\beta-\alpha_i),w(\beta-\alpha_j)\}>\gamma$$

矛盾! 由此得到 $\beta_1,\cdots,\beta_n$ 是互异的,故 $g(X)$ 是可分多项式,证毕. □

为证得本节最后的定理,今再引入以下的定理.

定理 1.27 设 (K,v) 是完全域,若 K 又是可分代数闭域,则必然是代数闭域.

证明 若 K 的特征数为 0,结论自然成立;故只须考虑 K 的特征数为 $p\neq$

0 的情形，以及 $f(X)=X^p-a$ 在 K 上为纯不可分多项式. 不失一般性，设 $a\in A$. 今取 K 中序列 $\{b_i\}_i$，使得 $\{v(b_i)\}_i$ 是以 0 为极限的单调递增的实数序列，对每个标号 i，作

$$f_i(X)=X^p-b_iX-a$$

这些多项式都是可分的. 据所设，$f_i(X)$ 的零点都在 K 中，由于 $v(a)\geqslant 0$，$f_i(X)$ 至少有一个零点 c_i 使其值 $v(c_i)\geqslant 0$. 由

$$v(c_i^p-a)=v(b_ic_i)\geqslant v(b_i) \tag{24}$$

可知 $\{v(c_i^p-a)\}_i$ 是递增的实数列，今从其中选出一个单调递增的无限列，为简便计，仍记作 $\{v(c_i^p-a)\}_i$，此时有

$$v(c_i^p-c_j^p)=\min\{v(c_i^p-a),v(c_j^p-a)\}=v(c_i^p-a)\quad (i<j)$$

这表明 $\{v(c_i^p)\}_i=\{pv(c_i)\}_i$ 是递增实数序列，从而 $\{c_i\}_i$ 是 v -收敛序列. 由 (K,v) 的完全性知 $\{c_i\}_i$ 在 K 中有 v -极限，设为 c. 另外，由式(24) 知 $\{c_i^p\}_i$ 以 a 为其 v -极限，因此应有 $c^p=a$，即方程 $X^p-a=0$ 在 K 中有解，这就证明了 K 同时又是代数闭域. □

结合引理 1.26 与定理 1.27 可以证明以下的定理.

定理 1.28(Rychilik)[①] 设 (K,v) 是完全域，Ω 是 K 的一个代数闭扩张，若 $\widetilde{\Omega}$ 是 Ω 关于 v 的唯一拓展的完全化，则 $\widetilde{\Omega}$ 也是代数闭域.

证明 据引理 1.27，只须证明 $\widetilde{\Omega}$ 是可分代数闭域. 设 $f(X)\in\widetilde{\Omega}[X]$ 是任一可分多项式，据引理1.26，取适当的实数 t，可使得凡满足 $w^*(f(x),g(X))>t$ 的多项式 $g(X)$ 均与 $f(X)$ 在 $\widetilde{\Omega}$ 上有相同的分解型. 由于 Ω 在 $\widetilde{\Omega}$ 中稠密，故必有 $\Omega[X]$ 中的 $g(X)$ 能满足 $w^*(f(X),g(X))>t$. 由于 Ω 为代数闭域，知 $g(X)$ 是 $\Omega[X]$ 中一次因式之积，从而 $f[X]$ 在 $\widetilde{\Omega}[X]$ 中也应为一次因式之积. 这就证明了 $\widetilde{\Omega}$ 是代数闭域，故定理成立. □

结合定理 1.11 与定理 1.28 可得关于一阶赋值域的下述定理，这是赋值理论中最先出现的一个重要结论.

定理 1.29(Kürschák)[②] 每个一阶赋值域均可扩张成一个完全域，而且还是代数闭域. □

本节的其他几个重要结论，如 Hensel 引理，Krasner 引理，及定理 1.20 等均可在任意阶的完全域上建立，将在此后诸章论述.

---

① 见本章参考文献[12]. 在该文中作者证明：若赋值域为代数闭域，则其完全化域也是代数闭域.

② 见本章参考文献[8]. 此为赋值理论的最早文献. 赋值(Bewertung) 一词就是在这篇论文中提出的. 但这个定理在[8] 中是对阿基米德型的赋值而做出的.

1.4 完全域的代数扩张(Ⅱ)

在论述本节主要内容之前,先介绍两个并不局限于一阶赋值的概念,它们在以后各章中还将遇到.设(K,v)是赋值域,Γ和$\overline{K}$分别为其值群与剩余域;又设L是K的代数扩张,v在L上有拓展w(其存在性将在以后证明).今以Γ',$\overline{L}$分别记(L,w)的值群与剩余域,$\overline{K}$可以作为$\overline{L}$的子域(除同构不计外);Γ显然是Γ'的子群.今称因子群Γ'/Γ的阶$(\Gamma':\Gamma)$为w关于v的分歧指数,记以$e(w/v)$;又称$\overline{L}$关于$\overline{K}$的扩张次数$[\overline{L}:\overline{K}]$为$w$关于$v$的剩余次数,记以$f(w/v)$.当$v$与$w$均已确定时,有时也可记作$e(L/K)$,$f(L/K)$或简作$e$,$f$.现在先给出如下引理:

引理 1.30 设(K,v)为赋值域,L为K上的有限扩张;v在L上有拓展w.又设$(A,\mathfrak{M})$,$(B,\mathfrak{N})$分别表示v和w的赋值对;Γ,Γ',$\overline{K}$,$\overline{L}$的意义悉如上述.于是有:

① 设$\alpha_1,\cdots,\alpha_s\in B$,使得$\overline{\alpha}_1=\alpha_1+\mathfrak{N},\cdots,\overline{\alpha}_s=\alpha_s+\mathfrak{N}$是$\overline{L}$中关于$\overline{K}$的线性无关元,于是对于$K$中任意元$a_1,\cdots,a_s$,有下式成立

$$w(a_1\alpha_1+\cdots+a_s\alpha_s)=\min\{v(a_i)\mid i=1,\cdots,s\}$$

② 设$\omega_1,\cdots,\omega_r\in L$,使得$w(\omega_1),\cdots,w(\omega_r)$代表$\Gamma'$中关于$\Gamma$的不同旁集,于是对于$K$中任意元$b_1,\cdots,b_r$,有下式成立

$$w(b_1\omega_1+\cdots+b_r\omega_r)=\min\{w(b_i\omega_i)\mid i=1,\cdots,r\}$$

证明 ① 据所设$\overline{\alpha}_1,\cdots,\overline{\alpha}_s$是关于$\overline{K}$的线性无关元,故$\alpha_1,\cdots,\alpha_s$均不在$\mathfrak{N}$中,即$w(\alpha_i)=0$,$i=1,\cdots,s$.不失一般性,不妨设

$$v(a_1)=\cdots=v(a_j)<v(a_i)\quad(j<i)$$

于是,所有$a_ia_1^{-1}\in A$,$i=1,\cdots,s$.若①不成立,即

$$w(\alpha_1+\frac{a_2}{a_1}\alpha_2+\cdots+\frac{a_s}{a_1}\alpha_s)\neq v(1)=0$$

从而有

$$\overline{\alpha}_1+\cdots+\overline{\alpha}_j+\overline{a_{j+1}/a_1}\overline{\alpha}_{j+1}+\cdots+\overline{a_s/a_1}\overline{\alpha}_s=\overline{\alpha}_1+\cdots+\overline{\alpha}_j=\overline{0}$$

与所设矛盾,因此①成立.

② 首先,若有$b_1\omega_1+\cdots+b_r\omega_r=0$,由于$w(\omega_i)$代表不同的旁集,故应有$w(b_i\omega_i)=\infty$,$i=1,\cdots,r$.从而$v(b_1)=v(b_2)=\cdots=v(b_r)=\infty$,即$b_1=b_2=\cdots=b_r=0$.今设$\beta=b_1\omega_1+\cdots+b_r\omega_r$,其中每个$b_i\neq0$.可以断言,每个$w(b_i\omega_i)(i=$

$1,\cdots,r)$ 均不相等. 因若不然，设 $w(b_i\omega_i)=w(b_j\omega_j),i\neq j$，从而导致 $w\left(\frac{\omega_i}{\omega_j}\right)=v\left(\frac{b_j}{b_i}\right)\in\Gamma$，而与所设相悖，因此应有

$$w(\beta)=w(b_1\omega_1+\cdots+b_r\omega_r)=\min\{w(b_i\omega_i)\mid i=1,\cdots,r\}$$

即 ② 成立. 引理即告证明. □

在选择了 $\alpha_1,\cdots,\alpha_s$ 与 $\omega_1,\cdots,\omega_r$ 的情况下，今考虑 $\sum_{i=1}^{s}\sum_{j=1}^{r}a_{ij}\alpha_i\omega_j$. 首先有

$$w(\sum_{i=1}^{s}a_{ij}\alpha_i\omega_j)=w(\omega_j\sum_{i=1}^{s}a_{ij}\alpha_i)=w(\omega_j)+w(\sum_{i=1}^{s}a_{ij}\alpha_i)$$

由引理 1.30 知

$$w(\sum_{i=1}^{s}a_{ij}\alpha_i\omega_j)=w(\omega_j)+\min\{v(a_{ij})\mid i=1,\cdots,s\}$$

由于 $w(\omega_j)(j=1,\cdots,r)$ 代表 Γ' 关于 Γ 不同的旁集，它们的值必然是互异的，因此

$$\begin{aligned}w(\sum_{j=1}^{r}\sum_{i=1}^{s}a_{ij}\alpha_i\omega_j)&=\min_{1\leqslant j\leqslant r}\{w(\omega_j)\}+\min_{1\leqslant i\leqslant s}\{v(a_{ij})\}\\&=\min\{v(a_{ij})+w(\omega_j)\mid i=1,\cdots,s,j=1,\cdots,r\}\end{aligned}$$

设 $\sum_{i=1}^{s}\sum_{j=1}^{r}a_{ij}\alpha_i\omega_j=0$，于是 $v(a_{ij})+w(\omega_j)=\infty$ 对所有的 i,j 成立. 按每个 $w(\omega_j)\neq\infty$，因此应有 $v(a_{ij})=\infty$，即 $a_{ij}=0(i=1,\cdots,s,j=1,\cdots,r)$ 成立. 这就证明了 $\{\alpha_i\omega_j\mid i=1,\cdots,s,j=1,\cdots,r\}$ 在 K 上是线性无关的，因此，在本节所规定的符号意义下，如果设 $[L:K]=n$，即得如下的结论：

定理 1.31 $ef\leqslant n$.

在上述定理中，等号是有可能出现的，今就一种特殊情形对此进行探讨. 此前曾提及的离散赋值，其赋值理想 $\mathfrak{M}=\{a\in A\mid v(a)>0\}$ 是由一个元生成的主理想，即 $\mathfrak{M}$ 中有一个元 d，使得 $v(d)$ 是所有满足 $v(a)>0$ 中的最小值. 此时，$\mathfrak{M}$ 中的其他元 $a\neq0$ 均可表如 $a=ud^m$，m 是正整数，u 是 A 中的单位，从而 $\mathfrak{M}=(d)\cup\{0\}$. 显然，离散赋值的值群，除序同构不计外，是 $\mathbf{Z}\cup\{\infty\}$. 兹为证明定理 1.31 中有等号出现的一个特款，首先有下面的引理 .

引理 1.32 设 (K,v) 是一阶离散赋值的完全域，对于每个整数 m，以 d_m 记 K 中有 $v(d_m)=m$ 的任一取定元；又对 $\overline{K}$ 的每一元，在 A 中取定一个代表元，并以 S 记所有这种元组成的集. 于是，每个 $a\in K$ 且 $a\neq0$ 均能唯一地表如

$$a=\sum_{i=n}^{\infty}c_id_i \tag{25}$$

其中 d_i 的意义如上，$c_i \in S, n = v(a)$.

证明 设 $v(a)=n$，于是 $v\left(\frac{a}{d_n}\right)=0$，即 $\frac{a}{d_n}$ 为 A 中的单位，故有某个 $c_n \in S$ 使得 $c_n \notin \mathfrak{M}$，并且有 $v(\frac{a}{d_n}-c_n)>0$，即

$$v(a-c_nd_n)>v(d_n)=n$$

令 $a_1=a-c_nd_n$. 由 $v(a_1)>v(d_n)=n$ 可得

$$v(a_1)\geqslant v(d_{n+1})$$

即

$$v(\frac{a_1}{d_{n+1}})\geqslant 0$$

从而有 $c_{n+1}\in S$ 且满足 $v(\frac{a_1}{d_{n+1}}-c_{n+1})>0$，由此得

$$v(a_1-c_{n+1}d_{n+1})>v(d_{n+1})$$

再令 $a_2=a_1-c_{n+1}d_{n+1}$，即有

$$a_1=c_{n+1}d_{n+1}+a_2$$

$$a=c_nd_n+c_{n+1}d_{n+1}+a_2$$

经有限次重复此一步骤可得

$$a=\sum_{i=n}^{n+h}c_id_i+a_{h+1}$$

$$v(a_{h+1})>v(d_{n+h-1})$$

于是当 $h\to\infty$ 时，有 $v(a_h)\to\infty$，故 $a_h\to 0$，即式(25)成立.

下面来证明式(25)的唯一性. 设 a 又可表如 $a=\sum_{i=n}^{\infty}e_id_i$，其中，$e_i\in S, e_n\notin\mathfrak{M}$，于是有

$$\sum_{i=n}^{\infty}(c_i-e_i)d_i=0$$

若对某些 $c_i\neq e_i$，设 m 是使 $c_m\neq e_m$ 出现的最小整数，于是上式成为

$$\sum_{i=m}^{\infty}(c_i-e_i)d_i=0$$

从而可得

$$v((c_m-e_m)d_m)\geqslant m+1$$

以及

$$v(c_m-e_m)\geqslant 1>0$$

这表明 c_m 与 e_m 代表 $\overline{K}$ 中同一元，按 S 的规定，应有 $c_m=e_m$. 这就证明了 a 的表

达式(25) 是唯一的.结论即告成立. □

有了以上的准备,现在可以对一阶离散赋值的完全域证明定理 1.31 中有等号成立.

定理 1.33 设(K,v)为一阶离散赋值的完全域,L为K上的有限扩张,$[L:K]=n$;又以w记v在L上的唯一拓展,e与f的意义皆如前述,于是有$ef=n$成立.

证明 令$(A,\mathfrak{M})$,$(B,\mathfrak{N})$分别为v,w的赋值对.首先,由定理 1.31 知e,f均为有限数,w自然也是离散赋值.记d,d'分别是主理想$\mathfrak{M}$,$\mathfrak{N}$的生成元,于是v的值群Γ由$v(d)$生成;w的值群Γ'由$w(d')$生成.从$(\Gamma':\Gamma)=e$,可得$ew(d')=v(d)$,从而Γ'的元均可表如$w(d^i d'^j)$,其中$-\infty<i<+\infty$,$0\leqslant j\leqslant e-1$.今设$u_1,\cdots,u_f\in B$,使得$\bar{u}_1,\cdots,\bar{u}_f$成为$\bar{L}$关于$\bar{K}$的一组基,于是$\bar{L}$的每个元均以$B$中一个形式如$c_1u_1+\cdots+c_fu_f$的元为其代表,其中,$c_1,\cdots,c_f\in A$.由上述引理知,每个$\alpha\in L$且$\alpha\neq 0$均有如下的表达式

$$\alpha=\sum_{h}^{\infty}\sum_{i=1}^{f}\sum_{j=0}^{e-1}c_{hij}u_i d^h d'^j$$

其中$c_{hij}\in A$,h自某个整数起趋向∞.今将上式改写为

$$\alpha=\sum_{i=1}^{f}\sum_{j=0}^{e-1}\sum_{h}^{\infty}(c_{hij}d^h)u_i d'^j$$

作这一改换写法的可能性在于(K,v)是完全域,于是对每个i,j,当$h\to\infty$时,在K中有v-极限.从而$\{u_i d'^j\}(i=1,\cdots,f,j=0,\cdots,e-1)$生成$K$上的向量空间$L$,由此得知$n\leqslant ef$.结合定理 1.31 即得$n=ef$,定理即告证明[①]. □

以下,我们继续设(K,v)为一阶赋值完全域.首先引进一个称谓:设L是K上的有限扩张,$[L:K]=n$,e,f的意义同前.若有:

①$f=n$;

②$\bar{L}$是$\bar{K}$上的可分扩张,

则称L/K是非分歧的[②],或者称L是K上的非分歧扩张.从这一规定即知(L,w)关于(K,v)的分歧指数$e=1$,即$\Gamma'=\Gamma$.

---

① 若(K,v)是一阶离散赋值域,但非完全域;或者,(K,v)是一阶完全域,但v非离散赋值,上述定理均不成立.F. K. Schmidt 和 A. Ostrowski 曾分别举有反例,见本章参考文献[11],244,246 页;后一反例又见本章参考文献[2],148,149 页.

② 此定义取自参考文献[1]65 页;参考文献[3]376 页及参考文献[14]81 页.别的文献如参考文献[6]180 页;参考文献[9]110 页,则$e=1$及$\bar{L}/\bar{K}$为可分扩张作为非分歧扩张之定义.显然,前者较后一定义为强.

以下我们限定所讨论的 K 上的代数扩张都包含在 K 的一个代数闭包 Ω 内，并以 w 记 v 在 Ω 上的唯一拓展，在此规定下，首先有下面的定理.

定理 1.34 Ω 关于 w 的剩余域 $\overline{\Omega}$ 是 $\overline{K}$ 的代数闭包.

证明 先证明 $\overline{\Omega}$ 是 $\overline{K}$ 的代数扩张. 令 w 的赋值对为 $(B,\mathfrak{R})$. 对于 B 中任一元 α，以 $\overline{\alpha}$ 记它在 $\overline{\Omega}$ 中所定的元，设

$$f(X)=a_nX^n+a_{n-1}X^{n-1}+\cdots+a_0\in K[X]$$

是 α 所适合的 K 上的最小多项式. 取 $b\in K$ 使有

$$v(b)=\min\{v(a_i)\mid i=0,1,\cdots,n\}$$

于是

$$g(X)=b^{-1}f(X)\in A[X]$$

并且它至少有一个系数是 A 中的单位，因此 $\overline{g}(X)$ 不是零多项式，显然有 $\overline{g}(\overline{\alpha})=\overline{0}$. 这表明 $\overline{\alpha}$ 是 $\overline{K}$ 上的代数元，从而 $\overline{\Omega}$ 是 $\overline{K}$ 的代数扩张.

为证明 $\overline{\Omega}$ 是 $\overline{K}$ 上的代数闭包，只须证明 $\overline{K}[X]$ 中每个首项系数为单位元的非常量不可约多项式 $h(X)$ 均可在 $\overline{\Omega}[X]$ 中分解为一次因式之积. 令 $f(X)\in A[X]$ 使得

$$\overline{f}(X)=h(X)$$

可以要求 $f(X)$ 的首项系数为 1，以及

$$\deg f(X)=\deg h(X)$$

首先，$f(X)$ 在 K 上应为不可约. 因若 $f(X)$ 在 $K[X]$ 中能分解出真因式，则在 $A[X]$ 中亦能如此，从而经正规同态 $h(X)$ 在 $\overline{K}[X]$ 中亦能分解，与所设不符，按 $f(X)$ 在 Ω 上可分解为一次因式之积

$$f(X)=(X-\alpha_1)\cdots(X-\alpha_n)\quad(\alpha_i\in\Omega,i=1,\cdots,n)$$

据定理 1.18，每个 α_i 都有相同的值

$$w(\alpha_i)=\frac{1}{n}(v(N_{\Omega/K}(\alpha_i)))$$

由于 $f(X)\in A[X]$，故 $w(\alpha_i)\geqslant 0$，即 $\alpha_i\in B,i=1,\cdots,n$，于是有

$$h(X)=(X-\overline{\alpha}_i)\cdots(X-\overline{\alpha}_n)$$

即 $h(X)$ 在 $\overline{\Omega}[X]$ 中分解成一次因式之积. 这就证明了 $\overline{\Omega}$ 是 $\overline{K}$ 上的一个代数闭包. □

在给出以下的结论之前，应先提及几个易知的事实：一是代数扩张的可分性是有传递性的；扩张次数与剩余次数都是可乘的. 基于这一事实又可得到进一步的结果：设 (K,v) 与 Ω 含义如前；又设 K 有扩域 $K\subsetneqq E\subsetneqq L\subsetneqq\Omega$，以及 $[L:K]<\infty$. 于是 L/K 为非分歧扩张，当且仅当 L/E 与 E/K 都是非分歧扩张.

现在利用定理 1.34 及上述事实来证明以下的定理，其中符号的意义概如前述.

定理1.35 设(K,v)如前，由K在Ω中所有非分歧扩张所成的集，与$\overline{K}$在$\overline{\Omega}$中所有有限可分扩张所成的集，二者之间有一一对应关系.

证明 首先，据前面提及的事实，不妨就单扩张来进行论证. 设$\overline{K}(\bar{\alpha})$是$\overline{K}$的一个有限可分扩张，并且$\overline{K}(\bar{\alpha})\subseteq\overline{\Omega}$；又设$\bar{\alpha}$在$\overline{K}$上的最小多项式为$\overline{m}(X)$，不妨取其首项系数为$\overline{K}$中的单位元. 今在$A[X]$中选取一个首项系数为1，与$\overline{m}(X)$有相同次数的多项式$m(X)$，并且在正规同态$A[X]\to\overline{K}[X]$下，$\overline{m}(X)$成为$m(X)$的象. 易知$m(X)$在$K$上是不可约的，因若不然，则$m(X)$在$A[X]$中可分解，从而$\overline{m}(X)$在$\overline{K}[X]$中成为可约，与所设不符. 今在$\Omega$中取$m(X)$的一个零点$\alpha$，使它成为$\bar{\alpha}$的代表元. 令$L=K(\alpha)$，$v$在$L$上的拓展为$w$在其上的限制，仍记以$w$. (L,w)的剩余域为$\overline{L}$，于是

$$\begin{aligned}\deg m(X)&=[L:K]\geqslant[\overline{L}:\overline{K}]\geqslant[\overline{K}(\bar{\alpha}):\overline{K}]\\&=\deg\overline{m}(X)\end{aligned}$$

因此有

$$[L:K]=[\overline{L}:\overline{K}]=[\overline{K}(\bar{\alpha}):\overline{K}]$$

这表明(L,w)是(K,v)的一个非分歧扩张，同时，也证明了$\overline{K}$的每个有限可分扩张都可以作为K的某个非分歧扩张的剩余域.

其次要证明，对于$\overline{K}$上每一个给定的有限可分扩张，只能有K的一个非分歧扩张以它作为剩余域. 今假定上述$\overline{K}(\bar{\alpha})$除了是$(L,w)$的剩余域，又是另一个$K$上的非分歧扩张$(L_1,w_1)$的剩余域，于是有

$$[L_1:K]=[\overline{L}_1:\overline{K}]=[\overline{K}(\bar{\alpha}):\overline{K}]=[\overline{L}:\overline{K}]=[L:K]\tag{26}$$

令$m(X)=0$在Ω内的零点为$\alpha_1=\alpha,\alpha_2,\cdots,\alpha_n$. 从$\overline{m}(X)$的可分性知$\bar{\alpha}_1,\cdots,\bar{\alpha}_n$是互异的，且不为$\bar{0}$，因此应有

$$w(\alpha_i-\alpha_j)=0\quad(i\neq j)$$

从而

$$r=\max\{w(\alpha_i-\alpha_j)\mid i,j=1,\cdots,n,i\neq j\}=0$$

设$\beta\in L_1$满足$\bar{\beta}=\bar{\alpha}$，于是$w(\beta-\alpha)>0$，据定理 1.22′ 应有

$$L=K(\alpha)\subseteq K(\beta)\subseteq L_1$$

再按式(26)即得$L=L_1$，定理即告证明. □

由定理易得下述推论.

推论 设E/K是非分歧扩张；L/K是有限扩张，于是$E\subseteq L$当且仅当

$\overline{E} \subseteq \overline{L}$.

证明 必要性显然成立. 今设 $\overline{E} \subseteq \overline{L}$,以及 $\overline{E} = \overline{K}(\bar{\alpha})$. 由定理知它对应于 $E = K(\alpha)$. 设 v 在 L 上唯一拓展的赋值环为 B,在 B 中选取 β 使有 $\bar{\beta} = \bar{\alpha}$,于是,由定理 1.22′ 得 $E = K(\alpha) \subseteq K(\beta) \subseteq L$. □

例 设 $\overline{K}$ 是特征数为 $p \neq 0$ 的有限域,所含元的个数为 $q = p^r$. 对每个自然数 n,它只有唯一的 n 次扩张(不计同构). 由于有限域为完备域,故它的代数扩张是可分的. 据定理 1.35,K 只有唯一的 n 次非分歧扩张 L/K.

从 $[L : K] = n = [\overline{L} : \overline{K}]$ 知 $\overline{L}$ 含 q^n 个元,其中非零元均适合方程

$$X^{q^n} - 1 = 0$$

设 $\bar{\beta}$ 是 $\overline{L}$ 关于 $\overline{K}$ 的本原零点,即 $\overline{L} = \overline{K}(\bar{\beta})$. 于是有 $\overline{K}(\bar{\beta}) = \overline{L} \subseteq \overline{K(\beta)}$,$\beta$ 是 $\bar{\beta}$ 在 Ω 中的一个代表元. 据上述推论知 $L \subseteq K(\beta)$. 若有 $\alpha \in L$ 满足 $\bar{\alpha} = \bar{\beta}$,则 $w(\beta - \alpha) > 0$. 据定理 1.22′ 有 $K(\beta) \subseteq K(\alpha) \subseteq L$,从而得 $L = K(\beta)$.

定理 1.36 (K, v) 的意义如前,A 为 v 的赋值环. 设 L 是 K 上的有限扩张,$[L : K] = n$. 于是,L/K 成为非分歧扩张,当且仅当 $L = K(\alpha)$,α 满足一个 n 次多项式 $f(X) \in A[X]$,它在 $\overline{K}(X)$ 中的象 $\bar{f}(X)$ 是不可约多项式,$\bar{\alpha}$ 为其单零点.

证明 必然性. 由所设知 $\overline{L}/\overline{K}$ 为 n 次可分扩张. 据本原元定理有 $\overline{L} = \overline{K}(\bar{\alpha})$,并且 $[\overline{L} : \overline{K}] = n$,故 $\bar{\alpha}$ 为一个 n 次不可约多项式 $\bar{f}(X) \in \overline{K}(X)$ 的单零点. 今在 $A(X)$ 中取 $f(x)$ 作为 $\bar{f}(X)$ 的原象,显然,$f(X)$ 为不可约多项式. 设它在 Ω 中的 n 个零点为 $\alpha_1, \cdots, \alpha_n$. 取其中之一作为 $\bar{\alpha}$ 的原象,记以 α,于是有

$$\begin{aligned} n &= [L : K] = [\overline{L} : \overline{K}] = [\overline{K}(\bar{\alpha}) : \overline{K}] \\ &\leqslant [\overline{K(\alpha)} : \overline{K}] \leqslant [K(\alpha) : K] \leqslant n \end{aligned}$$

因此

$$[L : K] = [K(\alpha) : K]$$

再由定理 1.35 可得 $L = K(\alpha)$,这就证明了定理的必要性.

充分性. 设 $L = K(\alpha)$,α 是 $A[X]$ 中一个首项系数为 1,在 K 上不可约的多项式 $f(X)$ 之零点. 据定理 1.17 的推论 3,$\bar{f}(X)$ 为 $\overline{K}$ 上一个不可约因式之幂,但 $\bar{\alpha}$ 为它的单零点,故 $\bar{f}(X)$ 在 $\overline{K}$ 上也不可约,从而 $\overline{K}(\bar{\alpha})/\overline{K}$ 是个可分扩张. 又由于 $\deg f(X) = \deg \bar{f}(X)$,故有

$$\begin{aligned} [L : K] &= [K(\alpha) : K] = \deg f(X) = \deg \bar{f}(X) \\ &= [\overline{K}(\bar{\alpha}) : \overline{K}] \leqslant [\overline{K(\alpha)} : \overline{K}] \\ &= [\overline{L} : \overline{K}] \leqslant [L : K] \end{aligned}$$

由此得知 $\overline{L} = \overline{K}(\bar{\alpha})$,以及 $[L : K] = [\overline{L} : \overline{K}]$. 这就证明了 L/K 是非分歧扩张,证

毕. □

从定理的证明可得下面的推论:

推论 1 设Ω,$\bar{\Omega}$如前,于是在Ω的非分歧子域与$\bar{\Omega}$的有限可分子域间有一一对应关系. □

推论 2 设E/K为非分歧扩张,L/K为一有限扩张,于是EL/L是非分歧扩张.又若L/K也是非分歧扩张,则EL/K同样是非分歧扩张.

证明 由定理有$E=K(\alpha)$,α为$A[X]$中$f(X)$的零点,且$\bar{\alpha}$为$\bar{f}(X)$的单零点,按L关于v的拓展w为完全域,以B记w的赋值环.从$EL=L(\alpha)$知α为$f(X)$在$B(X)$中一因式的零点,且$\bar{\alpha}$为$\bar{g}(X)\in\bar{L}(X)$的单零点,故EL/L为非分歧扩张.最后,按扩张次数有连乘性,可分扩张有传递性,因此推论的后一论断也成立. □

1.5 一阶赋值域的代数扩张

在本节中我们将讨论一阶赋值域在其代数扩张上赋值的拓展问题.设(K,v)为一阶赋值域,L/K为代数扩张,当(K,v)为完全域时,有关v在L上的拓展问题已在前面两节中论及,今就非完全域情形来对此做一探讨,以下恒设(K,v)为一个一阶赋值域,$(\widetilde{K},\widetilde{v})$为其完全化;又设$L/K$为有限扩张,将不再一一声明.

首先考虑v在L上拓展的存在问题.由域论得知,从K上任意两个扩张可以构作它们的合成.令(F,σ,τ)为$\widetilde{K}$与L在K上的一个合成[①],其中

$$\sigma:\widetilde{K}\to F,\tau:L\to F$$

分别是$\widetilde{K}$与L到域F内的K-同构.今以$\widetilde{K}^{\sigma}$,L^{τ}分别记$\widetilde{K}$,L在F内的象,其中的元则记以α^{σ},β^{τ};对任意的$\alpha\in\widetilde{K}$,$\beta\in L$.今在$\widetilde{K}^{\sigma}$上规定一个赋值如下:令

$$\widetilde{v}_{\sigma}(\alpha^{\sigma})=\widetilde{v}(\alpha),\alpha\in\widetilde{K}$$

不难验知$\widetilde{v}_{\sigma}$是$\widetilde{K}^{\sigma}$的一个赋值,并且$\widetilde{K}^{\sigma}$关于$\widetilde{v}_{\sigma}$是完全的.从而$\widetilde{v}_{\sigma}$在F上有唯一的拓展,记作w_F.F可以作为K上的张量积$\widetilde{K}^{\sigma}\otimes_{g}L^{\tau}$的一个同态象.当$L/K$为有限扩张时,$\widetilde{K}^{\sigma}\otimes_{K}L^{\tau}$是$\widetilde{K}^{\sigma}$上的有限代数,并且$[\widetilde{K}^{\sigma}\otimes_{K}L^{\tau}:\widetilde{K}^{\sigma}]\leqslant[L:K]$,于是又得到

① 见本章参考文献[4],159 页;参考文献[7],83 至 88 页;或参考文献[4],54,55 页.

$$[F:\widetilde{K}^{\sigma}]\leqslant[\widetilde{K}^{\sigma}\otimes_K L^{\tau}:\widetilde{K}^{\sigma}]<\infty$$

即 $F/\widetilde{K}^{\sigma}$ 是有限扩张. 据定理 1.20,(F,w_F) 是完全域.

通过式(19) 可以给出 L 的一个赋值,令

$$w(\beta)=w_F(\beta^{\tau})\quad(\beta\in L)$$

易知 w 满足式(7) 的条件,又由于 τ 是 K — 同构,故 w 是 v 在 L 上的一个拓展,这就证明了.

命题 1.37 设(K,v),L/K 如前,于是 v 在 L 上必然有拓展. □

上述命题是利用域的合成来给出赋值在代数扩张上拓展的存在性. 现在要证明此一构作的逆理也成立.

命题 1.38 设(K,v),L/K 如前,于是 v 在 L 上的每个拓展都可由域的合成给出.

证明 设 w 是 v 在 L 上的一个拓展,作(L,w) 的完全化 F. 令 τ 是 L 到 F 内的自然嵌入;σ 是 $\widetilde{K}$ 到 F 内的 K — 同构,于是 L^{τ} 与 $\widetilde{K}^{\sigma}$ 在 F 内生成一个子域 $F_1=\widetilde{K}^{\sigma}\cdot L^{\tau}$. 从命题 1.37 的证明知它是 $\widetilde{K}^{\sigma}$ 上的有限扩张,所以关于 $\tilde{v}_{\sigma}$ 的唯一拓展是完全的,从而关于 w 是个完全域,于是应有 $F_1=F$. 因此(F,σ,τ) 是 $\widetilde{K}$ 与 L 在 K 上的一个合成,并且由它所给出的拓展显然是 w. □

进一步要探讨的是,在什么情况下,L 与 $\widetilde{K}$ 的两个合成将给出 L 上同一个拓展(不计及等价)? 设(F,σ,τ) 与(F',σ',τ') 是 L 与 $\widetilde{K}$ 在 K 上的两个合成. 若存在 F 与 F' 间的一个 K — 同构 s,使得有 $\sigma'=\sigma\cdot s$,$\tau'=\tau\cdot s$,则称(F,σ,τ) 与(F',σ',τ') 是等价的,记以$(F,\sigma,\tau)\underset{K}{\sim}(F',\sigma',\tau')$,今有下面的命题.

命题 1.39 在本节的所设下,L 与 $\widetilde{K}$ 在 K 上的两个等价合成将给出除等价不计外,v 在 L 上的同一个拓展.

证明 设$(F,\sigma,\tau)\underset{K}{\sim}(F',\sigma',\tau')$;又设有 K — 同构 $s:F\to F'$ 使得 $\sigma'=\sigma\cdot s$,$\tau'=\tau\cdot s$. 令 w_F,$w_{F'}$ 分别是 $\tilde{v}_{\sigma}$,$\tilde{v}_{\sigma'}$ 在 F 与 F' 上的拓展. 今在 F' 上规定

$$w'_{F'}(\gamma^{s})=w_F(\gamma)\quad(\gamma\in F)\tag{27}$$

其中,$\gamma^{s}=s(\gamma)$,易知 $w'_{F'}$ 是 F' 的一个赋值. 对于 $\alpha\in\widetilde{K}$,由

$$\alpha^{\sigma\cdot s}=\sigma\cdot s(\alpha)=\sigma'(\alpha)=\alpha^{\sigma'}$$

可得

$$w'_{F'}(\alpha^{\sigma\cdot s})=w_F(\alpha^{\sigma})=\tilde{v}_{\sigma}(\alpha^{\sigma})=\tilde{v}(\alpha)=\tilde{v}_{\sigma'}(\alpha^{\sigma'})=w_{F'}(\alpha^{\sigma'})$$

但 $w'_{F'}(\alpha^{\sigma\cdot s})=w'_{F'}(\alpha^{\sigma'})$,故有 $w'_{F'}(\alpha^{\sigma'})=w_{F'}(\alpha^{\sigma'})$. 据拓展的唯一性即得 $w'_{F'}=w_{F'}$. 由式(27) 取其在 L^{τ},$L^{\tau'}$ 上的限制即有

$$w'_{F'}(\beta^{\tau'})=w_F(\beta^{\tau})$$

再返回到 L 上即得 $w'(\beta)=w(\beta)$，β 为 L 的任一元. 这就证明了等价的合成在 L 上给出 v 的同一拓展，命题即告成立. □

对于完全域上的有限扩张，扩张次数与赋值拓展的分歧指数、剩余次数间的关系已由定理 1.31 给出. 今就非完全域的情形来考虑此一问题，并将获得一个类似但稍复杂的结论.

首先，由域论知当 $[L:K]<\infty$ 时，L 与 $\widetilde{K}$ 在 K 上只有有限多个不等价的合成，它们得自 K 上的张量积 $L\otimes_K\widetilde{K}$. 此一张量积为 K 上的有限维代数，从而只有有限多个极大理想，设为 $\mathfrak{M}_1,\cdots,\mathfrak{M}_g$. 于是 $\mathfrak{J}=\mathfrak{M}_1\cap\cdots\cap\mathfrak{M}_g$ 就是 $L\otimes_K\widetilde{K}$ 的 Jacobson 根. 由此即有

$$L\otimes_K\widetilde{K}/\mathfrak{J}\simeq F_1\oplus\cdots\oplus F_g \tag{28}$$

此处 $F_i=L\otimes_K\widetilde{K}/\mathfrak{M}_i$，$i=1,\cdots,g$. 若不计同构，$F_i$ 就是 L 与 $\widetilde{K}$ 在 K 上的合成. 从上述命题的证明得知 F_i 关于由它所给出 v 在 L 上的拓展是完全的. 换言之，F_i 同构于 (L,w_i) 的完全化. 今称扩张次数 $[F_i:\widetilde{K}]=[F_i:\widetilde{K}^\sigma]=n_i$ 为 L 关于 w_i 的局部次数. 从式(28) 又可得知 v 在 L 上的拓展数等于 $L\otimes_K\widetilde{K}$ 所含极大理想的个数，于是有

$$\sum_{i=1}^{g}n_i=\sum_{i=1}^{g}[F_i:\widetilde{K}]\leqslant[L\otimes_K\widetilde{K}:\widetilde{K}]\leqslant[L:K] \tag{29}$$

在定理 1.15 中曾经指出，一阶赋值 v 与它在完全域 $\widetilde{K}$ 上的唯一拓展 $\tilde{v}$ 具有相同的值群与剩余域(不计同构). 因此，w_i 关于 v 的分歧指数与剩余次数分别等于它在 F_i 上拓展的分歧指数和剩余次数，今分别记以 e_i，f_i，由定理 1.31 可得 $n_i\geqslant e_if_i$. 归结以上所论即得下面的定理.

定理 1.40[①] 设 (K,v) 为一阶赋值域，L 为 K 上的有限扩张，$[L:K]=n$. 于是 v 在 L 上有有限多个不同的拓展 $w_1,\cdots,w_g$. 设它们关于 v 的分歧指数与剩余次数分别为 $e_1,\cdots,e_g$ 和 $f_1,\cdots,f_g$，则有以下的不等式成立

$$\sum_{i=1}^{g}e_if_i\leqslant n \tag{30}$$

这个不等式称为赋值拓展的基本不等式，此处是就一阶赋值所做的证明，在第 3 章将对任意阶的赋值给它以证明.

在结束本章之前，今再对有关有限可分扩张的结论做一归纳.

定理 1.41 符号意义同前，设 L/K 为有限可分扩张；$[L:K]=n$，$L=K[t]$. 又设 $f(X)\in K[X]$ 为 t 适合的最小多项式，它在 $\widetilde{K}$ 上分解如下

---

① 见本章参考文献[3]，120 页. 当 v 为任意阶赋值时，此一结论仍然成立，见第 3 章 3.3 节.

$$f(X)=p_1(X)\cdots p_g(X)$$

其中,每个 $p_i(X)$ 均为 $\widetilde{K}$ 上的不可约因式.于是,有以下诸论断成立:

①v 在 L 上有 g 个拓展 $w_1,\cdots,w_g$;

②$\widetilde{K}[X]/(f(X))\simeq\widetilde{K}[X]/(p_1(X))\oplus\cdots\oplus\widetilde{K}[X]/(p_g(X))$;

③$F_i=\widetilde{K}[X]/(p_i(X))$ 是 L 与 $\widetilde{K}$ 在 K 上的合成,同构于 L 关于 w_i 的完全化,$[F_i:\widetilde{K}]=n_i$ 是 L 关于 w_i 的局部次数;

④$n=[L:K]=[L\otimes_K\widetilde{K}:\widetilde{K}]=[\widetilde{K}[X]/f(X):\widetilde{K}]=\sum_{i=1}^{g}[F_i:\widetilde{K}]=\sum_{i=1}^{g}n_i$.

还应当指出,按 $f(X)$ 是 K 上的可分多项式,它的零点全在 K 的分闭包 Ω_S 内.因此,$p_i(X)$ 的系数应属于 $\widetilde{K}\cap\Omega_S$,这是 $\widetilde{K}$ 的一个子域.在第4章中,我们将从一般的角度赋予它的意义.

特别在 (K,v) 为一阶离散赋值时,据定理1.33,此时 $[F_i:\widetilde{K}]=n_i=e_if_i$.结合上述定理的论断④,即得下面的定理.

定理1.42(Ostrowski)[①] 设 (K,v) 为一阶离散赋值域,L 为 K 上的有限可分扩张,$[L:K]=n$.又设 v 在 L 上有 g 个拓展;e_i,f_i 的意义如前.于是有

$$\sum_{i=1}^{g}e_if_i=n \tag{31}$$

成立. □

第1章参考文献

[1] ARTIN E. Algebraic numbers and algebraic functions[M]. New York: Gordon and Btesch Sci. Pub.,1969.

[2] BACHMAN G. Introduction to p-adic numbers and valuation theory[M]. New York: Acad. Press,1964.

[3] 戴执中.赋值论概要[M].北京:高等教育出版社,1981.

[4] 戴执中.域论[M].北京:高等教育出版社,1990.

[5] 戴执中.赋值论基础[M].江西教育出版社,2008.

[6] ENDLER O. Valuation theory[M]. New York: Springer Verlag,1972.

[7] JACOBSON N. Lectures in abstract algebra, vol. 3[M]. New York: D. Van Nostrand Co. Inc.,1964.

① 见本章参考文献[2],150,151页;参考文献[13],263,264页;参考文献[5],49页.

[8] KÜRSCHÁK J. Über limesbildung und allgemeine Körpertheorie[J]. Jour. reine angew. Math. ,1913,142:211-253.

[9] MCCARTHY P T. Algebraic extensions of fields[M]. New York: Blasdell Pub. Co. ,1966.

[10] OSTROWSKI A. Über sogenante perfekte Körper[J]. Jour. reine angew. Math. ,1917,147:191-204.

[11] RIBENBOIM P. Théorie des valuations[M]. Montréal: Les Presses de L'Univ. de Montréal, 1965.

[12] RYCHLIK K. Zur bewertungstheoric der algebraischen Körper[J]. Jour. reine anger. Math. ,1924,153:94-107.

[13] WARNER S. Topological fields[M]. New York: Elsevier Sci. Pub. Co. Inc. ,1989.

[14] WEISS A. Algebraic number theory[M]. New York: McCraw-Hall Book Co. ,1963.

第2章 赋值与赋值环

2.1 序 群

设 Γ 是交换群，以加法（记作 $+$）作为群运算，又以 0 作为关于加法的单位元. 对任一 $\gamma \in \Gamma$，以 $-\gamma$ 记 γ 关于加法的逆元. 以下径称这种交换群 Γ 为加法群.

定义 2.1 设 Γ 为一加法群. 若存在某个不含 0，但关于加法为封闭的子集 Π，满足

$$\Gamma = \Pi^{-} \cup \{0\} \cup \Pi \tag{1}$$

其中 $\Pi^{-} = \{-\gamma \mid \gamma \in \Pi\}$，则称 Γ 为一有序加法群，或简作有序加群.

此一称谓的意义来自如下的规定：由定义知 Π^{-} 与 Π 无公有元. 今对 Γ 给定一个二元关系"$\geqslant$"如下

$$\gamma \geqslant 0，当且仅当 \gamma \in \Pi \cup \{0\} \tag{2}$$

若 $\gamma \neq 0$，上式可写如 $\gamma > 0$. 据 Π 的所设，由 $\alpha \geqslant 0, \beta \geqslant 0$ 可得 $\alpha + \beta \geqslant 0$；特别在 α 与 β 中至少有一个大于 0 时，$\alpha + \beta > 0$. 对于 $\alpha \in \Pi^{-}$，则为 $0 > \alpha$（或写如 $\alpha < 0$）. 因为，由 $\alpha = -\beta, \beta \in \Pi$，若 $\alpha > 0$，则将导致 $0 = \beta + (-\beta) = \beta + \alpha > 0$，矛盾！因此 Γ 中任一元 γ 必有且仅有以下三者之一出现

$$\gamma = 0, \gamma > 0, 0 > \gamma$$

今称"$\geqslant$"为 Γ 的一个序关系；称满足 $\gamma > 0$ 的元 γ 为正元，以及满足 $0 > \gamma$ 的 γ 为负元. 于是式(1) 中的 Π 与 Π^- 分别是 Γ 中正元和负元所组成的子集. 为方便计，今后以 Γ^+ 和 Γ^- 来替代 Π 与 Π^-，同时，又简称有序加群为序群. 对任一元 γ 及自然数 n. 以 $n\gamma$ 记 n 个 γ 之和. 当 γ 为正(负)元时，$n\gamma$ 自然也是正(负)元. 因此序群是无扭的，同时也是无限的. $\alpha - \beta > 0$ 是指 $\alpha > \beta$. 序关系"$\geqslant$"具有的初等性质今不一一列举.

今在序群中引入两个概念；设 Λ 是 Γ^+ 的一个子集. 若由 $\beta \in \Lambda$ 及 $\alpha > \beta$ 可导致 $\alpha \in \Lambda$，则称 Λ 是 Γ 的一个上截段. 若 $\Lambda \neq \Gamma^+$ 且 $\Gamma^+ \setminus \Lambda$ 关于加法是封闭的，则称 Λ 为素上截段. 另一个概念是：设 $\triangle$ 是 Γ 的一个子群，$\triangle^+$ 表示 $\triangle$ 中由 0 及所有正元所组成的子半群. 若对于任一 $\gamma \in \triangle^+$ 且 $\gamma \neq 0$，凡满足

$$-\gamma < \delta < \gamma$$

δ 均在 $\triangle$ 内，则称 $\triangle$ 为 Γ 的一个孤立子群. 于是，当 Λ 为素上截段时，$\Gamma \setminus (\Lambda \cup -\Lambda)$ 是 Γ 的孤立子群. 至于 $\{0\}$ 及 Γ 本身也可看作 Γ 的孤立子群. 对孤立子群 $\triangle$，$\Lambda = \Gamma^+ \setminus \triangle^+$ 显然是素上截段. 不同的上截段、不同的孤立子群，其间均有包含关系.

定义 2.2 设 Γ 是序群. Γ 中除 Γ 自身外，所有的孤立子群按由小到大的包含关系形成一个序列，此全序的序型称为 Γ 的阶.

若 Γ 只有有限多个孤立子群，则称 Γ 为有限阶序群. 特别在 Γ 仅有 $\{0\}$ 为其中不等于 Γ 的孤立子群时，Γ 就是一阶序群；又若 $\Gamma = \{0\}$，可称 Γ 的阶为 0.

命题 2.3 设 $\triangle$ 是序群 Γ 的一个孤立子群，于是有以下论断成立：

① 商群 $\Gamma/\triangle$ 是序群；

② 若以 r, r_1, r_2 分别表示 $\Gamma, \triangle, \Gamma/\triangle$ 的阶，则有 $r = r_1 + r_2$.

证明 ① 设 $\bar{\alpha}, \bar{\beta} = \Gamma/\triangle, \bar{\alpha} \neq \bar{\beta}$，又以 α, β 分别表示 $\bar{\alpha}, \bar{\beta}$ 的代表元. 若 $\alpha > \beta$，今将证明规定 $\bar{\alpha} > \bar{\beta}$ 是有效的. 设 α', β' 分别为 $\bar{\alpha}, \bar{\beta}$ 的另一组代表元，于是有 $\alpha' = \alpha + \gamma, \beta' = \beta + \delta$，此处 γ, δ 均属于 $\triangle$. 假若 $\beta' \geqslant \alpha'$，即 $\beta + \delta \geqslant \alpha + \gamma$. 从 $\alpha > \beta$ 应有 $\delta > \gamma$，从而又有

$$0 < \alpha - \beta \leqslant \delta - \gamma \in \triangle$$

上式表明 $\alpha \equiv \beta (\bmod \triangle)$，即 $\bar{\alpha} = \bar{\beta}$，矛盾！因此应有 α', β'，即 $\bar{\alpha} > \bar{\beta}$ 不因代表元的取法而导出，故 $\Gamma/\triangle$ 是序群. 论断 ① 即告成立.

论断 ② 由于 $\Gamma/\triangle$ 是序群，它的孤立子群均为 Γ 中包含 $\triangle$ 的孤立子群的同态象，因此，Γ 中所有的孤立子群按包含关系所组成的序集是由两部分组成. 先是 $\triangle$ 中孤立子群所组成的序集，然后由对应于 $\Gamma/\triangle$ 中的孤立子群，即包含 $\triangle$ 的孤立子群，连同 $\triangle$ 本身所组成的序集，这两部分合并而成. 按照序型的加法

就得到 $r=r_1+r_2$，这就证明了诊断②. □

设 Γ 为一序群；α,β 为其中任意两元，且 $\alpha>\beta$. 若总可选得自然数 n，使有 $n\beta>\alpha$ 成立，就称 Γ 是阿基米德型的，或称 Γ 为一阿基米德序群，至于 n 的选取自然依赖于 α 与 β.

定理 2.4 序群 Γ 为一阶序群，当且仅当 Γ 是阿基米德型的.

证明 充分性显然成立，因为阿基米德序群 Γ 只有 $\{0\}$ 与 Γ 是孤立子群.

今证明必要性. 设 Γ 的阶为 1. 若 Γ 不是阿基米德序群，则存在某两个 α，$\beta\in\Gamma$，满足 $\alpha>\beta>0$，但 $\alpha>n\beta$ 对任意自然数 n 皆成立. 令子集

$$\Lambda=\{\lambda\in\Gamma\mid\lambda>0,\text{对某个 }n\in\mathbf{N},n\beta>\lambda\}$$

$\Lambda\neq\varnothing$，因为 $\beta\in\Lambda$. 若 $\lambda_1,\lambda_2\in\Lambda$，即 $n_i\beta>\lambda_i>0$，n_i 为某个自然数，$i=1,2$. 按序关系的基本性质知有

$$(n_1+n_2)\beta>\lambda_1+\lambda_2>0$$

因此 Λ 是个半群. 令 $\triangle$ 是由 Λ 生成的子群，可以证明 $\triangle$ 是孤立子群. 首先，$\triangle$ 中的元皆可写如 $e_1\lambda_1+\cdots+e_r\lambda_r$，其中 $\lambda_i\in\Lambda$，$e_r=\pm1$. 设有 $\delta\in\triangle$ 且 $\delta>0$，以及 $-\delta<\gamma<\delta$，$\delta\in\Gamma$. 据所设，令 $\delta=e_1\lambda_1+\cdots+e_r\lambda_r$，从而有

$$-\lambda_1-\cdots-\lambda_r<\gamma<\lambda_1+\cdots+\lambda_r$$

若 $\gamma>0$，则 $\gamma<\lambda_1+\cdots+\lambda_r<n\beta$，$n$ 是某个自然数，于是有 $\gamma\in\Lambda\subsetneq\triangle$. 若 $\gamma<0$，则 $-\gamma>0$，同样可导致 $\gamma\in\triangle$. 这表明了 $\triangle$ 是孤立子群. 但 $\triangle\neq\{0\}$，Γ，因为有 $\beta\in\triangle$ 及 $\alpha\notin\triangle$，从而 Γ 的阶大于 1，矛盾！这证明了 Γ 应是阿基米德型的. □

定理 2.5（Hölder） 阿基米德序群必然序同构于实数加群 $\mathbf{R}^+$ 的一个子群.

证明 设 Γ 是阿基米德序群. 先考虑一种简单情形，即 Γ 具有最小正元 $\lambda>0$，此时 Γ 是由 λ 生成的循环群，即 $\Gamma=\{n\lambda\mid n\in\mathbf{Z}\}$. 于是 $\theta:n\lambda\to n$ 就是一个由 Γ 到 $\mathbf{R}^+$ 内的一个序同构，即 Γ 序同构于 $\mathbf{R}^+$ 的子群 $\mathbf{Z}$，于是结论成立.

现在设 Γ 中无最小正元. 首先，Γ 的单位元 0 与实数 0 相对应；其次，可以任意指定一个正元 μ 与实数 1 相对应. 对于 Γ 中任一元 γ，做出以下两个子集

$$L(\gamma)=\left\{\frac{m}{n}\mid m,n\text{ 均为整数},n>0,m\mu\leqslant n\gamma\right\}$$

$$U(\gamma)=\left\{\frac{m}{n}\mid m,n\text{ 均为整数},n>0,m\mu>n\gamma\right\}\tag{3}$$

今将证 $L(\gamma)$ 与 $U(\gamma)$ 确定一个 Dedekind 分割 d_r，使得 $L(\gamma)$ 与 $U(\gamma)$ 分别是它的下类与上类. 首先，对每个有理数 $\frac{m}{n}(n>0)$，必有且仅有 $m\mu\leqslant n\gamma$ 或者

$m\mu > n\gamma$ 二者之一成立. 因此$\frac{m}{n} \in L(\gamma)$或$\frac{m}{n} \in U(\gamma)$二者必有其一. 由于$\Gamma$是阿基米德型的,故对某个整数 n,有 $-n\gamma < \mu < n\gamma$ 成立. 若 $n > 0$,则$\frac{1}{n} \in L(\gamma)$;此时又有 $m\mu > n\gamma$ 对某个整数m 成立,即$\frac{m}{n} \in U(\gamma)$,从而$L(\gamma)$ 与$U(\gamma)$均非空集. 对于 $n < 0$,也能得此结论. $L(\gamma) \cap U(\gamma) = \varnothing$ 显然成立. 由式(3) 又可得知,当$\frac{m}{n} \in L(\gamma)$, $\frac{s}{t} \in U(\gamma)$时,其中$n > 0$, $t > 0$,有 $m\mu > n\gamma$ 与$t\mu > s\gamma$,从而

$$mt\mu \leqslant nt\gamma < sn\gamma$$

即$\frac{m}{n} < \frac{s}{t}$. 这证明了式(3) 给出一个 Dedekind 分割,记以 d_r. 又由规定的方式知 $L(\gamma)$ 与 $U(\gamma)$ 分别是 d_r 的下类与上类,兹令

$$\theta: \gamma \to d_r \tag{4}$$

这是一个从 Γ 到 $\mathbf{R}$ 内的映射,今证明它是一个单一序同态. 首先有 $\theta(0) = 0$, $\theta(\mu) = d_\mu = 1$. 对于 $\gamma > 0$, $L(\gamma)$ 中含有不等于 0 的正有理数,从而 $d_r \neq 0$,因此 θ 是单一的. 设$\frac{m_1}{n_1} \in L(\gamma_1)$, $\frac{m_2}{n_2} \in L(\gamma_2)$,其中 $n_1 > 0$, $n_2 > 0$,于是有 $m_1\mu \leqslant n_1\gamma_1$, $m_2\mu \leqslant n_2\gamma_2$;由此又有 $m_1n_2\mu \leqslant n_1n_2\gamma_1$ 与 $m_2n_1\mu \leqslant n_1n_2\gamma_2$,从而

$$(m_1n_2 + m_2n_1)\mu \leqslant n_1n_2(\gamma_1 + \gamma_2)$$

这表明$\frac{m_1}{n_1} + \frac{m_2}{n_2} \in L(\gamma_1 + \gamma_2)$,故 $L(\gamma_1) + L(\gamma_2) \subseteq L(\gamma_1 + \gamma_2)$,又从 θ 的规定知 $\theta(\gamma_1 + \gamma_2) \geqslant \theta(\gamma_1) + \theta(\gamma_2)$. 另外,同样可以证明$U(\gamma_1) + U(\gamma_2) \subseteq U(\gamma_1 + \gamma_2)$,从而又有 $\theta(\gamma_1 + \gamma_2) \leqslant \theta(\gamma_1) + \theta(\gamma_2)$. 结合上式即得$\theta(\gamma_1 + \gamma_2) = \theta(\gamma_1) + \theta(\gamma_2)$,这就证明了 θ 是由 Γ 到加法群 $\mathbf{R}^+$ 内的一个同态. 最后,还应当证明 θ 是保序的. 设$\gamma_2 > \gamma_1$,即$\gamma_2 - \gamma_1 > 0$. 由于Γ是阿基米德型的,故有某个$n \in \mathbf{N}$,使得 $n(\gamma_2 - \gamma_1) > \mu$ 成立,即 $n\gamma_2 > \mu + n\gamma_1$. 今取使 $m\mu > n\gamma_1$ 成立的最小自然数 m,对此应有

$$n\gamma_2 \geqslant m\mu > n\gamma_1 \tag{5}$$

因若 $m\mu > n\gamma_2$,则 $m\mu > \mu + n\gamma_1$,即$(m-1)\mu > n\gamma_1$,而与 m 的取法相悖. 由式(5) 知$\frac{m}{n} \in L(\gamma_2)$ 及$\frac{m}{n} \in U(\gamma_1)$,从而 $d_{r_2} > d_{r_1}$,即 $\theta(\gamma_2) > \theta(\gamma_1)$,这说明了 θ 又是保序的,定理即告成立. □

特别在Γ序同构于整数加群$\mathbf{Z}$时,称Γ为一阶离散群. 对于Γ中两孤立子群

$\triangle_1,\triangle_2$,若 $\triangle_1 \subsetneqq \triangle_2$ 且在 $\triangle_1$ 与 $\triangle_2$ 间无其他孤立子群,就称 $\triangle_1$ 与 $\triangle_2$ 是紧相连的.若 Γ 中任意两个紧相连的孤立子群 $\triangle \subsetneqq \triangle'$,其商群 $\triangle'/\triangle$ 均序同构于 $\mathbf{Z}$,就称 Γ 是离散群,或 x 阶离散群.

例 设 $\Gamma=\mathbf{Z}\times\mathbf{Z}$,对其中的元 $(m_1,n_1),(m_2,n_2)$,规定 $(m_2,n_2)>(m_1,n_1)$ 当且仅当 $m_2>m_1$,或者 $m_2=m_1$,但 $n_2>n_1$.不难验知“$>$”是序关系.兹又规定 Γ 的加法如下

$$(m_1,n_1)+(m_2,n_2)=(m_1+m_2,n_1+n_2)$$

它的单位元为 $(0,0)$.于是,对任何正整数 s 皆有 $(m,n)>s(0,t)$,其中 $m>0$,因此 Γ 不是阿基米德序群.Γ 中只有两个不等于 Γ 的孤立子群:$\{(0,0)\}$ 与 $\triangle=\{(0,n)\mid n\in\mathbf{Z}\}$,此时商群 $\Gamma/\triangle$ 与 $\triangle/\{(0,0)\}$ 均与 $\mathbf{Z}$ 序同构,因此 Γ 是二阶离散群.

就应用而言,还需要对序群 Γ 添进一个元:符号 ∞,并对它与 Γ 中元的运算和序关系做如下的规定

$$\gamma+\infty=\infty+\gamma=\infty+\infty=\infty \quad (\infty>\gamma) \tag{6}$$

其中,γ 可为 Γ 中任何元,但对 $\infty-\infty$ 则不予规定.今后以 $\Gamma\cup\{\infty\}$ 或 Γ_∞ 记经添入 ∞ 后的序群,并且称作 Γ 的增广序群;或径称增广序群.Γ 中的上截段 Λ,当以 Γ_∞ 代替 Γ 时,也将 Λ 作为 Γ_∞ 的上截段,即 $\infty\in\Lambda$.

在结束本节前,我们再补充一个事实,即对任一不为 $\{0\}$ 的序群都可以构作一个包含它的可除序群.所谓可除群,是指对群的任一元 $\gamma\neq 0$,以及任一整数 n,都有该群中的一元 δ,使得 $\gamma=n\delta$ 成立.换言之,$\dfrac{\gamma}{n}$ 属于该群.

今设 $\Gamma\neq\{0\}$ 为一序群,令 $T=\Gamma\times\mathbf{Z}^*$,即由所有元素对 (γ,n) 所组成的集.在 T 中规定一个关系“$\sim$”如下

$$(\alpha,m)\sim(\beta,n),\text{当且仅当 } n\alpha=m\beta$$

不难验知,$\sim$ 是个等价关系,于是可将 T 中凡关于 $\sim$ 为等价的元素对作为一个元.例如 (α,m) 所在的类就给定一个元,记以 $\dfrac{\alpha}{m}$.兹以 $D(\Gamma)$ 记由所有这种元所组成的集,其中显然包含一个对应于 Γ 的子集,即对于每个 $\gamma\in\Gamma$,$(\gamma,1)$ 所在的类 $\dfrac{\gamma}{1}$ 就是 $D(\Gamma)$ 中与 γ 对应的元.对于集 $D(\Gamma)$ 今规定其中的加法运算如下

$$\frac{\alpha}{m}+\frac{\beta}{n}=\frac{n\alpha+m\beta}{mn}$$

不难验知,此一规定能满足加法运算所有的运算律.其次,再对 $D(\Gamma)$ 规定序关系如下

$$\frac{\alpha}{m} \leqslant \frac{\beta}{n}, \text{当且仅当 } n\alpha \leqslant m\beta$$

此一规定作用在同构于 Γ 的子群上显然与 Γ 中原有的序关系是一致的，这就使得 $D(\Gamma)$ 成为一个包含序群 Γ(不计及序同构) 的可除序群，称它为 Γ 的可除闭包.

2.2 赋　　值

在 1.1 节中已经提及“一阶赋值”这一称谓，现在此作一般性的定义如下：

定义 2.6 设 K 是域，Γ 是序群；若有满映射 $v: K \to \Gamma_\infty$ 满足以下诸条件：

①$v(a) \in \Gamma_\infty$，$v(a) = \infty$ 当且仅当 $a = 0$；

②$v(ab) = v(a) + v(b)$；　(7)

③$v(a+b) \geqslant \min\{v(a), v(b)\}$.

其中，a，b 为 K 中任何元，就称 v 是 K 的一个赋值；Γ 为 v 的值群；又称 Γ 的阶 s 为赋值 v 的阶，或称 v 为 K 的一个 s 阶赋值.

在第 1 章式(14) 中已经指出，当 $v(a) \neq v(b)$ 时，式(7) 中的 ③ 为 $v(a+b) = \min\{v(a), v(b)\}$.

当域 K 有赋值 v 时，称 K 为一赋值域，记以 (K, v). 若 v 的阶为 0，就称 v 为浅显赋值，此时对 K 中所有的 $a \neq 0$ 均有 $v(a) = 0$ 及 $v(0) = \infty$. 在以下的论述中，将以非浅显赋值作为讨论对象. 现在，先对赋值域引入几个基本的代数结构.

命题 2.7 设 (K, v) 是赋值域，令

$$A_v = \{a \in K \mid v(a) \geqslant 0\}$$
$$\mathfrak{M}_v = \{a \in K \mid v(a) > 0\} \tag{8}$$

于是 A_v 是 K 的一个子环；$\mathfrak{M}_v$ 是 A_v 中唯一的极大理想.

证明 从定义 2.6 中的 ②③ 即知 A_v 是 K 的子环，$\mathfrak{M}_v$ 是 A_v 的一个素理想，v 给出一个由 A_v 到 Γ_∞ 的映射：$A_v \to \Gamma_\infty$，它的核是 $U_v = \{x \in A_v \mid v(x) = 0\}$. 对于 $x \in U_v$，有 $v(x^{-1}) = -v(x) = 0$，因此 U_v 是 A_v 中全部单位所组成的子集，从而 $\mathfrak{M}_v$ 就是由 A_v 中所有非单位所组成的理想，所以 $\mathfrak{M}_v$ 是 A_v 中唯一的极大素理想. 证毕. □

命题中出现的 A_v 与 $\mathfrak{M}_v$ 分别称作 v 的赋值环和赋值理想[1]；又称 $(A_v, \mathfrak{M}_v)$ 为赋值域 (K, v) 的赋值对，当 K 已确定时，则称它为 v 的赋值对. 由于 $\mathfrak{M}_v$ 是 A_v 的极大理想，剩余类环 $A_v/\mathfrak{M}_v$ 成一个域，称作 (K, v) 的剩余域，记以 $\overline{K}_v$.

从序群和赋值的定义以及上述命题即可得知，在 1.1 节中何以又将非阿基米德绝对值称作"一阶赋值". 由于 1.1 节的式(6) 已指出 φ 与 v 间的关系，再依定理 2.5，所以该处的 v 是一阶的.

现在再来看几个例子：

例 1 设 (K, v) 是一阶赋值域，它的值群为 $\mathbf{R}^+$ 中的子群 G，令 $L = K(X)$ 为 K 上有理函数域. 今先对 L 中多项式来规定一个值，设 $f \in K[X]$，有如下形式

$$f = X^m(a_0 + a_1 X + \cdots + a_r X^r) \quad (a_i \in K, a_0 \neq 0)$$

令 $w(f) = (m, v(a_0))$，对于有理函数 $f/g, f, g \in K[X]$，则规定 $w(f/g) = w(f) - w(g)$；又令 $w(0) = v(0) = \infty$. 与 2.1 节末段的例子一样，w 取值于一个二阶序群 $\Gamma = \mathbf{Z} \times G$，因此 w 是 L 的一个二阶赋值.

例 2 设 Γ 是一个任意阶的序群，K 是个域. 令 $L = \{t\}^\Gamma$，t 为 K 上一个超越元，L 的元具有如下形式

$$x = a_1 t^{\alpha_1} + a_2 t^{\alpha_2} + \cdots$$

其中系数 $a_i \in K$，且均不等于 0；幂指数 $\alpha_i \in \Gamma$，并且 $\alpha_1 < \alpha_2 < \cdots < \alpha_\xi < \cdots$，$\xi < \sigma$，$\sigma$ 是一个任意取定的序数，加与乘的运算同于通常级数的运算. 对于 $x \neq 0$，规定 $v(x) = \alpha_1$，不难验知，映射 $v: L \to \Gamma_\infty$ 满足定义 2.6 的条件，因此 (L, v) 是个赋值域，它的赋值环与赋值理想分别是

$$A_v = \{x \in L \mid v(x) \geqslant 0\}, \mathfrak{M}_v = \{x \in L \mid v(x) > 0\}$$

剩余域 $\overline{L}_v = A_v/\mathfrak{M}_v$ 显然同构于 K.

这个例子表明，对于任意给定的域和序群，总可以做出一个赋值域，使得它的值群和剩余域分别是所给的序群和域(不计及域的同构).

赋值的值群与赋值环是密切相关的，先来看如下的事实：设 v_1, v_2 是域 K 的两个赋值，其值群分别为 Γ_1, Γ_2，若 Γ_1 与 Γ_2 间存在一个序同构 θ，使以下的关系成立

$$\theta(v_1(x)) = v_2(x) \quad (\forall x \in K, x \neq 0) \tag{9}$$

以及 $\theta(\infty) = \infty$，则称 v_1 与 v_2 是等价的，记以 $v_1 \sim v_2$.

命题 2.8 设 v_1, v_2 是域 K 的两个赋值[2]，其赋值环分别简记作 A_1, A_2，于

---

① 由于它在 A_v 中的极大性，故亦称 v 的极大理想.

② 以后凡称赋值，若无声明恒指非浅显的而言.

是 v_1, v_2 成为等价的充要条件是 $A_1 = A_2$.

证明 必要性由式(9)直接可知. 今设 $A_1 = A_2$, 假若 v_1 与 v_2 不等价, 则有 $x, y \in K^*$, 使得

$$v_1(x) > v_1(y) \text{ 与 } v_2(x) > v_2(y)$$

同时成立. 由此可得 $v_1(xy^{-1}) > 0$ 与 $v_2(xy^{-1}) < 0$, 这就表明 $xy^{-1} \in A_1 \backslash A_2$, 与所设矛盾. 因此应有 $v_1 \sim v_2$, 结论即告成立. □

在给定域 K 的一个域值 v 后, 由命题 2.7 知 v 定出 K 中一子环, 它的赋值环为 A_v. 此一子环具有如下的性质: 对 K 中任一元 $x \neq 0$, 若 $x \notin A_v$, 则必有 $x^{-1} \in A_v$. 今据此一特征作如下的定义:

定义 2.9 设 $A \neq \{0\}$ 是域 K 的一个子环, 若 A 满足如下条件

$$\text{对于 } x \in K \backslash A, \text{且 } x \neq 0, \text{恒有 } x^{-1} \in A \tag{10}$$

就称 A 是 K 的一个赋值环.

此一定义显然排除了 $A = K$ 这一特款, 为完善计, 不妨将此一特款添入, 并称作浅显赋值环. 这将使得与前面提到的浅显赋值取得一致, 但这个特款不是我们所要考虑的对象[①].

在上述定义中, 自然有 x 与 x^{-1} 同属于 A 的可能性, 这种元称为 A 中的单位, 而其他的元 A 中非单位, 今以 A^* 记 A 中所有单位所组成的子集. 今有下面的引理.

引理 2.10 设 A 为域 K 的一个赋值环, 于是 $\mathfrak{M} = A \backslash A^*$ 为 A 中唯一的一极大理想.

证明 首先, 对于 A 中任一元 x, 显然有 $x\mathfrak{M} \subseteq \mathfrak{M}$. 设 $a, b \in \mathfrak{M}$, 且 a, b 均不等于 0. 据定义, 应有 $ab^{-1} \in A$ 或 $a^{-1}b \in A$ 二者之一成立. 今设 $ab^{-1} \in A$, 于是有 $a + b = (1 + ab^{-1})b \in \mathfrak{M}$, 即 $\mathfrak{M}$ 关于加法是封闭的, 故 $\mathfrak{M}$ 是 A 中理想. 由于 $A \backslash \mathfrak{M} = A^*$, 所以 $\mathfrak{M}$ 又是 A 中唯一的极大理想.

有了以上的准备, 现在可对命题 2.7 做一反向的回应, 即从域的赋值环做出域的赋值.

定理 2.11 设 A 是域 K 的一个赋值环, $\mathfrak{M}$ 是它的极大理想, 于是有 K 的一个赋值 v, 使得有 $A_v = A$, $\mathfrak{M}_v = \mathfrak{M}$ 成立.

证明 首先对 K^* 中任意两元来规定一个等价关系. 设 $x, y \in K^*$, 若有 $e, e' \in A^*$, 使得 $ex = e'y$ 成立, 就规定 x 与 y 等价, 记以 $x \sim y$. 此一规定的有

---

① 如无特别声明, 所谓赋值环概指非浅显的而言.

效性不难验知，兹从略，今以$[x]$记 x 所在的等价类. 又令

$$\Gamma=\{[x]\mid x\in K^*\}$$

并规定集 Γ 的加法运算如下

$$[x]+[y]=[xy] \tag{11}$$

规定的有效性及加法应满足的运算律均不难验证，故概予从略. 据此定义，$[1]$应为加法的单位元，今记以$[1]=0$. 又对于 $A\backslash\mathfrak{M}$ 中任一 x，由于 $x\sim 1$，因此$[x]=0$. 按引理 2.10，$\mathfrak{M}$ 的元均为 A 中非单位，故对于 $x\in\mathfrak{M}$ 应有$[x]\neq 0$. 此时 $x^{-1}\in K\backslash A$，从而有$[x]+[x^{-1}]=[1]=0$，即$[x^{-1}]$是$[x]$关于加法的逆元，可以$-[x]$记之，这就证明了$(\Gamma,+)$是个加法群.

其次要对$(\Gamma,+)$规定一个序关系：设 x,y 为 K^* 中任意两元，据定义 2.9 可选取 $x',y'\in K^*$，使得 $xx',yy'\in A\backslash\mathfrak{M}$. 于是，有以下几种可能出现

$$xy'\in\begin{cases}①K^*\backslash A\\ ②A\backslash\mathfrak{M}\\ ③\mathfrak{M}\end{cases} \tag{12}$$

对于①，今规定$[x]<[y]$；若②成立，令 $e_1=yy'$，$e_2=xy'$，e_1,e_2 均属于$A\backslash\mathfrak{M}$，且 $e_2y=e_1x$，即 $x\sim y$，从而有$[x]=[y]$；若③成立，则规定$[x]>[y]$. 式(12)概括了所有可能出现的情形，这就在$(\Gamma,+)$上定出了一个序关系，至于它的有效性以及使$(\Gamma,+)$成一序群均不难验知，今从略. 为了用 Γ 来给出 K 的赋值，正如此前的论述，还应添进一个不在 Γ 内的符号 ∞，它与$(\Gamma,+)$中元的运算同于式(6)的规定，并且对任一$[x]$均有$[x]<\infty$，与前面一样，以 Γ_∞ 记 $\Gamma\cup\{\infty\}$，并以增广序群名之.

有了以上的构作，现在可以规定一个从 K 到 Γ_∞ 的映射如下

$$v:x\rightarrow\begin{cases}[x], & x\in K^*\\ \infty, & x=0\end{cases} \tag{13}$$

v 能满足定义 2.6 的条件①②是显然的，因此只须验证条件③. 设 x,y,x',y' 如上. 若有$[x]=[y]$，则$(x+y)y'=xy'+yy'\in A$. 从而$[x+y]+[y']\geqslant 0$，即$[x+y]\geqslant[y]=[x]$. 若$[x]>[y]$，则由$(x+y)y'=xy'+yy'\in A\backslash\mathfrak{M}$可得$[x+y]+[y']=[x+y]-[y]=0$. 结合以上所得即有 $v(x+y)\geqslant\min\{v(x),v(y)\}$，即③成立，这就证明了由式(13)所规定的 v 是 K 的一个以 Γ 为值群的赋值.

最后还应注意到，在证明过程中已知对 $x\in A$ 有$[x]\geqslant 0$，以及对 $x\in\mathfrak{M}$ 有$[x]>0$，因此 $A_v=A$，及 $\mathfrak{M}_v=\mathfrak{M}$. 定理的证明即告完成. □

基于此一定理，若赋值 v 是由赋值环 A 在 K 中所定的赋值，故赋值域$(K$，

v) 也可记作(K,A).

推论 1 设 A 是域 K 的一个子环,A 为赋值环,当且仅当 $K\backslash A$ 是乘法封闭的.

证明 必要性. 设由 A 所定出的赋值为 v,对于 $x,y\in K\backslash A$,应有 $v(x)<0,v(y)<0$,从而 $v(xy)=v(x)+v(y)<0$,即 $xy\in K\backslash A$.

充分性. 由于 $K\backslash A$ 关于乘法的封闭性,以及 $K\backslash A$ 不含 K 的乘法单位元 1,故由 $x\in K\backslash A$ 应有 $x^{-1}\in A$,因此 A 是个赋值环. □

推论 2 赋值环是域中的整闭子环.

证明 设 A 是域 K 的一个赋值环,v 是 A 在 K 上定出的赋值. 今任取 K 中关于 A 的一个整元 x,并设

$$x^n+a_{n-1}x^{n-1}+\cdots+a_0=0\quad(a_i\in A,n>1)$$

是 x 所满足的 A 上最低次关系式. 若 $x\notin A$,则有 $v(x)<0$,从而

$$\begin{aligned}&v(x^n+a_{n-1}x^{n-1}+\cdots+a_0)\\=&\min\{v(x^n),v(a_{n-1})+v(x^{n-1}),\cdots,v(a_0)\}\\=&v(x^n)<0\end{aligned}$$

但 $v(0)=\infty$,因此对于 x 不存在如上的关系式,即只能有 $x\in A$. 证毕. □

2.3 赋 值 环

由赋值环可以给出域的赋值已从定理 2.11 获知,基于此一事实,在本节中将对赋值环做进一步的讨论. 今设 K 为整环 A 的商域. 以下凡称 A 的扩环均指 K 中包含 A 的子环,将不另声明. 在 2.2 节中已对赋值环给出定义,今将继续对它进行刻画.

定理 2.12 设 K,A 如上,A^* 为 A 中所有单位所组成的集,A 为 K 的赋值环,当且仅当有以下两条件成立:

① $\mathfrak{M}=A\backslash A^*$ 是 A 的理想;

② 任一包含 A 的扩环必定含有 $\mathfrak{M}$ 中某个元的逆元.

证明 必要性. A 为赋值环时,引理 2.10 已证明 $\mathfrak{M}$ 为 A 的极大理想,故条件 ① 成立. 若 R 为 A 的真扩环,则有某个 $x\in R\backslash A$,从而 $x^{-1}\in\mathfrak{M}$,即条件 ② 成立.

充分性. 先证 A 是整闭的,设 $\widetilde{A}$ 是 A 在 K 中的整闭包. 若 $\widetilde{A}\neq A$,据所设 $\widetilde{A}$ 含有 $\mathfrak{M}$ 中某个元 b 的逆元 x,设 x 满足关系式

$$x^n + a_{n-1}x^{n-1} + \cdots + a_0 = 0 \quad (a_i \in A)$$

以 b^n 乘入上式，移项后得

$$1 = -a_{n-1}b - \cdots - a_0 b^n \in \mathfrak{M}$$

矛盾！因此应有 $\widetilde{A} = A$，即 A 在 K 中为整闭. 今设 $y \in K \backslash A$，以及 $R = A[y]$. 据条件 ②，有 $b \in \mathfrak{M}$，使得 $b^{-1} \in R$，令

$$b^{-1} = a_n y^n + a_{n-1} y^{n-1} + \cdots + a_0 \quad (a_i \in A)$$

以 b 乘入上式两边可得

$$1 = ba_n y^n + \cdots + ba_0$$

再以 y^{-n} 乘入上式，经移项后有

$$(1 - ba_0) y^{-n} - ba_1 y^{-(n-1)} - \cdots - ba_n = 0$$

由于 $1 - ba_0 \in A^*$，故 y^{-1} 是 A 上的整元，即 $y^{-1} \in A$，因此 A 是个赋值环，证毕. □

由定理知，对任一 $x \in K \backslash A$，环 $A[x]$ 是 A 的扩环，故有 $x = y^{-1}$，$y \in \mathfrak{M}$，从而 $xy = 1 \in A \backslash \mathfrak{M}$.

设 K，A 如前；又设 M 为 K 中的 A - 模. 若有某个 $a \in A$ 使得 $aM \subseteq A$，则称 M 为 K 中的 A - 分式理想；特别在 M 为由 K 中一个元 x 生成的模：$M = aA$ 时，称它为 A - 主分式理想. 今有下面的定理.

定理 2.13 设 K，A 如前，于是以下诸论断是等价的：

①A 是个赋值环；

②A 中任意两理想间均存在包含关系；

③K 中任意两 A - 分式理想间有包含关系.

证明 ①→②. 设 I_1，I_2 为 A 中任意两非零理想. 若 $I_1 \not\supset I_2$，令 $b \in I_2 \backslash I_1$，于是对任何 $a \in I_1$ 皆有 $ba^{-1} \notin A$，从而有 $b^{-1}a \in A$，即 $a \in bA \subseteq I_2$. 按 a 是 I_1 中任一元，故有 $I_1 \subseteq I_2$，即论断 ② 成立.

②→③. 设 J_1，J_2 为 K 中任意两 A - 分式理想；$a_1, a_2 \in A$，使有 $a_1 J_1 = I_1$，$a_2 J_2 = I_2$ 为 A 中的理想. 今设 $I_1 \subseteq I_2$，假若 $J_1 \not\subset J_2$，则有 $x \in J_1 \backslash J_2$，从而有 $a_1 a_2 x \notin a_1 a_2 J_2$，即 $a_2 x \in I_1 \backslash I_2$，于是 $I_1 \not\subset I_2$，矛盾！因此论断 ③ 成立.

③→①. 不妨就 A - 主分式理想进行考虑. 设 x，y 为 K 中两非零元，作 A - 主分式理想：$J_1 = xA$，$J_2 = yA$. 据论断 ③，应有 $J_1 \subseteq J_2$ 或 $J_2 \subseteq J_1$ 二者之一成立，也即 xy^{-1} 或 $x^{-1}y$ 二者之一属于 A，因此 A 是个赋值环，证毕. □

今后称论断 ② 为 A 中理想是可序的，又从论断 ②③ 知赋值环中有限生成的理想及分式理想都是主理想. 另外，定理的论断 ②③ 也表明 K 中任意两 A -

模间也有包含关系.

从以上诸定理可知,当 A 为域 K 的赋值环时,$\mathfrak{M}=A\backslash A^*$ 是 A 中唯一的极大理想. 又对于 A 中任何两素理想间必有包含关系,今在素理想间规定一个序关系"$<$"如下:素理想 $\mathfrak{P},\mathfrak{P}'$ 满足

$$\mathfrak{P}<\mathfrak{P}',\text{当且仅当 }\mathfrak{P}\supsetneqq\mathfrak{P}'$$

在这一规定下,A 中所有的非零素理想排列成

$$\mathfrak{P}_1=\mathfrak{M}<\cdots<\mathfrak{P}_\tau<\cdots \tag{14}$$

今称此一序列的序型为赋值环 A 的阶. 当式(14)为有限列时,A 为有限阶赋值环;特别当 A 仅有 $\mathfrak{M}$ 为唯一非零素理想时,A 就是一阶赋值环.

在上一节曾经定义赋值的阶,由于从赋值环可以定出一个除等价不计外唯一的赋值,因此自然要问赋值环的阶与由它所给出的赋值的阶二者是否一致. 设 v 是 K 上由赋值环 A 所定的赋值,其值群为 Γ. 据定义,Γ 的阶乃是 Γ 中除 Γ 外所有孤立子群按由小到大的包含关系所成序集

$$(0)\subsetneqq\cdots\subsetneqq\triangle_\tau\subsetneqq\cdots$$

的序型. 今任取 Γ 中一孤立子群 $\triangle_\tau$,在 A 中所有适合

$$\{x\in A\mid v(x)\notin\triangle_\tau^+\}$$

的元显然成一理想,不难验知,它还是个素理想,记作 $\mathfrak{P}_\tau$. 特别在孤立子群为(0)时,所组成的素理想就是 $\mathfrak{M}$. 于是,在 A 的素理想与 Γ 的孤立子群间有如下的对应关系

$$\mathfrak{P}_\tau<\mathfrak{P}_\sigma\Leftrightarrow\mathfrak{P}_\tau\supsetneqq\mathfrak{P}_\sigma\Leftrightarrow\triangle_\tau\subsetneqq\triangle_\sigma \tag{15}$$

从这一对应关系即知,赋值的阶与它所属赋值环的阶是一致的.

在做进一步探讨之前,先有如下引理:

引理 2.14 设 R 是域 K 的一子环,I 是 R 的真理想,于是,对于每个 $x\in K$ 且 $x\neq0$,$IR[x]$ 与 $IR[x^{-1}]$ 中至少有一个是 $R[x]$ 或 $R[x^{-1}]$ 的真理想.

证明 假设结论不成立,即 $IR[x]=R[x]$ 与 $IR[x^{-1}]=R[x^{-1}]$ 同时成立,于是有

$$1=\sum_{i=0}^{n}a_ix^i\quad(a_i\in I)$$

$$1=\sum_{i=0}^{m}b_ix^{-i}\quad(b_i\in I) \tag{16}$$

其中,n,m 为使式(16)成立的最小正整数,不妨设 $n\geqslant m$. 今对式(16)的第二式以 x^n 乘入两边,于是有

$$(1-b_0)x^n=b_1x^{n-1}+\cdots+b_nx^{n-m} \tag{17}$$

再对式(16)的第一式乘以 $1-b_0$，即得

$$1-b_0=a_0(1-b_0)+a_1(1-b_0)x+\cdots+a_n(1-b_0)x^n$$

以式(17)代入上式的最后一项可得

$$1=b_0+a_0(1-b_0)+\cdots+a_nb_mx^{n-m}+\cdots+a_nb_1x^{n-1}$$

经整理后可写如

$$1=c_0+c_1x+\cdots+c_{n-1}x^{n-1}$$

其中，$c_0,c_1,\cdots,c_{n-1}$ 均属于 I，但这与 n 的取法相矛盾，故引理的结论成立. □

使用上述引理，今证明下面的命题.

命题 2.15 设 K,R 如引理 2.14，又设 $\mathfrak{P}=R\backslash R^*$ 是 R 中的素理想，于是下列两论断等价：

①R 是个赋值环；

② 设 S 是 R 的扩环，$\mathfrak{Q}$ 是 S 的素理想，且 $\mathfrak{Q}\neq S$. 若 $R\cap\mathfrak{Q}=\mathfrak{P}$，则有 $S=R$.

证明 ①→②. 若论断②不成立，则有 $x\in S\backslash R$. 按 R 为赋值环，故 $x^{-1}\in\mathfrak{P}=R\cap\mathfrak{Q}\subseteq\mathfrak{Q}$. 从而有 $1=xx^{-1}\in\mathfrak{Q}$，与所设矛盾，因此论断②成立.

②→①. 对 K 中任一 $x\neq 0$，作 $S_1=R[x]$，$S_2=R[x^{-1}]$ 以及 $\mathfrak{Q}_1=\mathfrak{Q}S_1$，$\mathfrak{Q}_2=\mathfrak{Q}S_2$. 据引理 2.14，$S_1$ 与 S_2 中至少有一个满足 $\mathfrak{Q}_1\neq S_1$ 或 $\mathfrak{Q}\neq\mathfrak{Q}S_2$[①]. 按 $\mathfrak{Q}_1,\mathfrak{Q}_2$ 及 $\mathfrak{P}_1$ 的规定，应有 $R\cap\mathfrak{Q}=\mathfrak{P}$ 或者 $R\cap\mathfrak{Q}_2=\mathfrak{P}$ 二者之一成立，于是有 $S_1=R$ 或者 $S_2=R$. 这证明了对于 K 中任一 $x\neq 0$，必有 x 或 x^{-1} 至少一个属于 R，即 R 是 K 中的赋值环，论断①即告成立.

现在利用以上的结论继续讨论赋值环在域中的扩环. 今有下面的定理.

定理 2.16 设$(A,\mathfrak{M})$是域 K 的一个赋值对，R 是对 A 的扩环，于是有以下诸论断成立：

①R 是个赋值环；

②$\mathfrak{P}=R\backslash R^*$ 是 R 的赋值理想，$\mathfrak{P}\subsetneqq\mathfrak{M}$；

③$R=A_{\mathfrak{P}}$，$\mathfrak{P}$ 是论断②中所定的素理想，并且 $\mathfrak{P}A_{\mathfrak{P}}=\mathfrak{P}$；

④ 对于 A 中的素理想 $\mathfrak{P}_1\subseteq\mathfrak{P}$，有 $\mathfrak{P}_1R=\mathfrak{P}_1A_{\mathfrak{P}}=\mathfrak{P}_1$，即 A 中包含于 $\mathfrak{P}$ 内的素理想也是 R 的素理想.

证明 论断① 对于 $x\in K\backslash R$，有 $x\in K\backslash A$，从而 $x^{-1}\in A\subsetneqq R$，即论断①成立.

---

① 不排斥二者均成立的可能.

论断 ② 在论断 ① 成立的情况下，据既知结论，$\mathfrak{P}$ 即为 R 的赋值理想. 按命题 2.15 应有 $A \cap \mathfrak{P} \subsetneqq \mathfrak{M}$. 若 $\mathfrak{P} \not\subset A$，则有 $x \in \mathfrak{P}\backslash A$，从而 $x^{-1} \in \mathfrak{M} \subsetneqq A \subsetneqq R$，由此导致 $1=xx^{-1} \in \mathfrak{P}$，矛盾！因此有 $\mathfrak{P} \subsetneqq A$. 按 $\mathfrak{M}$ 是 A 中的极大理想，故 $\mathfrak{P} \subsetneqq \mathfrak{M}$，即论断 ② 成立.

③ 按 R 的极大理想为 $\mathfrak{P}$；另外，$A_{\mathfrak{P}}$ 的极大理想为 $\mathfrak{P}A_{\mathfrak{P}}=\mathfrak{P}$，于是有 $A_{\mathfrak{P}} \cap \mathfrak{P}=\mathfrak{P}$. 据命题 2.15 即得 $R=A_{\mathfrak{P}}$，故论断 ③ 成立.

④ 由 $\mathfrak{P}_1 \subseteq \mathfrak{P}$，可得 $A_{\mathfrak{P}_1} \supseteq A_{\mathfrak{P}}$，从而有

$$\mathfrak{P}_1=\mathfrak{P}_1 A_{\mathfrak{P}_1} \supseteq \mathfrak{P}_1 A_{\mathfrak{P}} \supseteq \mathfrak{P}_1 A=\mathfrak{P}_1$$

因此 $\mathfrak{P}_1 R=\mathfrak{P}_1 A_{\mathfrak{P}}=\mathfrak{P}_1$，即论断 ④ 成立. □

上述定理结合定理 2.13 可得推论如下：

推论 K 中所有包含赋值环 A 的真子环按包含关系成一序集，它与 A 中不等于(0) 的素理想所成的序集成逆向的一一对应. □

当 A 为有限阶赋值环时，包含它的子环只能有有限多个. 如果赋值环中有一最小的非零素理想，则该赋值不在域中有一个最大的扩环，即包含它的一阶赋值环(参看命题 2.35).

今设 v 是 K 上由赋值对 $(A,\mathfrak{M})$ 所定出的赋值，以 Γ 为其值群；又设 Γ 中与 A 的素理想 $\mathfrak{P}$ 相应的孤立子群为 $\triangle$，今以 $v_{\mathfrak{P}}$ 记 $(A_{\mathfrak{P}},\mathfrak{P})$ 在 K 上所定的赋值. 令 $\theta:\Gamma \to \Gamma/\triangle$ 正规同态，于是有

$$v_{\mathfrak{P}}(x)=\theta \cdot v(x),\ x \in K \text{ 且 } x \neq 0$$

$v_{\mathfrak{P}}$ 的剩余域为 $A_{\mathfrak{P}}/\mathfrak{P}$；在这个域上 $(A/\mathfrak{P},\mathfrak{M}/\mathfrak{P})$ 是个赋值对，由它所定出的赋值记作 $\bar{v}_{\mathfrak{P}}$，今往证 $\bar{v}_{\mathfrak{P}}$ 的值群是 $\triangle$. 设 $\bar{x} \in A_{\mathfrak{P}}/\mathfrak{P}$，$\bar{x}=x(\bmod \mathfrak{P})$，$x \notin \mathfrak{P}$，于是 $v(x) \in \triangle$. 今规定

$$\begin{cases}\bar{v}_{\mathfrak{P}}(\bar{x})=v(x),\ \bar{x}=x+\mathfrak{P},\ x \in A_{\mathfrak{P}}\backslash\mathfrak{P} \\ \bar{v}_{\mathfrak{P}}(\bar{0})=\infty\end{cases} \tag{18}$$

首先应证明这个规定是有效的. 设 $x \equiv x'(\bmod \mathfrak{P})$，于是

$$v(x-x') \in \Gamma^{+} \backslash \triangle$$

因此

$$v(x-x') > \{v(x),v(x')\}$$

从而有 $v(x)=v(x')$. 由此可知在 $\bar{K}_{\mathfrak{P}}=A_{\mathfrak{P}}/\mathfrak{P}$ 上的规定式(18) 是有效的. 至于 $\bar{v}_{\mathfrak{P}}$ 满足有关的规律不难证明，兹从略.

对定理 2.16 还可做一逆向的考虑，今有下面的定理.

定理 2.17 设 R 是域 K 的一个赋值环，$\mathfrak{P}$ 为其赋值理想；又设 $\bar{A}$ 是剩余域

$\bar{R}=R/\mathfrak{P}$ 的一个赋值环. 令 $A=\{x\in R\mid x(\text{mod}\ \mathfrak{P})\in\bar{A}\}$,则有以下诸论断成立:

①A 是 K 的一个赋值环;

②$R=A_{\mathfrak{P}}$;

③$\bar{A}=A/\mathfrak{P}$.

证明 ① 设 $x\in K\backslash A$. 若 $x\notin R$,则 $x^{-1}\in\mathfrak{P}\subsetneqq A$;若 $x\in R$,但 $x(\text{mod}\ \mathfrak{P})\notin\bar{A}$,则有 $x^{-1}(\text{mod}\ \mathfrak{P})\in\bar{A}$. 因此,无论属于哪种情形均有 $x^{-1}\in A$,即论断 ① 成立.

② 由于 $\mathfrak{P}\subsetneqq A$,即 $\mathfrak{P}\cap A=\mathfrak{P}$. 按定理 2.16③,即知 $R=A_{\mathfrak{P}}$.

③ 显然成立. 定理即告证明. □

结合上述两定理所阐述的事实,可以称 A 是由 $A_{\mathfrak{P}}$ 与 $\bar{A}$ 所合成的. 就所属的赋值而言,若 v 为 A 所定的赋值,则可称 v 是由 $v_{\mathfrak{P}}$ 与 $\bar{v}_{\mathfrak{P}}$ 所合成,也可称 v 分解为 $v_{\mathfrak{P}}$ 与 $\bar{v}_{\mathfrak{P}}$,并以 $v=v_{\mathfrak{P}}\cdot\bar{v}_{\mathfrak{P}}$ 记之.

对于 K 的两赋值环 A,A',若其间有包含关系 $A'\subsetneqq A$ 或 $A\subsetneqq A'$,就称它们是可序的;否则为不可序的. 对于相应的赋值 v,v' 而言,也可做相应的规定如下

$$v'<v,\text{当且仅当 } A\subsetneqq A' \tag{19}$$

当有 $A\subsetneqq A'$ 时,由定理 2.16 知 $A'=A_{\mathfrak{P}}$,$\mathfrak{P}$ 是 A' 的极大理想且属于 A,从而 A' 中所有的素理想均在 A 中. 此一事实尚可做进一步推进如下,今有下面的命题.

命题 2.18 设域 K 的赋值环 A,A' 满足 $A\subsetneqq A'$,于是 A' 中任一理想均为 A 中理想.

证明 对于 A' 中素理想而言,结论已经成立. 今设 I 为 A' 中任一真理想,只须证明 I 的根 $\sqrt{I}$ 是个素理想即可. 设 $ab\in\sqrt{I}$,于是有某个正整数 n 使得 $(ab)^n\in I$. 按 A' 中任意两理想间均存在包含关系,若主理想 $bA'\subseteq aA'$,则 $b^{2n}\in a^nb^n=(ab)^n\in I$,从而 $b\in\sqrt{I}$. 若 $bA'\not\subset aA'$,则应有 $aA'\subseteq bA'$,并由此导致 $a\in\sqrt{I}$,这证明了 $\sqrt{I}$ 是 A' 中素理想,由此即得 $I\subseteq\sqrt{I}\subseteq\mathfrak{M}'\subsetneqq A$,其中 $\mathfrak{M}'$ 表示 A' 的极大理想. 命题即告成立. □

对于不可序的赋值环 A,由它们生成的 K 中子集

$$A\cdot A'=\left\{\sum_{i=1}^{n}a_ia'_i\ \middle|\ \forall a_i\in A,\forall a'_i\in A',\forall n\in\mathbf{N}\right\}$$

是包含 A 与 A' 的最小子环. 若 $A\cdot A'=K$,就称 A 与 A',以及由它们所定的赋

值 v 与 v' 是独立的;否则,即 $A \cdot A' \neq K$,则称它们是相依的. 在 A 与 A' 不可序但又是相依的情况下,$A \cdot A'$ 是个赋值环. 由于它同时是 A 和 A' 的扩环,据定理 2.16 有 $A \cdot A' = A_{\mathfrak{P}} = A'_{\mathfrak{P}}$;$\mathfrak{P}, \mathfrak{P}'$ 分别是 A 与 A' 中的某个素理想. 又由于 $\mathfrak{P}, \mathfrak{P}'$ 分别是 $A_{\mathfrak{P}}, A'_{\mathfrak{P}}$ 中的极大理想,故有

$$\mathfrak{P} = \mathfrak{P}A_{\mathfrak{P}} = \mathfrak{P}A'_{\mathfrak{P}'} \subseteq \mathfrak{P}' = \mathfrak{P}'A'_{\mathfrak{P}'} = \mathfrak{P}'A_{\mathfrak{P}} \subseteq \mathfrak{P}$$

由此得到 $\mathfrak{P} = \mathfrak{P}'$. 这表明 $\mathfrak{P} = \mathfrak{P}' \subseteq (A \cap A')$. 若 $A \cap A'$ 中尚有素理想 $\mathfrak{Q}' \supseteq \mathfrak{P} = \mathfrak{P}'$,则由 $\mathfrak{P} \subseteq \mathfrak{Q}' \subseteq A \subseteq A_{\mathfrak{P}}$ 知 $\mathfrak{Q}$ 应包含在 $A_{\mathfrak{P}}$ 的极大理想 $\mathfrak{P}$ 中,故 $\mathfrak{Q}' = \mathfrak{P} = \mathfrak{P}'$,即 $\mathfrak{P} = \mathfrak{P}'$ 是 $A \cap A'$ 中最大的素理想. 此一事实对于多个赋值仍然成立. 设 $A_1, \cdots, A_s$ 在 K 中两两相依,但并不互为独立的赋值环. 当 $s = 2$ 时,情况已如上述. 今设 $s > 2$,并且结论对 $s - 1$ 已告成立,即有 $A = A_1 \cdots A_{s-1}$,并且 $A \neq K$. 令 $B = A_{s-1} \cdot A_s \neq K$. 由于 A 与 B 都包含 A_{s-1},按定理 2.16 的推论,有 $A \supsetneqq B$ 或 $B \supsetneqq A$ 二者之一成立,因此对有限多个 A_i 同样得到 $A_1 \cdots A_s$ 是包含它们的最小赋值环,而且同样可得 $A_1 \cap \cdots \cap A_s$ 中的最大素理想 $\mathfrak{P}$,使得有

$$A_1 \cdots A_s = A_{ip} \quad (i = 1, \cdots, s)$$

这表明对多个赋值环的情形与只有两个赋值环时是全然一致的. 设 v_0 是由 $A \cdot A'$ 所定的赋值;v, v' 分别是 A, A' 所定的赋值. 按式(19) 的规定有

$$v_0 < v \text{ 与 } v_0 < v'$$

成立. 由于 $A \cdot A'$ 是包含 A 与 A' 的最小赋值环,故 v_0 是有上述性质之最强赋值,今记以 $v_0 = v \Lambda v'$. 当 $A \cdot A' = K$ 时,v_0 为浅显赋值. 特别在 v 与 v' 都是一阶赋值时,v_0 只能是个浅显赋值.

现在继续讨论赋值中有关理想的一些性质. 设 A 是 K 中一赋值环. 据定理 2.13,A 中理想是可序的. 特别对于其中的素理想,若素理想 $\mathfrak{P}, \mathfrak{P}'$ 具有 $\mathfrak{P} \supsetneqq \mathfrak{P}'$,就称 $\mathfrak{P}$ 是 $\mathfrak{P}'$ 的前趋,$\mathfrak{P}'$ 是 $\mathfrak{P}$ 的后续. 如果在 $\mathfrak{P}$ 与 $\mathfrak{P}'$ 之间无其他素理想,就称 $\mathfrak{P}$ 与 $\mathfrak{P}'$ 是紧相连的,此时 $\mathfrak{P}$ 为 $\mathfrak{P}'$ 的紧接前趋,$\mathfrak{P}'$ 为 $\mathfrak{P}$ 的紧接后续. 对于有限阶赋值环而言,这是十分明显的,但对于任意阶的赋值环可能会出现两种不同的情况,它们分别是:某个素理想有前趋但无紧接前趋;另一种情况是有后续而无紧接后续. 对于前一种素理想,称它为极限素理想. 例如,一个素理想 $\mathfrak{P}'$,它有一个递降的无限素理想列

$$\mathfrak{P}_1 \supsetneqq \mathfrak{P}_2 \supsetneqq \cdots \supsetneqq \mathfrak{P}_\tau \supsetneqq \cdots \supsetneqq \mathfrak{P}'$$

其中每个 $\mathfrak{P}_r$ 均为 $\mathfrak{P}'$ 的前趋,于是 $\mathfrak{P} = \bigcap_\tau \mathfrak{P}_\tau$ 是个素理想,并且 $\mathfrak{P} \supseteq \mathfrak{P}'$. 如果 $\mathfrak{P} \supsetneqq \mathfrak{P}'$,$\mathfrak{P}$ 就成为 $\mathfrak{P}'$ 的紧接前趋,而在 $\mathfrak{P}'$ 无紧接前趋的条件下,那就只能是 $\mathfrak{P} = \bigcap_\tau \mathfrak{P}_\tau = \mathfrak{P}'$,即 $\mathfrak{P}'$ 是个极限素理想. 至于后一种情况恰与它相反,即有一无

限列

$$(0) \subsetneq \cdots \subsetneq \mathfrak{P}_\tau \subsetneq \cdots \subsetneq \mathfrak{P}'$$

于是 $\mathfrak{P}=\bigcap\limits_\tau \mathfrak{P}_\tau$ 是个素理想，并且 $\mathfrak{P} \subseteq \mathfrak{P}'$. 如果 $\mathfrak{P} \subsetneq \mathfrak{P}'$，$\mathfrak{P}$ 就是 $\mathfrak{P}'$ 的紧接后续. 在 $\mathfrak{P}'$ 无紧接后续的前设下，那就只能是 $\mathfrak{P}=\bigcup\limits_\tau \mathfrak{P}_\tau=\mathfrak{P}'$. 对于这种素理想，由于不多论及，故未另予名称.

今利用以上引进的概念对赋值中的非素理想给出一个有用的结论.

定理 2.19 设 I 是赋值环 A 中一个真理想，且非素理想，于是 A 中有紧相连的素理想 $\mathfrak{P}, \mathfrak{P}'$，满足 $\mathfrak{P} \subsetneq I \subsetneq \mathfrak{P}'$.

为证明此定理，先有以下的引理：

引理 2.20(Krull)[①] 设 (a) 是赋值环 A 的任一非零主理想，于是有以下的论断成立：

①$\mathfrak{P}'=\{x \in A \mid a \mid x^n, n$ 是个正整数$\}$ 是 A 中的素理想，$\mathfrak{P}' \supsetneq (a)$；

②$\mathfrak{P}'$ 有紧接后续 $\mathfrak{P}$.

证明 ① 首先，$\mathfrak{P}'$ 显然是个理想. 今设 $xy \in \mathfrak{P}'$. 由于 A 是赋值环，故 $xy^{-1} \in A$ 或 $x^{-1}y \in A$ 二者必有其一，因此导致 $x \in \mathfrak{P}'$ 或 $y \in \mathfrak{P}'$. 这证明了 $\mathfrak{P}'$ 是个素理想；$\mathfrak{P}' \supsetneq (a)$ 显然成立.

② 令 $\mathfrak{P}=\{x \in A \mid x \nmid a^n, n$ 为任何正整数$\}$. 与论断 ① 的情形相同. 易知 $\mathfrak{P}$ 是 A 中的素理想，且 $a \notin \mathfrak{P}$，从而有 $\mathfrak{P}' \supsetneq \mathfrak{P}$. 若另有一素理想 $\mathfrak{P}_1 \supsetneq \mathfrak{P}$，则 $\mathfrak{P}_1$ 包含 a 的某个幂 a^n，从而包含 (a) 及 $\mathfrak{P}'$. 因此 $\mathfrak{P}'$ 是 $\mathfrak{P}$ 的紧接前趋，证毕. □

现在来证明定理 2.19：设 $\mathfrak{P}$ 是包含在 I 中的最大素理想. 今断言 $\mathfrak{P}$ 不是极限素理想，因若不然，则有 $\mathfrak{P}=\bigcap\limits_\tau \mathfrak{P}_\tau$，$\{\mathfrak{P}_\tau\}_\tau$ 是个递降的无限素理想列，其中每个 $\mathfrak{P}_\tau \supsetneq \mathfrak{P}$. 由于 $\mathfrak{P}$ 是包含在 I 中的最大素理想，故每个 $\mathfrak{P}_\tau \supsetneq I \supsetneq \mathfrak{P}$，但 $\mathfrak{P}=\bigcap\limits_\tau \mathfrak{P}_\tau \supsetneq I$ 与所设矛盾.

今设 $a \in I \backslash \mathfrak{P}$，于是主理想 $(a) \subsetneq I$. 按上述引理存在包含 (a) 的最小素理想 $\mathfrak{P}'$，及 $\mathfrak{P}'$ 的紧接后续 $\mathfrak{P}_0$，于是有 $\mathfrak{P}' \supsetneq \mathfrak{P}$ 与 $\mathfrak{P}' \supsetneq (a) \supsetneq \mathfrak{P}_0$. 今断言 $\mathfrak{P}' \supsetneq I$，因若 $I \supsetneq \mathfrak{P}' \supsetneq \mathfrak{P}$，则与 $\mathfrak{P}$ 为 I 中所包含之最大素理想之所设相悖. 如果 $\mathfrak{P}'=\mathfrak{P}$，则又与 $a \notin \mathfrak{P}$ 相悖，因此只能是 $\mathfrak{P}' \supsetneq I \supsetneq (a) \supsetneq \mathfrak{P}_0$，$\mathfrak{P}'$ 与 $\mathfrak{P}_0$ 是紧相连的素理想，且 $\mathfrak{P}_0$ 包含在 I 内，故应有 $\mathfrak{P}=\mathfrak{P}_0$. 这就证明了 $\mathfrak{P}' \supsetneq I \supsetneq \mathfrak{P}$，定

① 见本章参考文献[8]，176 页关于紧接后续存在性的一个判断.

理即告证明[①]. □

有了上述定理,今借此给“离散赋值”一个一般性的定义如下:

定义 2.21[②] 设 v 是域 K 赋值;A,Γ 分别为 v 的赋值环和值群. 若对于 A 中任意两紧相连的素理想 $\mathfrak{P} \subsetneqq \mathfrak{P}'$,其 Γ 中相应的孤立子群 $\triangle \supsetneqq \triangle$ 满足如下的关系

$$\triangle/\triangle' \simeq \mathbf{Z}$$

即商群 $\triangle/\triangle'$ 同构于整数加群,就称 v 是个离散赋值;A 为离散赋值环,又可称 (K,v) 为一离散赋值域.

此一定义显然概括了赋值的阶为有限或良序无限的情形.

2.4 位

在本节中我们将引入一个与赋值环可以相互转换的概念. 为此,先做准备如下:

设 L 为任一域,∞ 是一个不在 L 内的符号元. 今规定 L 中元与 ∞ 的演算律如下

$$c \pm \infty = \infty \pm c = \infty$$

$$d \cdot \infty = \infty \cdot d = \infty \cdot \infty = \infty, d \neq 0$$

$$\infty^{-1} = 0, \frac{1}{0} = \infty \tag{20}$$

其中 c,d 为 L 中的元,至于 $\infty + \infty, \infty \cdot 0, 0 \cdot \infty$ 以及 $\frac{\infty}{\infty}$ 则不做任何规定.

定义 2.22 设 π 是从域 K 到 $L \cup \{\infty\}$ 内的一个映射,L 与 ∞ 间的运算由式(20) 所规定. 若 π 在以下诸等式

$$\pi(a+b) = \pi(a) + \pi(b)$$

$$\pi(a \cdot b) = \pi(a) \cdot \pi(b)$$

$$\pi(a^{-1}) = (\pi(a))^{-1} \tag{21}$$

---

① 在定理的证明中,$a \in \Gamma\backslash\mathfrak{P}$ 的选取是任意的. 今若另取 $b \in \Gamma\backslash\mathfrak{P}$,并以 $\mathfrak{Q}',\mathfrak{Q}$ 代替 $\mathfrak{P}',\mathfrak{P}$,仍将得到同一结果,因由证明可得 $\mathfrak{Q} = \mathfrak{P}$. 在赋值环中对于同一个 $\mathfrak{P}$ 只能有一个紧接前趋,因此应有 $\mathfrak{P}' = \mathfrak{Q}'$. 这就表明定理中出现的 $\mathfrak{P}'$ 与 $\mathfrak{P}$ 和 $\Gamma\backslash\mathfrak{P}$ 中元的选取无关.

② 见本章参考文献[3].

的右方有意义的情况下恒能成立，并且又有$\pi(1)=1$，$\pi(0)=0$[①]，则称π是K的一个位，或者更确切地称作K的$L-$值位. $\pi(a)\neq\infty$，称a为关于π的有限元，否则为无限元. 从式(21)知K中所有关于π的有限元成一子环，记作A_π. 此时，π在A_π上的限制是由A_π到L内的环同态. 又从式(20)与式(21)不难验知A_π是K的一个赋值环，称之为位π的赋值环. 如果$\pi(K)\subseteq L$，此时$A_\pi=K$，从而称π为K的浅显位.

以上的论述也可以从相反的方向进行，即先在K中给定一个非浅显赋值环A，以及A的极大理想$\mathfrak{M}$. 此时$\overline{K}=A/\mathfrak{M}$是个域. 今规定由$K$到$\overline{K}\cup\{\infty\}$的映射$\pi:K\to\overline{K}\cup\{\infty\}$如下

$$\begin{cases}\pi(a)=\bar{a}=a(\bmod\ \mathfrak{M}),a\in A\\ \pi(a)=\infty,a\notin A\end{cases}$$

由式(19)(20)容易验知π满足定义的要求，故π是K的一个$\overline{K}-$值位，今称它为对应于A的正规位.

与赋值的情形一样，对于位也可以引进等价的概念. 设π,π'是K的$L-$值位和$L'-$值位. 设τ为L与L'间的一个同构，并且规定$\tau(\infty)=\infty$. 若对于每个$a\in K$皆有$\pi'(a)=\tau(\pi(a))$，就称π与π'是等价的，记以$\pi\sim\pi'$，此时有$\pi'=\tau\circ\pi$. 与赋值的情形一样，两个位成为等价的充要条件是它们有相同的赋值环. 这也等于说，它们都等价于该赋值环的正规位.

今考虑如下问题：设R为域K的一子环；Ω为一代数闭域；$\sigma:R\to\Omega$为同态映射. σ能否拓展为K的一个$\Omega-$值位？为对此给出肯定的解答，先做准备如下：

设σ是从R到环S的同态映射，X是关于R与S的一个未定元. σ可以拓展成从$R[X]$到$S[X]$的同态映射，只须令$\sigma(X)=X$，此一拓展仍以σ记之. 今设c是一个关于R的代数元，于是$R[X]$中子集

$$J=\{f(X)\in R[X]\mid f(c)=0\}$$

是$R[X]$的一个理想. 经以上所规定的拓展同态σ，J在$S[X]$中经σ所得的理想为$\sigma(J)S[X]$，今以J^σ简记此理想. 同态映射σ能否拓展于$R[c]$就与这个J^σ有关. 今有下面的引理.

引理 2.23 设R是域K的一个子环，Ω为一代数闭域；$\sigma:R\to\Omega$为同态映射. 又设$c\in K$，J的规定如上. 若$J^\sigma\neq\Omega[X]$，则σ能拓展成从$R[c]$到Ω的一个同态映射.

---

① K与L中的零元与乘法单位元均用同一符号0与1表示.

证明 若 $J=(0)$ 或者 $J\neq(0)$，但 $J^\sigma=(0)$，此时 σ 性能拓展成一个从 $R[c]$ 到 Ω 的内态映射，只须令

$$c\to\alpha$$

此处 α 可取 Ω 中任何元. 今考虑 $J^\sigma\neq(0)$ 的情形. 按 $\Omega[X]$ 为一主理想环，故有 $J^\sigma=(r(X))$. 又由 $J^\sigma\neq\Omega[X]$，知 $\deg r(X)>0$. 另外，由于 Ω 为代数闭域，$r(X)=0$ 在 Ω 中有解. 设 α 为其一解. 于是，令

$$\tau: f(c)\to f^\sigma(\alpha)$$

其中 $f(c)=\sum_{i=0}^{n}a_ic^i\in R[c]$，$f^\sigma(\alpha)=\sum_{i=0}^{n}\sigma(a_i)\alpha^i$. 不难验知 τ 是一个从 $R[c]$ 到 Ω 内的同态映射. 因为，若 $f(c)=0$，则 $f(X)\in J$，从而 $f^\sigma(X)\in J^\sigma=(r(X))$，即 $r(X)$ 可整除 $f^\sigma(X)$，由 $r(\alpha)=0$ 即得 $f^\sigma(\alpha)=0$. 这就证明了 τ 是个同态映射，而且显然是 σ 在 $R[c]$ 上的拓展. 证毕. □

下述定理乃本节的主要结论.

定理 2.24 设 R 是域 K 的一个子环；Ω 为一代数闭域. 又设 $\sigma: R\to\Omega$ 为同态映射，于是，σ 能拓展成 K 的一个 Ω 值位.

证明 设 T 是由 σ 的全部拓展，连同它本身所组成的集. 具体而言，$\sigma'\in T$ 是指 $\sigma': R'\to\Omega$ 为一同态，子环 $R'\supseteq R$，并且 σ' 在 R 上的限制为 σ. 由于 $\sigma\in T$，故 T 是非空集. 今在 T 中规定一个序关系“$<$”如下：设 $\sigma',\sigma''\in T$. 若 σ'' 是 σ' 的拓展，就规定 $\sigma'<\sigma''$. 在这个序关系下，T 成一半序集. 今在 T 中任取一全序子集

$$\sigma'<\sigma''<\cdots<\sigma^{(v)}<\cdots$$

于是，K 中有一个与它相应的、按包含关系递增的子环所组成的集

$$R'\subsetneqq R''\subsetneqq\cdots\subsetneqq R^{(v)}\subsetneqq\cdots$$

这个子环列的并集 $\bar{R}=\bigcup_v R^{(v)}$ 自然是 K 的一个子环，它包含每个 $R^{(v)}$，自然也包含 R. 对于 $\bar{R}$ 的每个元 a，必有一个最小的标号 v，使得有 $a\in R^{(v)}$，但 $a\notin R^{(v-1)}$. 今规定

$$\bar{\sigma}: a\to\sigma^{(v)}(a)$$

显然这是一个从 $\bar{R}$ 到 Ω 内的同态映射，而且是 σ 的拓展，因此 $\bar{\sigma}\in T$. 另外，$\bar{\sigma}$ 又是全序子列 $\sigma'<\sigma''<\cdots$ 的上界. 因此 T 是个归纳集，据 Zorn 引理，T 有极大元存在. 令 τ 是 T 的一个极大元，A 是与它相应的子环. τ 的核

$$\mathfrak{P}=\{a\in A\mid\tau(a)=0\}$$

是 A 的一个真理想，而且它还是 A 的极大理想，因若不然，τ 就能拓展于 A 的扩环 $A_{\mathfrak{P}}$，而与 τ 的极大性相矛盾.

今有两种可能:$\mathfrak{P}=(0)$ 或者 $\mathfrak{P}\neq(0)$. 若 $\mathfrak{P}=(0)$,则 A 是个域,τ 成为域 A 到 Ω 内的一个同构映射. 如果 $A\neq K$,任取 $c\in K\backslash A$. 无论 $A(c)$ 是 A 上的代数扩张或超越扩张,τ 均能拓展成由 $A(c)$ 到 Ω 内的同构映射,从而与 τ 的极大性矛盾. 因此,在这种情况下只能是 $A=K$,换言之,σ 拓展成 K 的一个浅显 Ω-值位.

现在设 $\mathfrak{P}\neq(0)$,取 K 中任意元 $c\neq 0$. 据引理 2.14,$\mathfrak{P}A[c]$ 与 $\mathfrak{P}A[c^{-1}]$ 中至少有一个是 $A[c]$ 或 $A[c^{-1}]$ 的真理想. 今设 $\mathfrak{P}A[c]$ 是 $A[c]$ 的真理想,令

$$J=\{f(X)\in A[X]\mid f(c)=0\}$$

这是 $A[X]$ 的一个理想,经同态映射 $\tau:A[X]\to\Omega[X]$,J 在 $\Omega[X]$ 中的象为理想 J^{τ},今证明 $J^{\tau}\neq\Omega[X]$. 因若 $J^{\tau}=\Omega[X]$,则有某个 $f(X)=a_nX^n+\cdots+a_0\in J$,使得 $J^{\tau}(X)=1$,即 $\tau(a_0)=1,\tau(a_i)=0,i>0$. 此时有 $1-a_0\in\mathfrak{P};a_i\in\mathfrak{P}$, $i>0$. 从而

$$1=1-f(c)=(1-a_0)-a_1c-\cdots-a_nc^n\in A[c]$$

而与 $\mathfrak{P}A[c]\neq A[c]$ 相矛盾.

根据引理 2.23,此时 τ 能拓展成子环 $A[c]$ 到 Ω 的一个同态,但由 τ 的极大性知有 $A[c]=A$,即 $c\in A$. 同样,如果 $\mathfrak{P}A[c^{-1}]$ 是 $A[c^{-1}]$ 的真理想,则将有 $c^{-1}\in A$. 这就证明了 A 是 K 的一个赋值环. 于是,只要令

$$\pi(a)=\begin{cases}\tau(a), & a\in A\\ \infty, & a\notin A\end{cases}\tag{22}$$

就得到一个满足定理要求的位 π,证毕. □

推论 设 R 为域 K 的一子环,$\sigma:R\to\Omega$ 为由 R 到代数闭域 Ω 内的一个同态映射. 于是,σ 在 K 内不能再行拓展的充要条件是 R 为 K 中一赋值环,且有 $\sigma=\pi_{1R}$,π 是个由 R 按式(22) 所规定的位.

证明 设 R 为 K 中的赋值环;$\sigma=\pi_{1R}$,π 是 K 的一个位. 若 S 为 R 在 K 中的扩环. $\tau:S\to\Omega$,以及 $\tau_{1R}=\sigma$,可以证明 $S=R$. 因若不然,则有 $a\in S\backslash R$. 按所设 R 为赋值环,故应有 $a^{-1}\in R\subseteq S$,从而有 $1=\tau(a\cdot a^{-1})=\tau(a)\tau(a^{-1})=\tau(a)\pi(a^{-1})=\tau(a)\cdot 0=0$. 矛盾!

反之,设 σ 在 K 中不能再行拓展. 此时 σ 本身就是定理证明中那个 T 的极大元,因此 R 是个赋值环. 由式(22) 所规定的位 π,它在 R 上的限定就是 σ,结论即告证明. □

2.5 赋值所定出的拓扑

设 v 为域 K 的一个非浅显赋值；A，Γ 分别为其赋值环与值群．今先对 K 的零元 0 来规定它的邻域．设 $\gamma \in \Gamma$，令

$$V_\gamma = \{x \in K \mid v(x) > \gamma\} \tag{23}$$

显然有 $0 \in V_\gamma$，于是 $\{V_\gamma\}_{\gamma \in \Gamma}$ 就是 0 的邻域集．对于 K 中任一元 $a \neq 0$，可规定

$$V_\gamma(a) = \{x \in K \mid v(x - a) > \gamma\} \tag{24}$$

易知 $V_\gamma(a) = \{x + a \mid x \in V_\gamma\}$．因此上式又可以表如 $V_\gamma(a) = V_\gamma + \{a\}$．对以上所做的规定显然具有以下的性质：

① 对于 $\gamma' < \gamma$，有 $V_\gamma(a) \subsetneqq V_{\gamma'}(a)$；

② $\bigcap_{\gamma \in \Gamma} V_\gamma(a) = \{a\}$；

③$V_\gamma(a) = \bigcup_{c \in V_\gamma(a)} V_\gamma(c)$．

从邻域集具有以上性质可知它在 K 上定出一个拓扑，记以 $\mathfrak{I}_v$．不难验知这是个 Hausdorff 拓扑．现在来证明域的代数运算在此拓扑下都是连续的．首先，由 $x \in V_\gamma(a)$，$y \in V_\gamma(b)$ 可得

$$V_\gamma(a) + V_\gamma(b) \subseteq V_\gamma(a + b) \tag{25}$$

这表明 K 中的加法运算关于拓扑 $\mathfrak{I}_v$ 是连续的．对于乘法运算，从等式

$$xy - ab = b(x - a) + a(y - b) + (x - a)(y - b)$$

其中 $x \in V_\gamma(a)$，$y \in V_\gamma(b)$，可选取适当的 $\delta \in \Gamma$，使得有下式成立

$$V_\delta(a) \cdot V_\delta(b) \subseteq V_\gamma(ab) \tag{26}$$

这表明乘法运算关于 $\mathfrak{I}_v$ 也是连续的．为证明除法运算的连续性，先有引理如下：

引理 2.25① 符号的意义同前．若 $v(x - a) > \max\{\gamma + 2v(a), v(a)\}$，则有 $v(x^{-1} - a^{-1}) > \gamma$．

证明 由 $x^{-1} - a^{-1} = x^{-1}(a - x)a^{-1}$，有

$$v(x^{-1} - a^{-1}) = v(x - a) - v(x) - v(a)$$

若 $v(x - a) > v(a)$，则由 $x = a + (x - a)$ 知 $v(x) = v(a)$．因此，若 $v(x - a) > \gamma + 2v(a)$，即得

① 见本章参考文献[1]，chap. 6，§ 5，Lemma 1.

$$v(x^{-1}-a^{-1})>\gamma+2v(a)-2v(a)=\gamma$$

证毕.

根据此一引理可得

$$(V_\gamma(a))^{-1}\subseteq V_\gamma(a^{-1}) \tag{27}$$

因此 $a\to a^{-1}$ 关于 $\mathfrak{J}_v$ 是连续的. 证明了以上诸事实后,即可认知 K 关于 $\mathfrak{J}_v$ 是一个 Hausdorff 拓扑域,今记以 K_v. 在 v 是个浅显赋值时,K 的每个元都是它自身的邻域,而无其他邻域. 此时 v 所定的拓扑是个离散拓扑. 总结以上所论,即有下面的命题.

命题 2.26 由域 K 的任一赋值 v,皆可在 K 上定出一个拓扑 $\mathfrak{J}_v$,使 K 成为一拓扑域 K_v.

现在来讨论在什么条件下,K 的两个赋值将使 K 成为相同的拓扑域. 今有下面的定理.

定理 2.27[①] 设 v,v' 为域 K 的两个非浅显赋值;K_v 与 $K_{v'}$ 是它们所定出的拓扑域. 于是 $K_v=K_{v'}$ 成立的充要条件是 v 与 v' 为相依的赋值.

证明 充分性. 设 v 与 v' 为相依的两赋值. 于是有 $v_0=v\Lambda v'$,以及 $v_0<v$, $v_0<v'$. 对此,只须证明可序的赋值给出相同的拓扑域即可. 今取 $v_0<v$ 来证. 以 Γ_0 表示 v_0 的值群. 由 $v_0<v$ 知由 v 的值群 Γ 到 Γ_0 的映射 $\theta:\Gamma\to\Gamma_0$ 是个保序的正规同态. 若 $a\in V_\gamma$,则由 $v(a)>\gamma$,可得

$$v_0(a)=\theta(v(a))>\theta(\gamma)=\gamma_0\in\Gamma_0\quad(a\in V_{\gamma_0})$$

因此 $V_\gamma\subsetneqq V_{\gamma_0}$,即 K_v 的拓扑强于 K_{v_0} 的拓扑 $\mathfrak{J}_{v_0}$. 反之,若 $a\notin V_\gamma$,即 $v(a)\leqslant\gamma$,则 $v_0(a)=\theta(v(a))\leqslant\theta(\gamma)=\gamma_0$,从而 $a\notin V_{\gamma_0}$. 这表明 $V_{\gamma_0}\subseteq V_\gamma$,即 K_{v_0} 的拓扑 $\mathfrak{J}_{v_0}$ 强于 K_v 的拓扑 $\mathfrak{J}_v$. 与上一论断相结合即知二者相同,故 $K_v=K_{v_0}$;同样可得 $K_{v'}=K_{v_0}$. 因此在所做的前设下有 $K_v=K_{v'}$.

必要性. 由于 v 与 v' 都是非浅显的,故它们的赋值环 A,A' 都不等于 K. 首先,A' 本身就是 $K_{v'}$ 的零元 0 的一个邻域. 从所设 $K_v=K_{v'}$ 知 Γ 中有充分大的元 $\gamma>0$ 使得 $V_\gamma\subsetneqq A'$. 易知 V_γ 是 A' 中的一个理想. 今以 $\mathfrak{P}$ 表示所有这些 V_γ 所成的并集. 显然,它既是 A' 中的理想,也是 A 中的理想,而且不难验知 $\mathfrak{P}$ 是个素理想. 作 A 关于 $\mathfrak{P}$ 的扩环 $A_{\mathfrak{P}}$,这是 K 的一个赋值环,以 $\mathfrak{P}$ 为其极大理想. 从 $\mathfrak{P}$ 的规定知 $A_{\mathfrak{P}}$ 同时包含 A 与 A',而且 $A_{\mathfrak{P}}\neq K$. 这就证明了 v 与 v' 是相依的赋值,定理即告证明.

---

① 见本章参考文献[1],chap. 6, § 7, prop. 3;或参考文献[11],Lemma 1.

推论　设 $S=\{v_1,\cdots,v_s\}$ 为 K 中 s 个非浅显赋值所成的集，$s\geqslant 2$. 于是对 S 中任意 v_i,v_j 均有 $K_{v_i}=K_{v_j}(i,j,\cdots,s,i\neq j)$ 成立的充要条件为存在非浅显赋值 v，满足

$$v<v_i\quad(i=1,\cdots,s)\tag{28}$$

又在所有使式(28) 成立的 v 中存在一最强赋值.

证明　推论的前一部分由定理及 2.3 节所述即知. 设$(A_i,\mathfrak{M}_i)$ 为 v_i 的赋值对. 在式(28) 成立的情况下，有 $\mathfrak{P}=\bigcap_i\mathfrak{M}_i\neq(0)$. 这个 $\mathfrak{P}$ 是 $A_1,\cdots,A_s$ 所公有的最大素理想. 令 $A=A_{i\mathfrak{P}}$，$i=1,\cdots,s$. 于是$(A,\mathfrak{P})$ 给出一个赋值 v，它满足式(28). 如果又有由$(A',\mathfrak{P}')$ 所定的赋值 v' 也满足式(28)，则 $\mathfrak{P}'$ 应为诸 A_i 所公有，因此 $\mathfrak{P}'\subsetneqq\mathfrak{P}$，$A\subsetneqq A'$. 按规定(19) 有 $v'<v$. 这表明了在满足式(28) 的赋值中，由$(A,\mathfrak{P})$ 所定出的 v 是个最强赋值，证毕. □

又从定理的证明得知，v 与 v' 不能都是一阶赋值. 若其中之一为一阶，则相依性将转变为可序性. 如果以赋值环来表述 $K_v=K_{v'}$ 成立的条件，则 v,v' 的赋值环 A,A' 间或者存在包含关系，或者二者同包含在一个不等于 K 的赋值环内. 为今后(4.6 节) 论述方便计，当 $K_v=K_{v'}$ 成立时，可称 v 与 v' 以及 A 与 A' 为拓扑同等的.

2.6 局　部　环

首先对子环在域内的整扩环做一探讨，以下所涉及的环与扩环均包含在同一域内，并且它们与所在域具有同乘法单位元. 此一事实将不再另行指出. 首先有下面的定理.

定理 2.28　设 R 是一个交换环，有素理想 $\mathfrak{P}$；又设 S 是 R 的整扩环，于是有 S 的素理想 $\mathfrak{Q}$，满足 $\mathfrak{Q}\cap R=\mathfrak{P}$.

证明　今以 $\mathfrak{I}$ 记 S 中所有满足 $I'\cap R\subseteq\mathfrak{P}$ 的理想 I' 所组成的集. 由于 $(0)\in\mathfrak{I}$，故 $\mathfrak{I}\neq\varnothing$，在 $\mathfrak{I}$ 中以集包含关系使 $\mathfrak{I}$ 成一半序集. 关于这个半序集，它显然使 $\mathfrak{I}$ 成一归纳集，于是 $\mathfrak{I}$ 中有极大元，令 $\mathfrak{Q}$ 为其一. 今将证明 $\mathfrak{Q}\cap R=\mathfrak{P}$，以及 $\mathfrak{Q}$ 是个素理想.

设 $x\in\mathfrak{P}\backslash\mathfrak{Q}$. 据 $\mathfrak{Q}$ 的极大性，知$(\mathfrak{Q}+xS)\cap R\not\subset\mathfrak{P}$，即存在 $e\in\mathfrak{Q}$，$s\in S$ 使得 $e+xs\in R\backslash\mathfrak{P}$. 令 $y=e+xs$，按 s 为 R 上的整代数元，故有

$$s^n+a_{n-1}s^{n-1}+\cdots+a_0=0\quad(a_i\in R)$$

从而$(xs)^n+a_{n-1}x(xs)^{n-1}+\cdots+x^na_0=0$. 由$y\equiv xs(\bmod \mathfrak{Q})$,可得$z=y^n+a_{n-1}xy^{n-1}+\cdots+x^na_0\in(\mathfrak{Q}\cap R)$. 又据$x,y\in R$,故有$z\in\mathfrak{Q}\cap R\subseteq\mathfrak{P}$;再按$x\in\mathfrak{P}$,有$y^n\in\mathfrak{P}$. 从而$y\in\mathfrak{P}$,矛盾! 因此应有$\mathfrak{Q}\cap R=\mathfrak{P}$.

其次要证明$\mathfrak{Q}$是个素理想. 设I'_1,I'_2是S中包含$\mathfrak{Q}$的理想,且$I'_1\cdot I'_2\subseteq\mathfrak{Q}$. 令$I_1=I'_1\cap R$,$I_2=I'_2\cap R$,于是有$I_1\cdot I_2\subseteq\mathfrak{P}$,从而有$I_1$或$I_2$包含于$\mathfrak{P}$. 设$I_1\subseteq\mathfrak{P}$,即$I'_1\cap R\subseteq\mathfrak{P}$,因此$I'_1\in\mathfrak{I}$. 按$\mathfrak{Q}$的极大性知有$I'_1\subseteq\mathfrak{Q}$,这就证明了$\mathfrak{Q}$是素理想. □

由定理直接可以得出如下的推论.

推论[①] 设$R,S,\mathfrak{P}$如定理. 若S中有素理想$\mathfrak{Q}_1$与$\mathfrak{Q}_2$均能满足$\mathfrak{Q}_i\cap R=\mathfrak{P}$,$i=1,2$,则$\mathfrak{Q}_1$与$\mathfrak{Q}_2$间不能有包含关系.

命题 2.29[②] 设R,S如上述定理,若$\mathfrak{P}_0\subsetneq\cdots\subsetneq\mathfrak{P}_r$为$R$中一递增的素理想列,并且$S$中已给出满足$\mathfrak{Q}_0\cap R=\mathfrak{P}_0$的素理想,于是$S$中有一递增素理想列$\mathfrak{Q}_i$,$i=0,\cdots,r$满足$\mathfrak{Q}_i\cap R=\mathfrak{P}_i$,对每个$i$成立. 又若在$\mathfrak{P}_i$与$\mathfrak{P}_{i+1}$间无其他素理想,则$\mathfrak{Q}_i$与$\mathfrak{Q}_{i+1}$间也不存在其他素理想.

证明 使用归纳法即可,至于最后的断言由上述推论可知. □

定义 2.30 一般意义上的局部环是指带有乘法单位元的交换环,且仅有唯一的极大理想. 但本节所论仅限于域内的局部环,且与所在域有共同的乘法单位元.

首先有下面的引理:

引理 2.31 设子环R有一真理想$\mathfrak{P}$,R成为局部环,当且仅当$R\backslash\mathfrak{P}$中的元都是可逆元.

证明是显然的,从略.

从定义即知,对于任一环R及其素理想$\mathfrak{P}$,$R_{\mathfrak{P}}$是个局部环,它的唯一极大理想是$\mathfrak{P}R_{\mathfrak{P}}$. 此外,赋值环也是一种局部环.

今在局部环之间规定一个半序关系如下:设R,S为局部环;它们的极大理想分别为$\mathfrak{P}$及$\mathfrak{Q}$. 若有$R\subseteq S$与$\mathfrak{Q}\cap R=\mathfrak{P}$成立,就称$S$强于$R$,记以$R\prec S$. 此一关系对非局部环也适用.

在定理2.28中出现的R,S显然满足此一条件. 因此可以断言:局部环R的整扩环(指在同一域内)S是一个强于R的局部环. 如果一个局部环在其所在域中不存在强于它的局部环,则称它为强局部环. 赋值环在它所在的域中就是一

---

① 定理2.28及推论在文献中称为lying-over定理.

② 在文献中此命题被称作Going-up定理.

种强局部环.

今有如下的定理：

定理 2.32 域 K 中任一局部环必存在至少一个强于它的赋值环，子环 A 为 K 中的赋值环，当且仅当 A 是强局部环.

证明 设 R 为一局部环，$\mathfrak{P}$ 为其唯一的极大理想，今以 $\mathfrak{I}$ 记所有包含 R 的局部环. $\mathfrak{I}\neq\varnothing$，因为 $R\in\mathfrak{I}$，据上一段所定义的半序 $\prec$，$\mathfrak{I}$ 是个归纳集. 设 A 是 $\mathfrak{I}$ 的一个极大元. 首先，A 在 K 内应是整闭的. 设 $\mathfrak{M}$ 是 A 的极大理想. 易知 $A_{\mathfrak{M}}=A$. 因若不然. 由于 $\mathfrak{M}A_{\mathfrak{M}}$ 是 $A_{\mathfrak{M}}$ 中唯一的极大理想，且有

$$\mathfrak{M}A_{\mathfrak{M}}\cap R=\mathfrak{M}A_{\mathfrak{M}}\cap A\cap R=\mathfrak{M}\cap R$$

则将导致 $A\prec A_{\mathfrak{M}}$，而与 A 的所设相悖.

今设 $x\in K\backslash A$. 首先，x 不能是 A 上的整代数元. 作扩环 $A'=A[x^{-1}]$，若 $x\in A'$，则有

$$x=a_nx^{-n}+a_{n-1}x^{-n+1}+\cdots+a_0\quad(a_i\in A)$$

从而

$$x^{n+1}=a_0x^n+\cdots+a_{n-1}x+a_n$$

由此导致 $x\in A$，矛盾！因此，x^{-1} 不是 A' 中的单位. 令 $\mathfrak{M}'$ 为 A' 的极大理想，于是 $A'_{\mathfrak{M}'}$ 是个局部环，以 $\mathfrak{M}'A'_{\mathfrak{M}'}$ 为其唯一极大理想. 作映射

$$\sigma:A\rightarrow A'/\mathfrak{M}'$$

对任一 $a\in A$，令 $\sigma(a)=a+\mathfrak{M}'$，$\sigma$ 是个满射同态. 因为对任何

$$y=b_mx^{-m}+\cdots+b_0$$

总有 $y\equiv b_0(\bmod\ \mathfrak{M}')$. 其次，$\sigma$ 的核为 $A\cap\mathfrak{M}'$，从而有

$$A/(A\cap\mathfrak{M}')\simeq A'/\mathfrak{M}$$

由于 $A'/\mathfrak{M}'$ 是个域，故 $A\cap\mathfrak{M}'$ 是 A 中的极大理想. 即

$$A\cap\mathfrak{M}'=\mathfrak{M}$$

从而有 $A\prec A'$，但这与 A 的所设矛盾. 因此应有 $A=A'$，即 $x^{-1}\in A$，这就证明了 A 是个赋值环. 定理后一论断中的必要性前已述及，证明即告完成. □

设 L 是 K 的一个扩域，A 是 K 中一赋值环. 上述定理指出，A 在 K 中是强局部环，但它只是 L 中的局部环，而非强局部环，故 L 中至少有一个强于它的赋值环. 我们称 L 中赋值环 B 为 A 的拓展，如果有 $B\cap K=A$，以及 $\mathfrak{N}\cap A=\mathfrak{M}$ 成立，此处 $\mathfrak{M}$ 与 $\mathfrak{N}$ 分别是 A 与 B 的极大理想. 今有下面的推论.

推论 设 A 是域 K 的一个赋值环，L 是 K 的任一扩域，于是 L 中至少有 A 的一个拓展.

这个结论还可以从下一节所阐述的定理获得. 该定理不涉及局部环，并且

它的论点更具有一般性.

2.7 整闭子环

赋值环在它所在的域中是整闭的,此一事实前已述及(定理 2.11 推论 2).今将以此来刻画域中子环①的整闭性.首先有下述定理:

定理 2.33(Chevalley)② 设 R 是域 K 的一个子环,$\mathfrak{P}\neq(0)$ 是 R 的一个素理想,于是有 K 的赋值环 A 及其极大理想 $\mathfrak{M}$,满足 $A\supseteq R$ 与 $\mathfrak{M}\cap R=\mathfrak{P}$.

证明 令

$$\Sigma=\{(Q,I)\mid R\subseteq Q\subseteq K,\mathfrak{P}\subseteq I\subsetneqq Q,\text{其中 } Q \text{ 为 } K \text{ 的子环},I \text{ 为 } Q \text{ 的真理想}\} \tag{29}$$

首先,由于$(R_{\mathfrak{P}},\mathfrak{P}R_{\mathfrak{P}})\in\Sigma$,所以 $\Sigma\neq\varnothing$.今在 Σ 中规定一个半序集如下

$$(Q_1,I_1)\leqslant(Q_2,I_2)\text{ 当且仅当 } Q_1\subseteq Q_2,I_1\subseteq I_2$$

在这个半序集$(\Sigma,\leqslant)$中,任一全序子集均有上界.设$\{(Q_j,I_j)\backslash j\in J\}$,其中 J 为任一全序的标号集,于是

$$(\bigcup_{j\in J}Q_j,\bigcup_{j\in J}I_j)$$

显然属于 Σ,于是据 Zorn 引理,Σ 中有极大元,设$(A,\mathfrak{M})$为其一.现在先证明 $\mathfrak{M}$ 是 A 中的素理想,而且又是极大理想.因为,由 $ab\in\mathfrak{M}$,如果 a 与 b 均不属于 $\mathfrak{M}$,则由 $\mathfrak{M}$ 与 a,b 分别生成理想 $\mathfrak{M}_1,\mathfrak{M}_2$ 将使得$(A,\mathfrak{M})\leqslant(A,\mathfrak{M}_i)$,$i=1$,2,而与$(A,\mathfrak{M})$的极大性相矛盾.其次,$A$ 是个局部环,因为应有

$$A(A,\mathfrak{M})=(A_{\mathfrak{M}},\mathfrak{M}A_{\mathfrak{M}})$$

现在来证明 A 是个赋值环.对任一 $x\in K$ 且 $x\neq0$,如果 $x,x^{-1}\notin A$,据引理 2.14,对于 A 的扩环 $A[x]$ 与 $A[x^{-1}]$,$\mathfrak{M}A[x]$ 与 $\mathfrak{M}A[x^{-1}]$ 二者至少有一个是扩环中的真理想.若 $\mathfrak{M}A[x]\neq A[x]$,则将导致

$$(A,\mathfrak{M})\leqslant(A[x],\mathfrak{M}A[x])$$

矛盾!因此 x 与 x^{-1} 至少有一个属于 A.这证明了 A 是 K 中的赋值环.

从$(R_{\mathfrak{P}},\mathfrak{P}R_{\mathfrak{P}})\in\Sigma$ 知有

$$R_{\mathfrak{P}}\subseteq A,\mathfrak{P}R_{\mathfrak{P}}\subseteq\mathfrak{M}$$

---

① 指具有域的单位元 1,且不为子域的整环.

② 最初以稍异的形式见于本章参考文献[2],6 页,Theo. 1.

从而有

$$\mathfrak{M} \cap R_{\mathfrak{P}} \supseteq \mathfrak{P}R_{\mathfrak{P}}$$

由于 $\mathfrak{P}R_{\mathfrak{P}}$ 是 $R_{\mathfrak{P}}$ 的极大理想，因此有 $\mathfrak{M} \cap R_{\mathfrak{P}} = \mathfrak{M}R_{\mathfrak{P}}$. 由此可得

$$\mathfrak{M} \cap R = \mathfrak{M} \cap R_{\mathfrak{P}} \cap R = \mathfrak{P}R_{\mathfrak{P}} \cap R = \mathfrak{P}$$

定理即告证明. □

上述定理显然较定理 2.28 更具有一般性，在定理中出现的素理想 $\mathfrak{P}$ 可称作赋值环 A 在子环 R 上的中心. 据此，定理又可陈述如下：

对于域 K 的任一子环 R 及素理想 $\mathfrak{P} \neq (0)$，恒有 K 的非浅显赋值环 $A \supseteq R$，并且使 $\mathfrak{P}$ 成为 A 在 R 上的中心.

今以 $I_K(R)$ 记子环 R 在域 K 中的整闭包，即由 K 中所有关于 R 的整元所组成的子环. 当 $I_K(R) = R$ 时，R 在 K 中是整闭的，或者称 R 为 K 中的整闭子环. 由定理 2.11 的推论 2 知，赋值环是它所在域中的整闭子环. 今将利用本节的定理来导出以下诸结论：

定理 2.34 设 R 是域 K 的一个子环，$I_K(R)$ 为它在 K 中的整闭包；又以 $\mathscr{B}$ 记 K 中所有包含 R 赋值环所组成的集，于是有

$$I_K(R) = \bigcap_{A \in \mathscr{B}} A \tag{30}$$

证明 首先，据定理 2.33，$\mathscr{B}$ 不是空集. 另外，已知赋值环为 K 中整闭子环，故有 $\bigcap\limits_{A \in \mathscr{B}} A \supseteq I_K(R)$. 今任取 $x \in K \backslash I_K(R)$，应有 $x \notin R[x^{-1}]$. 因若不然，由

$$x = a_0 + a_1 x^{-1} + \cdots + a_r x^{-r} \quad (a_i \in R, i = 0, \cdots, r)$$

可得

$$x^{r+1} - a_0 x^r - a_1 x^{r-1} - \cdots - a_r = 0$$

这表明 $x \in I_K(R)$，而与所设相悖. 由于在 $R[x^{-1}]$ 中 x^{-1} 不是单位，故有包含 x^{-1} 的极大理想存在，设 $\mathfrak{P}$ 为其一. 据定理 2.23，有 K 的赋值对 $(A_1, \mathfrak{M}_1)$ 满足条件

$$A_1 \supseteq R[x^{-1}] \supsetneqq R, \mathfrak{M}_1 \cap R[x^{-1}] = \mathfrak{P}$$

由 $x^{-1} \in \mathfrak{P}$ 知 $x^{-1} \in \mathfrak{M}_1$，因此 $x \notin A_1$. 但 $A_1 \in \mathscr{B}$，这就证明了 $x \notin \bigcap\limits_{A \in \mathscr{B}} A$. 式 (30) 即告成立，证毕. □

从定理直接可得下面的推论.

推论 1[①] K 中子环 R 为整闭环，当且仅当 R 等于(有限或无限个) 赋值环之交.

---

① 见本章参考文献[8] 定理 7.

推论 2　设R为域K中一子环，$\mathfrak{P}$为R的素理想．今以$\mathscr{B}(\mathfrak{P})$记$K$中所有在$R$上以$\mathfrak{P}$为中心的赋值环所成的集，于是有

$$I_K(R_{\mathfrak{P}})=\bigcap_{A\in\mathscr{B}(\mathfrak{P})}A$$

证明　由于$I_K(R_{\mathfrak{P}})$是由所有包含$R_{\mathfrak{P}}$的赋值环所成的交集，因此只须证明对于每个包含$R_{\mathfrak{P}}$的赋值环B，必有一个赋值环A使得$A\subseteq B$，且A在R上的中心为$\mathfrak{P}$．从$B\supseteq R_{\mathfrak{P}}$知$B\supseteq R$，今以$\mathfrak{N}$记$B$的极大理想，于是有

$$\mathfrak{N}\cap R=\mathfrak{N}\cap R_{\mathfrak{P}}\cap R=(\mathfrak{N}\cap R_{\mathfrak{P}})\cap R$$

但$R_{\mathfrak{P}}$的极大理想为$\mathfrak{P}R_{\mathfrak{P}}$，故$\mathfrak{N}\cap R_{\mathfrak{P}}\subseteq\mathfrak{P}R_{\mathfrak{P}}$，从而有

$$\mathfrak{P}'=\mathfrak{N}\cap R\subseteq\mathfrak{P}R_{\mathfrak{P}}\cap R=\mathfrak{P}$$

据定理2.33，存在一个包含R，且在R上以$\mathfrak{P}$为中心的赋值环A，即$A\supseteq R$，$\mathfrak{M}\cap R=\mathfrak{P}$．此处$\mathfrak{M}$是$A$的极大理想．又由

$$\mathfrak{P}'=\mathfrak{N}\cap R\subseteq\mathfrak{P}=\mathfrak{M}\cap R$$

知$\mathfrak{N}\subseteq\mathfrak{M}$．由此得知$A\subseteq B$，证明即告完毕．　□

定理2.34尚可做一改进，即等号右边出现的A无须所有包含R的赋值环．设$M=\{\mathfrak{M}_i\}_i$为R中所有极大理想的集，于是有

$$I_K(R)=\bigcap_{\mathfrak{M}_i\in M}I_K(R_{\mathfrak{M}_i})\tag{31}$$

首先，显然有$I_K(R)\subseteq\bigcap_{\mathfrak{M}_i\in M}I_K(R_{\mathfrak{M}_i})$．令$x\in\bigcap_{\mathfrak{M}_i\in M}I_K(R_{\mathfrak{M}_i})$，于是有

$$x^n+a_{n-1}x^{n-1}+\cdots+a_0=0$$

其中$a_i=\dfrac{b_i}{c_i}$，$b_i,c_i\in R$，$c_i\notin M$，$i=0,\cdots,n-1$．这表明$c_0,\cdots,c_{n-1}$都不是R中的非单位．因此每个$a_i\in R$，从而$x\in I_K(R)$，即式(31)成立．

现在取所有在R上以M中素理想$\mathfrak{M}_i$为中心的赋值环组成的集$\mathscr{B}'$．于是结合推论2与式(31)即得推论如下：

推论 3　在定理的所设下，取$\mathscr{B}'$的意义如上，于是有

$$I_K(R)=\bigcap_{A\in\mathscr{B}'}A$$

定理2.33除了导致以上有关整闭包的结论外，尚有多方面的应用．今列举一二：

命题 2.35　设R为域K的一子环，于是以下两论断等价：

①R是K的一个一阶赋值环；

②R是K中一个最大的真子环．

证明　①→②．由于包含R的子环是K中的赋值环，据定理2.16，它可表如形式$R_{\mathfrak{P}}$，$\mathfrak{P}$是R中一非零素理想．在R为一阶时，$\mathfrak{P}$就是R的极大理想，因此

有 $R_{\mathfrak{P}}=R$. 这表明了 R 是 K 中最大的真子环.

②→①. 由于 R 是 K 的真子环，故有素理想 $\mathfrak{P}\neq(0)$. 据定理 2.33，有 K 的赋值对 $(A,\mathfrak{M})$ 使得 $R\subseteq A$，$\mathfrak{P}=\mathfrak{M}\cap R$，因此 $A\neq K$. 若 R 不是赋值环，则 $R\neq A$，从而 R 就不是 K 中一个最大的真子环，而与所设相悖. 若 R 是个赋值环且阶大于 1，则有不等于 (0) 及 $R\backslash R^*$ 的素理想 $\mathfrak{P}$，使得 $R_{\mathfrak{P}}=A\supsetneqq R$，矛盾！因此 R 只能是 K 的一阶赋值环，即论断 ① 成立.

命题证明 K 中一阶赋值环为其最大的真子环，这并不表示它具有唯一性. 若 K 有两个一阶赋值环 A_1，A_2，由命题可知它们是互为独立的.

从定理 2.33 还可以获证有关赋值环的拓展定理如下：

定理 2.36（Krull 拓展定理） 设 L 是域 K 的一个扩域，$(A,\mathfrak{M})$ 是 K 的一个赋值对，于是 L 中至少有一个赋值对 $(B,\mathfrak{N})$ 满足 $A=B\cap K$，$\mathfrak{M}=\mathfrak{N}\cap A$.

证明 由定理 2.33 知有赋值对 $(B,\mathfrak{N})$ 满足 $B\cap K\supseteq A$，$\mathfrak{N}\cap A=\mathfrak{M}$，因此只须验证 $B\cap K=A$. 设 $x\in K\backslash A$，于是 $x^{-1}\in\mathfrak{M}=\mathfrak{N}\cap A\subseteq\mathfrak{N}$，从而 $x\notin B\cap K$. 这就证明了 $B\cap K=A$，定理即告成立. □

由上述定理结合定理 2.11 知 K 上任一赋值 v 在扩域上必有拓展存在.

在定理 2.32 中曾给出子环在其所在域中成为赋值环的一个充要条件. 作为本节的结束，今将从另一角度来考虑域中整闭子环为赋值环的条件. 首先有引理如下：

引理 2.37 设 R 是商域 K 中一整闭子环，$\mathfrak{P}$ 是 R 的一个素理想. 若 $x\in K$ 且 $x\neq 0$ 能满足 R 上某一多项式

$$f(X)=a_nx^n+a_{n-1}x^{n-1}+\cdots+a_0\in R[X]\backslash\mathfrak{P}[X]$$

则必有 $x\in R_{\mathfrak{P}}$ 或者 $\frac{1}{x}\in R_{\mathfrak{P}}$ 成立.

证明 由所设知 $f(X)$ 的系数 $a_0,\cdots,a_n$ 中必有某些 $a_i\notin\mathfrak{P}$. 若 $a_n\notin\mathfrak{P}$，以 a_n^{n-1} 乘入 $f(X)$ 然后以 x 代入，可得

$$(a_nx)^n+a_na_{n-1}(a_nx)^{n-1}+\cdots+a_n^{n-1}a_0=0$$

按 R 的整闭性，有 $a_nx=c\in R$，从而 $x=\frac{c}{a_n}\in R_{\mathfrak{P}}$. 又若有 $a_0\notin\mathfrak{P}$，则以 a_0^{n-1} 乘入 $f(X)$，并以 $\frac{1}{x}$ 代入，即有

$$\left(\frac{a_0}{x}\right)^n+a_1\left(\frac{a_0}{x}\right)^{n-1}+\cdots+a_na_0^{n-1}=0$$

从而有 $\frac{a_0}{x}=d\in R$，即 $\frac{1}{x}=\frac{d}{a_0}\in R_{\mathfrak{P}}$.

除上述两特款外,今设 $a_j \notin \mathfrak{P}, 0 < j < n$,并且取 j 为使有 $a_j \notin \mathfrak{P}$ 的最大标号,此时有 $a_n, \cdots, a_{j+1}$ 均在 $\mathfrak{P}$ 中,作

$$y = a_n x^{n-j} + \cdots + a_j$$

$$z = a_{j-1} + a_{j-2}\left(\frac{1}{x}\right) + \cdots + a_0\left(\frac{1}{x}\right)^{j-1}$$

于是

$$x^j y + x^{j-1} z = x^{j-1}(xy + z) = a_n x^n + a_{n-1} x^{n-1} + \cdots + a_0 = 0$$

从而 $xy + z = 0$,故 $z = -xy$.

今任取一个包含 R 的赋值环 A,以及 A 中任一元 $x \neq 0$. 从 y, z 的规定知有 $y \in A$,以及 $z = -xy \in A$. 又若 $x \notin A$,则有 $\frac{1}{x} \in A$;以及 $z \in A$,从而 $y = -\frac{z}{x} \in A$. 这表明了任何一个包含 R 的赋值环 A,无论 x 含于 A 与否,均有 $y \in A$. 按定理 2.34,可得 $y \in R$. 再从 z 的规定以及 $z = -xy$ 可知无论 x 含于 A 与否,同样可得 $z \in R$. 这就导致 $x = -\frac{z}{y}$,其中 $y, z \in R$ 以及 $y \notin \mathfrak{P}$,因此 $x \in R_{\mathfrak{P}}$,引理即告证明. □

据此引理可以证得以下的结论:

定理 2.38 设 R 为其商域 K 中一整闭局部环,$\mathfrak{P}$ 为其唯一极大理想. 于是,R 成为赋值环的充要条件是 K 中任一元 $x \neq 0$ 均能满足 $R[X] \backslash \mathfrak{P}[X]$ 中某一多项式.

证明 必要性. R 为 K 中的赋值环,对于 K 中任一 $x \notin R$, $R[X] \supsetneqq R$. 据定理 2.16 所示,$R[x]$ 也是赋值环;同时可知每个 $R[x^m]$ 都是赋值环;且由于 x 为 $R[x^m]$ 上的整元,故 $x \in R[x^m], m > 1$. 由此又可得知,对任取的 x^m,有 $x^m \in \sum_{i \in N \backslash [m]} R \cdot x^i$. 这就表明了 x 满足 R 上一个多项式 $f(X)$,其中 x^m 的系数为 1,换言之,$f(X) \in R[X] \backslash \mathfrak{P}[X]$. 定理的必要性即告成立.

充分性由引理 2.37 立即可得. 因为对任一 $x \in K$ 且 $x \neq 0$,均能适合某个 $f(X) \in R[X] \backslash \mathfrak{P}[X]$,从而有 x 或 x^{-1} 属于 $R_{\mathfrak{P}} = R$,即 R 是个赋值环,故定理成立. □

2.8 Prüfer 整环

设 R 为一整环,K 为其商域;又设 $I \neq (0)$ 为 R 中一理想. K 中子集 $I^{-1} =$

$\{x \in K \mid xI \subset R\}$，据 2.3 节的规定是一个 R－分式理想；若满足 $II^{-1}=R$，则称 I^{-1} 为 I 的逆理想. 当理想 I 有逆理想时，就称 I 是可逆的. 易知，可逆的理想必然是有限生成的.

定义 2.39 设 R 为一整环，若 R 中每个有限生成的理想皆为可逆的，就称 R 是 Prüfer 整环.

命题 2.40 设 R 为一个 Prüfer 整环，$p \neq (0)$ 是 R 中一素理想，于是 R_p 为商域 K 的一个赋值环.

证明 首先未证明 R_p 也是 Prüfer 整环，设 $J=\left(\frac{a_1}{s_1},\cdots,\frac{a_n}{s_n}\right)$ 为 R_p 中任一有限生成的理想，其中 $a_i \in R, s_i \in R\backslash p, i=1,\cdots,n$. 令 $s=s_1\cdots s_n$；$\hat{s}_i$ 为 s 中去掉 s_i 后所余的积；又记 $a'_i=a_i\hat{s}_i$. 于是 $I=(a'_1,\cdots,a'_n)$ 为 R 中一有限生成的理想. 据所设，它在 K 中是可逆的，故有 $b_i \in K, i=1,\cdots,n$，使得 $\sum\limits_{i=1}^{n} a_ib_i=s$，从而有

$$\frac{1}{s}\sum_{i=1}^{n} a'_ib_i=\sum \frac{a_i}{s}b_i=\sum\left(\frac{a_i}{s_i}\right)b_i=1$$

这就表明了 J 是 R_p 的一个可逆理想，从 J 的任意性即知 R_p 为一 Prüfer 整环.

设 a,b 为 R_p 中互素的两元，且理想 $J=(a,b)\neq R_p$，据上述 J 是可逆的，故有 $x,y \in J^{-1}$ 使得 $ax+by=1$. ax 与 by 不能都在 pR_p 中，设 ax 为 R_p 中的单位. 按 $bx \in JJ^{-1} \subset R_p$，故有

$$(b)=(axb)\subset(aR_p)=(a)$$

即 (a) 与 (b) 二者间存在包含关系，按 K 为 R 的商域，自然也是 R_p 的商域. 对于 K 中元 $x=a/b, a,b \in R_p$. 据以上所证知有 $(a)\subset(b)$ 或 $(b)\subset(a)$ 成立. 这就表明必有 $x \in R_p$ 或 $x^{-1} \in R_p$ 二者之一成立. 因此 R_p 是 K 的一个赋值环. 证毕. □

上述命题的逆理也是成立的. 今有下面的命题.

命题 2.41 设 R 为一整环，K 为其商域. 若对于 R 的每个素理想 $p \neq (0)$，R_p 皆为 K 中的赋值环，则 R 是 Prüfer 整环.

证明 用反证法. 设 R 不是 Prüfer 整环，于是 R 中存在有限生成的非可逆理想. 设 $I=(a_1,\cdots,a_n)$，$II^{-1}\neq R$. 令 $II^{-1}\subset p$，p 为 R 中一极大理想. 按所设，R_p 是 K 的一个赋值环，于是 $J=IR_p=(a_1/s_1,\cdots,a_n/s_n)$ 是 R_p 中的主理想，设为 (c)，c 可取自 I；$s_1,\cdots,s_n$ 可选取 $R\backslash p$ 中互素的元. 于是 $a_is_i \in (c), i=1,\cdots,n$. 令 $s=s_1\cdots s_n$，从而 $a_i \in c^{-1} \in R$，故 $sc^{-1} \in I^{-1}$. 由此又有 $s=sc^{-1}c \in I^{-1}I \subset p$. 但 $s=s_1\cdots s_n \subset R\backslash p$. 矛盾！这就证明了 I 应为 R 中的可逆理想. 从 I 的任意性

即知 R 是个 Prüfer 整环. 证毕. □

从以上两命题可得下面的定理.

定理 2.42 整环 R 成为 Prüfer 整环,当且仅当对于 R 中每个素理想 $p \neq (0)$,R_p 均为商域 K 的赋值环. □

从上述定理可得推论如下:

推论 1 设 R 为一整环,K 为其商域,于是有等价的论断如下:

①R 是个 Prüfer 整环;

② 对于 R 的每个极大理想 $\mathfrak{M}$,$R_{\mathfrak{M}}$ 均为 K 中的赋值环;

③ 对于 R 的每个素理想 $p \neq (0)$,R_p 均为 K 中的赋值环.

证明 论断①与③的等价性已由定理给出,论断③包含②是显然的.设素理想 p 包含在极大理想 $\mathfrak{M}$ 内,于是有 $R_{\mathfrak{M}} \subseteq R_p$. 当 $R_{\mathfrak{M}}$ 为赋值环时,据定理 2.16,R_p 也是赋值环,即论断②包含③. 证毕. □

当 Prüfer 整环 R 只有一个唯一的极大理想 p 时,可称(R,p)为一 Prüfer 赋值对.

推论 2 设 R 是个 Prüfer 整环,$(A,\mathfrak{M})$ 是商域 K 中的一个赋值对,满足 $A \supset R, R \cap \mathfrak{M} = p$,于是有 $A = R_p$.

证明 按 $\mathfrak{M}$ 是 A 中唯一的极大理想,今有 $A \supseteq R_p$. 若 $A \neq R_p$,取 $x \in A \backslash R_p$. 由于 R_p 是 K 中一赋值环,故有$\frac{1}{x} \in p \subset \mathfrak{M}$. 从而 $1 = x \cdot \frac{1}{x} \in A\mathfrak{M} = \mathfrak{M}$,矛盾! 因此应有 $A = R_p$. □

推论 3 设 R 是个 Prüfer 整环,K 为其商域,于是 R 在 K 中的扩环也是 Prüfer 整环.

证明 设 S 是 R 在 K 中的一个扩环,$q \neq (0)$ 是 S 的一个素理想,令 $p = R \cap q$. 显然有 $R_p \subseteq S_q$,以及 $pR_p \subseteq qS_q$. 由定理知 R_p 是 K 的赋值环,故应有 $R_p = S_q$. 按 $q \neq (0)$ 为 S 中任一素理想,故由推论 1 即知 S 是个 Prüfer 整环. 证毕. □

今再对 Prüfer 整环做一刻画如下:

定理 2.43 设 R 为一整环,有商域 K. 于是,R 成为 Prüfer 整环,当且仅当 R 在 K 中的扩环都是整闭的.

证明 设 R 是个 Prüfer 整环. 由

$$R = \bigcap_{\mathfrak{M}} R_{\mathfrak{M}}$$

其中 $\mathfrak{M}$ 遍取 R 中所有的极大理想,据定理 2.42,$R_{\mathfrak{M}}$ 都是 K 中的赋值环,从而是整闭的. 因此 R 也是整闭的. 再由该定理的推论 3,即知 R 在 K 中的扩环均为整闭环.

今往证其逆.设R在K内的扩环都是整闭环.任取R中一素理想$p \neq (0)$.今往证R_p是K中一赋值环.设$a \in K \backslash R_p$.由于a是$R_p[a^2]$上的整元,据所设应有$a \in R_p[a^2]$.令

$$a = b_n a^{2n} + b_{n-1} a^{2(n-1)} + \cdots + b_1 a^2 + b_0 \quad (b_i \in R_p, i = 1, \cdots, n) \tag{32}$$

对上式乘以b_0^{2n-1}/a^{2n},可得

$$(b_0/a)^{2n} - (b_0/a)^{2n-1} + b_1 b_0 (b_0/a)^{2n-2} + \cdots + b_n b_0^{2n-1} = 0$$

由R_p的整闭性可得$b_0/a \in R_p$.若b_0/a是R_p中的单位,则$a \in R_p$;若否,则$1-b_0/a$应为R_p中的单位.今以$1/a^{2n}$乘入式(32)的两侧,移项后可得

$$(1 - b_0/a)(1/a)^{2n-1} - b_1 (1/a)^{2n-2} - \cdots - b_n = 0$$

$1 - b_0/a$是R_p中的单位,故$1/a$是R_p上的整元,从而有$1/a \in R_p$.这就表明了R_p是K的一个赋值环.按命题2.41,R是个Prüfer整环,定理即告证明. □

2.9 逼近定理

在第1章中曾对绝对值证明过一条逼近定理.现在就任意阶的赋值对此进行探讨,不仅推广了此前的结论,而且还给出一些有意义的结果.首先有如下的定理:

定理2.44 设$A_1, \cdots, A_n$为域K的$n(n \geqslant 2)$个赋值环,$A_i \not\subseteq A_j$对所有$i, j = 1, \cdots, n, i \neq j$成立.又令$R = \bigcap_{i=1}^{n} A_i$,$\mathfrak{P}_i = R \cap \mathfrak{M}_i$,此处$\mathfrak{M}_i$是$A_i$的极大理想,$i = 1, \cdots, n$.于是,有以下诸论断成立:

①K是R的商域;

②$A_i = R_{\mathfrak{P}_i}, i = 1, \cdots, n$;

③$\mathfrak{P}_1, \cdots, \mathfrak{P}_n$是$R$中仅有的极大理想;

④若K中有非浅显赋值环$A' \supsetneqq R$,则A'至少包含$A_1, \cdots, A_n$中的某一个.

证明 ①(Nagata)[①] 设v_i是由A_i所定的赋值,$a \neq 0$且$a \in K$为任一元,令

$$x = \frac{1}{1 + a + \cdots + a^{s-1}}, y = \frac{a}{1 + a + \cdots + a^{s-1}} \quad (s \geqslant 2) \tag{33}$$

---

① 见本章参考文献[10],173页,Lemma 5.8.3.

若 $v_i(a)>0$，显然可得 $v_i(x)\geqslant 0$，$v_i(y)>0$，从而 $x,y\in A$. 若 $v_i(a)<0$，同样可得到 $v_i(x)>0$ 及 $v_i(y)\geqslant 0$，即 $x,y\in A_i$.

今设 $v_i(a)=0$. 有两种可能，其一为对任何 s 皆有 $v_i(1-a^s)=0$. 由

$$(1-a)(1+a+\cdots+a^{s-1})=1-a^s$$

可得 $v_i(1+a+\cdots+a^{s-1})=0$，从而有 $x,y\in A_i$. 另一种可能为某个 t 有 $v_i(1-a^t)>0$. 当 t 不取剩余域 $A_i/\mathfrak{M}_i$ 的特征数之倍数时，易知 $1+a+\cdots+a^{t-1}$ 为 A_i 中的单位，从而属于 A_i. 由于只有 n 个剩余域 $A_i/\mathfrak{M}_i$，故可选择适当的 s 使得 $1+a+\cdots+a^{s-1}$ 属于每个 A_i，即属于 R.

结合以上所论及的可能情况，即知总可选出 $s\geqslant 2$，使得 $x,y\in R$. 由于 $a=\dfrac{y}{x}$，这就表明了 K 是 R 的商域，即论断 ① 成立.

② 首先，$A_i\supseteq R_{\mathfrak{P}_i}$ 显然成立. 令 $a\in A$，据论断 ① 的证明，可选择适当的自然数 s，使得$1+a+\cdots+a^{s-1}$ 成为A_i 中的单位，并且有 $x,y\in R$. 由于$a=\dfrac{y}{x}\in R_{\mathfrak{P}_i}$，即论断 ② 成立.

③$\mathfrak{P}_1,\cdots,\mathfrak{P}_n$ 显然都是 R 的素理想，R 的单位在每个 A_i 中自然也是单位. 因此，R 中的非单位必然在某些 A_i 中不是单位，即从属于相应的 $\mathfrak{P}_i$. 于是 R 中所有非单位所成的集应在并集 $\mathfrak{P}_1\cup\cdots\cup\mathfrak{P}_n$ 之中，从而 R 的任一真理想 I 也在该并集内，因此应属于某个 $\mathfrak{P}_i$①. 这表明 R 的极大理想只能是 $\mathfrak{P}_1,\cdots,\mathfrak{P}_n$ 中的某几个，但 n 个 $\mathfrak{P}_i$ 间不存在包含关系. 因若有 $\mathfrak{P}_i\supseteq\mathfrak{P}_j$，$i\neq j$，则由即证的论断 ② 可得 $A_i=R_{\mathfrak{P}_i}\subseteq R_{\mathfrak{P}_j}\subseteq A_j$，而与所设矛盾. 这就证明了 $\mathfrak{P}_1,\cdots,\mathfrak{P}_n$ 是R 仅有的极大理想，论断 ③ 即告证明.

④ 设 K 有一赋值环$A'\supsetneqq R$，$A'\neq K$. $\mathfrak{M}'$ 为A' 的极大理想，令 $\mathfrak{P}'=R\cap\mathfrak{M}'$. 由论断 ③ 知 $\mathfrak{P}'$ 必然包含在某些 $\mathfrak{P}_i$ 内，由 $\mathfrak{P}'\subsetneqq\mathfrak{P}_i$ 将导致$A'=A'_{\mathfrak{M}'}\supseteq R_{\mathfrak{P}'}=A$. 这就证明了论断 ④.

定理至此全部证毕.

在上述定理的论断 ④ 中，若 $A_1,\cdots,A_n$ 为两两独立的，则 A' 只包含其中的一个 A_i.

推论 在定理的所设下，有 $R/\mathfrak{P}_i\simeq A_i/\mathfrak{M}_i$ 成立，$i=1,\cdots,n$.

证明 由 $A_i=R_{\mathfrak{P}_i}$ 和 $\mathfrak{M}_i=\mathfrak{P}_iR_{\mathfrak{P}_i}$，有 $A_i/\mathfrak{M}_i=R_{\mathfrak{P}_i}/\mathfrak{P}_iR_{\mathfrak{P}_i}$，但等式的右端同构于 $R/\mathfrak{P}_i$ 的商域. 又按定理中的论断 ③，$R/\mathfrak{P}_i$ 是个域，故结论成立.

---

① 见本章参考文献[4]，61 页引理 4；或本章参考文献[9]，13 页.

交换环 R 中两非零理想 I_1, I_2，若 $I_1 + I_2 = R$，就称 I_1 与 I_2 是互补的. 在带有乘法单位元的交换环中，若 $I_1, \cdots, I_n$ 是一组两两互补的理想，则有中国剩余定理成立. 由定理 2.44 的论断 ③ 知 $\mathfrak{P}_1, \cdots, \mathfrak{P}_n$ 是 R 中一组两两互补的素理想，今有下面的定理.

定理 2.45（弱逼近定理） 设 $A_1, \cdots, A_n$；$\mathfrak{M}_1, \cdots, \mathfrak{M}_n$ 以及 R 概如定理 2.44 所规定；又设 $a_i \in A_i, i=1, \cdots, n$ 为任意一组元. 于是，有 $d \in R$ 满足下列同余式组

$$d \equiv a_i (\bmod \mathfrak{M}_i) \quad (i=1, \cdots, n) \tag{34}$$

证明 由定理 2.44 的推论知对每个 $a_i \in A_i$，存在 $d_i \in R, i=1, \cdots, n$，使得有同余式组

$$d_i \equiv a_i (\bmod \mathfrak{M}_i) \quad (i=1, \cdots, n) \tag{35}$$

成立. 另外，由于 $\mathfrak{P}_1, \cdots, \mathfrak{P}_n$ 在 R 中是两两互补的，据中国剩余定理，有 $d \in R$ 满足

$$d \equiv d_i (\bmod \mathfrak{P}_i) \quad (i=1, \cdots, n)$$

按 $\mathfrak{P}_i \subsetneq \mathfrak{M}_i$，上述同余式组结合式(35) 即得(34)，定理即告证明. □

推论 1 所设如上. 若以 $v_1, \cdots, v_n$ 表示由 $(A_1, \mathfrak{M}_1), \cdots, (A_n, \mathfrak{M}_n)$ 所定的赋值，以及 $a_i \in A_i, i=1, \cdots, n$. 于是有 $d \in R$，满足

$$v_i(d - a_i) > 0 \quad (i=1, \cdots, n)$$

□

推论 2 设 $A_1, \cdots, A_n$ 为 K 中的赋值环，满足 $A_i \not\subset A_j, i, j=1, \cdots, n, i \neq j$，于是有 $A_1 \cap \cdots \cap A_{n-1} \not\subset A_n$.

证明 令 $\mathfrak{M}_i$ 为 A_i 的极大理想，$i=1, \cdots, n$. 由定理知有 $d \in \bigcap_{i=1}^{n} A_i$ 满足

$$d \equiv 1 (\bmod \mathfrak{M}_i) \quad (i=1, \cdots, n-1)$$

及

$$d \equiv 0 (\bmod \mathfrak{M}_n)$$

于是 $d^{-1} \in A_1 \cap \cdots \cap A_{n-1}, d^{-1} \notin A_n$，故结论成立. □

为证明下一个定理，先有如下的定理.

引理 2.46 设 $A_1, \cdots, A_n$ 是域 K 中两两独立的赋值环；J_i 是 A_i 的一个真理想，且 $J_i \neq (0), i=1, \cdots, n$. 令 $R = \bigcap_{i=1}^{n} A_i, I_i = R \cap J_i, i=1, \cdots, n$，于是 $I_1, \cdots, I_n$ 是 R 中一组两两互补的理想.

证明 设 $\mathfrak{P}_i = R \cap \mathfrak{M}_i$，$\mathfrak{M}_i$ 是 A_i 的极大理想，$i=1, \cdots, n$. 由定理 2.44 有 $A_i = R_{\mathfrak{P}_i}$，于是

$$J_i = (J_i \cap R) A_i = I_i A_i$$

从而有

$$I_i \neq (0)$$

如果引理不成立,例如 $I_1 + I_2 \neq R$,则有某个 $\mathfrak{P}_r$ 使得

$$I_1 + I_2 \subseteq \mathfrak{P}_r$$

由于 A_i 是赋值环,$\sqrt{J_i}$ 是 A_i 中包含 J_i 的最小素理想,记 $\mathfrak{Q}_i = \sqrt{I_i}$,于是

$$\mathfrak{Q}_i = \sqrt{J_i} \cap R \subseteq \mathfrak{M}_i \cap R = \mathfrak{P}_i$$

由此可以得到

$$I_1 \subseteq \mathfrak{Q}_1 \subseteq \mathfrak{P}_1 \text{ 与 } I_2 \subseteq \mathfrak{Q}_2 \subseteq \mathfrak{P}_2$$

又从 $I_1 + I_2 \subseteq \mathfrak{P}_r$,可得

$$I_1, I_2 \subseteq \mathfrak{P}_r \text{ 以及 } \mathfrak{Q}_1, \mathfrak{Q}_2 \subseteq \mathfrak{P}_r$$

由此不论如何选取 $\mathfrak{P}_r$(r 可能为 1 或 2),总有

$$\mathfrak{P}_1 \cap \mathfrak{P}_r \supseteq \mathfrak{Q}_1, \mathfrak{P}_2 \cap \mathfrak{P}_r \supseteq \mathfrak{Q}_2$$

由此导致

$$R_{\mathfrak{Q}_1} \supseteq (A_1 \cup A_r), R_{\mathfrak{Q}_2} \supseteq (A_2 \cup A_r)$$

按所设应有 $R_{\mathfrak{Q}_1} = K, R_{\mathfrak{Q}_2} = K$,即 $\mathfrak{Q}_1 = (0)$ 或 $\mathfrak{Q}_2 = (0)$,从而又有 $I_1 = (0)$ 或 $I_2 = (0)$,二者必有其一,矛盾!引理即告成立. □

有了以上准备,现在来证明本节最后一个结论,它是定理 1.8 及其推论的一般化.

定理 2.47(逼近定理) 设 $v_1, \cdots, v_n$ 是域 K 中一组两两独立的赋值;以 A_i, Γ_i 分别记 v_i 的赋值环与值群,$i=1,\cdots,n$. 对于 K 中任意一组元 $a_1, a_2, \cdots, a_n$ 及 $\Gamma_1 \times \cdots \times \Gamma_n$ 的任意一组元 $\gamma_1, \cdots, \gamma_n$,恒有 K 中无限多个元 x 满足

$$v_i(x - a_i) = \gamma_i \quad (i=1,\cdots,n) \tag{36}$$

证明 先证明对所给的 a_i 及 $\gamma_i, i=1,\cdots,n$ 有无限多个 $z \in K$ 满足

$$v_i(z - a_i) > \gamma_i \quad (i=1,\cdots,n) \tag{37}$$

令 $R = \bigcap_{i=1}^{n} A_i$. 据定理 2.44 的论断①,$K$ 是 R 的商域. 设 $a_i = b_i c^{-1}$,其中 $c \neq 0, b_i \in R, i=1,\cdots,n$,记 $J_1 = \{a \in \mathfrak{M}_i \mid v_i(a) > v_i(c) + \gamma_i\}, I_i = J_i \cap R$,此处 $\mathfrak{M}_i$ 是 A_i 的极大理想. 显然,J_i 是 A_i 的真理想,并且不等于(0). 由上述引理知 $I_1, \cdots, I_n$ 是 R 中两两互补的非零理想. 据剩余定理知有 $d \in R$ 满足

$$d \equiv b_i \pmod{I_i} \quad (i=1,\cdots,n)$$

于是 $d - b_i \in I_i \subseteq J_i$,故有 $v_i(d - b_i) > v_i(c) + \gamma_i$ 成立,$i=1,\cdots,n$. 今取 $z = dc^{-1}$,就可得到

$$v_i(z - a_i) = v_i(dc^{-1} - b_i c^{-1})$$

$$=v_i(d-b_i)-v_i(c)$$
$$>\gamma_i \quad (i=1,\cdots,n)$$

这就证明了式(37).

今在 K 中取 x_i 使有 $v_i(x_i)=\gamma_i$,以及 $y\in K$ 满足 $v_i(y-x_i)>\gamma_i,i=1,\cdots,n$. 由此可得

$$\begin{aligned} v_i(y) &= v_i(y-x_i+x_i) \\ &= \min\{v_i(y-x_i),v_i(x_i)\} \\ &= \gamma_i \quad (i=1,\cdots,n) \end{aligned}$$

今取 $x=y+z$,于是有

$$\begin{aligned} v_i(x-a_i) &= v_i(y+z-a_i) \\ &= \min\{v_i(y),v_i(z-a_i)\} \\ &= v_i(y)=\gamma_i \quad (i=1,\cdots,n) \end{aligned}$$

因此式(36)成立,定理即告证明①.

在以上证明中,x_1 可以有无限多的选择,从而 y 与 x 也有无限多的选择. 今有下面的推论.

推论 设 $v_1,\cdots,v_n$ 为域 K 中 n 个两两独立的赋值;$\Gamma_1,\cdots,\Gamma_n$ 分别为其值群. 今在 $\Gamma_1\times\cdots\times\Gamma_n$ 中任取一组元 $\{\gamma_1,\cdots,\gamma_n\}$,于是恒有无限多个 $x\in K$ 满足

$$v_i(x)=\gamma_i \quad (i=1,\cdots,n)$$

第 2 章参考文献

[1] BOURBAKI N. Algèbre commultative chap. 6[M]. Paris: Her-Mann, 1964.

[2] CHEVALLEY C. Introduction to the theory of algebraic functions of one variable[M]. New York: Waverly Press Ine. ,1951.

[3] 戴执中. 关于离散赋值[J]. 数学学报,1963,13(1):17-22.

[4] 戴执中. 赋值论概要[M]. 北京:高等教育出版社,1981.

[5] ENDLER O. Bewertungstheorie(unter benutzung einer vorlesung von W. Krull)[J]. Bonner Math. Schriften, 1963,15(2).

[6] ENDLER O. Valuation theory[M]. New York: Springer-Verlag,1972.

① 当 $v_1,\cdots,v_n$ 并非两两独立,仅是两两不可序时,只要值元素组 $\{\gamma_1,\cdots,\gamma_n\}$ 满足某种条件,定理仍然成立. 见本章参考文献[12],135 页,Theo. 1.

[7] KAPLANSKY J. Commutative rings[M]. Chicago: Univ. Chicago Rress,1968.

[8] KRULL W. Allgemeine bewertungstheorie[J]. Jour. reine angew. Math. ,1932,167:160-196.

[9] LARSEN M D, ME CARTHY P T. Multiplicative theory of sdeals[M]. New York: Acad Press,1971.

[10] NAGATA M. Field theory[M]. New York: Marcel Dekker, 1977.

[11] NORTHCOTT D G. Ideal theory[M]. Cambridge: Cambridge Univ. Press, 1953.

[12] RIBENBOIM P. Théorie des valuations[M]. Montreal: Les Presses de L'Univ. de Montreal, 1965.

[13] ROQUETTE P. On the prolongation of valuations[J]. Amer. Math. Soc. Trans. ,1958,88:42-56.

[14] WARNER S. Topological fields[M]. New York: Elsevier Sci. Pub. Co. Inc. ,1989.

[15] ZARISKI O, SAMUEL P. Commutative algebra, vol. 2[M]. New York: Springer-Verlag,1960.

赋值域的代数扩张

第3章

3.1 赋值的拓展

在上一章的2.7节中已证明赋值在扩域上拓展的存在性，今就赋值域在其代数扩张上拓展赋值所具有的若干性质作一介绍.首先有下面的定理.

定理3.1 设(K,v)为一赋值域，L是K上一代数扩张，于是v在L上的每一拓展均具有与v相同的阶.

证明 设$(A,\mathfrak{M})$是v的赋值对，Γ是v的值群，据定理2.36，L上有赋值对$(B,\mathfrak{N})$，满足$B\cap K=A$，$\mathfrak{N}\cap A=\mathfrak{M}$. 在$(B,\mathfrak{N})$于$L$上给出等价赋值中，取其中之一$w$，可以要求它的值群$\Gamma'$是$D(\Gamma)$的一个子群. 因为对任一$x\in L$，由

$$a_nx^n+a_{n-1}x^{n-1}+\cdots+a_0=0\quad(a_i\in K)$$

可知上式左边应有某两项关于w有相同的值，设a_ix^i，a_jx^j满足$w(a_ix^i)=w(a_jx^j)$，$i<j$，于是有$(j-i)w(x)=v(a_i)-v(a_j)\in\Gamma$，从而有$w(x)\in D(\Gamma)$.

今往证w与v有相同的阶，即Γ与Γ'的孤立子群间存在一对一的映射关系. 设$\triangle'$是Γ'的一个孤立子群，令

$$\triangle=\triangle'\cap\Gamma$$

首先，$\triangle$是Γ的一个子群，欲证明它又是Γ的孤立子群，只须验证$\triangle\neq\Gamma$，因为Γ本身不作为孤立子群. 设$\gamma\in\Gamma'\backslash\triangle'$，由$\Gamma'\supsetneqq$

$D(\Gamma)$,故有正整数 n,使得 $n\gamma \in \Gamma$,但 $n\gamma \notin \triangle$. 因若不然,则 $n\gamma \in \triangle = \triangle' \cap \Gamma$,从而有 $n\gamma \in \triangle'$. 由于 $\triangle'$ 是孤立子群,故又有 $\gamma \in \triangle'$,矛盾! 今设 $\triangle'_1, \triangle'_2$ 为 Γ' 中二孤立子群. 若有

$$\triangle'_1 \cap \Gamma = \triangle'_2 \cap \Gamma = \triangle$$

任取 $\sigma \in \triangle'_1$,由 $m\sigma \in \triangle \subseteq \triangle'_2$,可得 $\sigma \in \triangle'_2$,这表明

$$\triangle' \to \triangle' \cap \Gamma = \triangle$$

是单一对应. 另一方面,$\triangle'$ 是 $D(\Gamma)$ 中由 $\triangle' \cap \Gamma$ 生成的子群,因此 $\triangle' \to \triangle' \cap \Gamma = \triangle$ 是个一一映射. 另外,映射显然是保序的. 这就证明了 w 与 v 有相同的阶,定理即告成立. □

在定理的前设下,v 在 L 上可能有多个拓展,对此有以下的结论:

命题 3.2 设(K,v),L 如定理 3.1,于是有以下诸论断成立:

①v 在 L 上的拓展是互不等价的;

② 若 $\mathfrak{Q}_1, \mathfrak{Q}_2$ 是拓展 w 的赋值环 B 中二素理想,满足 $\mathfrak{Q}_1 \cap A = \mathfrak{Q}_2 \cap A$,则 $\mathfrak{Q}_1 = \mathfrak{Q}_2$;

③v 在 L 上的拓展是相互不可序的.

证明 ① 由命题 2.8 即得.

② 设 w 的值群 Γ' 中与 $\mathfrak{Q}_1, \mathfrak{Q}_2$ 相对应的孤立子群为 $\triangle'_1, \triangle'_2$. 于是 $\mathfrak{Q}_1 \cap A, \mathfrak{Q}_2 \cap A$ 在 Γ 中有相应的子群 $\triangle'_1 \cap \Gamma$ 与 $\triangle'_2 \cap \Gamma$,从而导致 $\triangle'_1 \cap \Gamma$ 与 $\triangle'_2 \cap \Gamma$. 从上述定理的证明可得 $\triangle'_1 = \triangle'_2$. 因此,应有 $\mathfrak{Q}_2 = \mathfrak{Q}_1$,即论断 ② 成立.

③ 设 w_1, w_2 为 v 在 L 上任意二拓展,其赋值对分别为$(B_1, \mathfrak{N}_1)$,$(B_2, \mathfrak{N}_2)$. 由于 w_1, w_2 均为 v 的拓展,故有 $\mathfrak{N}_1 \cap A = \mathfrak{M} = \mathfrak{N}_2 \cap A$. 若有 $B_1 \subseteq B_2$,则 $\mathfrak{N}_2 \subseteq \mathfrak{N}_1 \subseteq B_1$,即 $\mathfrak{N}_2, \mathfrak{N}_1$ 同为 B_1 的素理想. 据论断 ② 所示,应有 $\mathfrak{N}_1 = \mathfrak{N}_2$,从而 $B_1 = B_2$,即论断 ③ 成立. □

现在来考虑赋值在代数扩域上的拓展个数问题. 首先,若代数扩张 L/K 是纯不可分的,则 K 上任一赋值在 L 上都只有唯一拓展. 这是一个特款,对于一般情况,今有下面的定理.

定理 3.3 设(K,v) 为一赋值域,L 是 K 上有限扩张. 若 L 关于 K 的可分次数为$[L:K]=m$,则 v 在 L 上的拓展数小于或等于 m.

证明 设 $w_1, \cdots, w_n$ 为 v 在 L 上的拓展,它们的赋值对分别为$(B_i, \mathfrak{N}_i)$,$i=1,\cdots,n$. 令 $R=\bigcap_{i=1}^{n} B_i$,据命题 3.2,诸 B_i 之间不存在包含关系. 于是,由定理 2.45,存在 $x_i \in R$ 满足 $x_i - \delta_{ij} \in \mathfrak{N}_j$,此处 $\delta_{ij}=1$,当 $i=j$;$\delta_{ij}=0$,当 $i \neq j$;

$j=1,\cdots,n$. 若 K 的特征数 $p\neq 0$，可选取适当的正整数 l，使得每个 $x_i^{p^l}$，$i=1,\cdots,n$ 均为 L 中关于 K 的可分元. 若有 $n>m$，则此 n 个元 $x_i^{p^l}$ 在 K 上是线性相关的，即满足 K 上一关系式

$$a_1x_i^{p^l}+a_2x_2^{p^l}+\cdots+a_nx_n^{p^l}=0$$

其中 a_i 不全为 0，设 $v(a_1)=\min\{v(a_i)\}$，于是有

$$x_i^{p^l}+a_1^{-1}a_2x_2^{p^l}+\cdots+a_1^{-1}a_nx_n^{p^l}=0$$

其中 $a_1^{-1}a_i$ 均属于 v 的赋值环 A，$i=1,\cdots,n$. 按 x_i 的取法，由上式可得

$$x_1^{p^l}=-(a_1^{-1}a_2x_2^{p^l}+\cdots+a_1^{-1}a_nx_n^{p^l})\in\mathfrak{N}_1$$

从而有 $x_1\in\mathfrak{N}_1$，但这与 $x_1-1\in\mathfrak{N}_1$ 相矛盾. 这就证明应有 $n\leqslant m$，即 v 在 L 上拓展的个数不能大于 $[L:K]$，证毕. □

结合定理 2.34 与 2.44 可得下面的推论.

推论 设 L/K 为有限扩张，v 为 K 上一赋值，A 为其赋值环；又记 $D=I_L(A)$，于是有：

①L 是 D 的商域；

②v 在 L 上的拓展个数等于 D 所含极大理想数，特别当 D 为局部环时，v 在 L 上只有唯一拓展. □

当论断 ② 中的 D 为局部环时，A(或 v) 称为在 L 上是不可分解的. 从上述定理知，当 L/K 为纯不可分扩张时，A 在 L 上必然是不可分解的.

定理 3.4 设 L/K 为代数扩张，A 为 K 中一赋值环，$D=I_L(A)$，于是下列二论断等价：

①D 为有限 A - 模；

②L/K 为有限扩张，D 为自由 A - 模. 若 D 的最小生成元素组含 n 个元，则 $[L:K]=n$.

证明 ① → ②. 在 D 关于 A 的生成元素组中，设 $\{x_1,\cdots,x_n\}$ 是包含生成元为数量最少的一个. 今断言，$\{x_1,\cdots,x_n\}$ 在 A 上是线性无关的. 设若不然，令

$$a_1x_1+\cdots+a_nx_n=0\quad(a_i\in A\text{ 且 }a_i\neq 0,i=1,\cdots,n)$$

由于 A 为赋值环，不妨设 $a_1A\supseteq a_iA$，$i=2,\cdots,n$，因此 $c_i=a_1^{-1}a_i\in A$，$i=2,\cdots,n$，从而有

$$x_1+c_2x_2+\cdots+c_nx_n=0$$

即 $-x_1=c_2x_2+\cdots+c_nx_n$，而与 $\{x_1,\cdots,x_n\}$ 的所设矛盾，因此 D 是个自由 A - 模. 又据定理 3.3 的推论，L 是 D 的商域，对任一 $y\in L$，可取 $c\in A$，使得 $cy\in D$，于是 y 可由 $x_1,\cdots,x_n$ 的 K 上线性式表出，由此得知 $[L:K]\leqslant n$. 如果 $[L:$

$K] = m < n$,则有 $b_1, \cdots, b_n \in K$,使得 $b_1 x_1 + \cdots + b_n x_n = 0$. 与以上的论证同样,由此式又可导致形式为 $x_1 + b_1^{-1} b_2 x_2 + \cdots + b_1^{-1} b_n x_n = 0$ 的等式,其中每个 $b_1^{-1} b_i \in A, i = 2, \cdots, n$,从而得到一个矛盾. 因此应有 $m = n$,即论断 ② 成立.

② → ①. 设 $y_1, \cdots, y_r$ 是 D 中任意一组元,$r > n$,于是有 K 中 r 个非零元 $a_1, \cdots, a_r$,使得

$$a_1 y_1 + a_2 y_2 + \cdots + a_r y_r = 0$$

设 $a_1 A \supseteq a_i A, i = 2, \cdots, r$,于是有 $y_1 + a_1^{-1} a_2 y_2 + \cdots + a_1^{-1} a_r y_r = 0$ 为 A 上的线性等式. 因此,作为 A — 模的 D,它是有限生成的,且生成元的个数不超过$[L : K] = n$. 这就证明了论断 ①. □

现在来考虑正规扩张上赋值的拓展问题. 设 N 是 K 的正规扩张,$G = \mathrm{Aut}(N/K)$ 为其 K — 自同构群. 令 w 是 K 的赋值 v 在 N 上的一个拓展,今作如下的规定

$$w_\sigma(x) = w(\sigma(x)) \quad (x \in N \text{ 且 } x \neq 0) \tag{1}$$

其中 $\sigma \in G$. 对于 $x = 0$,则令 $w_\sigma(0) = \infty$. 不难验知 w_σ 是 N 的一个赋值,而且是 v 在 N 上的拓展. 若 w 的赋值对为$(B, \mathfrak{N})$,则$(\sigma^{-1} B, \sigma^{-1} \mathfrak{N})$ 就是 w_σ 的赋值对. 今有

定理 3.5 设 N/K 为正规扩张,v 是 K 的一个赋值;w 是 v 在 N 上的一拓展. 于是 v 在 N 上的拓展只能是 w_σ,其中 σ 为 N/K 的 K — 自同构群 G 中之任一元.

证明 对任一 $\sigma \in G$,w_σ 为 v 的拓展已如上述. 为证明 v 在 N 上的每一拓展,除等价不计外,均能表如 w_σ,今先就 N/K 为有限扩张的情形来论证,此时 G 为一有限群. 设 w 的赋值环为 B. 令

$$B^* = \bigcap_{\tau \in G} B_\tau$$

其中 B_τ 表 w_τ 的赋值环 $\tau^{-1} B$. 据定理 2.34,B^* 包含 v 的赋值环 A 在 N 中的整闭包 $I_N(A)$. 今断言,$B^* = I_N(A)$. 为此,只须证明每个 $x \in B^*$ 均为 N 中关于 A 的整元. 由 $x \in B^*$ 知 $w_\tau(x) = w(\tau(x)) \geqslant 0$,对每个 $\tau \in G$ 皆成立. 按 N/K 为正规扩张,x 在 K 上的最小多项式 $f(X)$ 为 $N[X]$ 中一次因式之积,它的每个零点 $\sigma(x)$ 均在 B^* 中. 因此 $f(X)$ 的系数都属于 $B^* \cap K = A$,且首项系数为 1,这就表明了 $x \in I_N(A)$,从而 $I_N(A) = B^*$. 若 w' 是 v 在 N 上的某一拓展. 其赋值环 B' 应满足 $B' \supseteq I_N(A) = \bigcap_\tau B_\tau$. 据定理 2.44 应有 $B' \supseteq B_\sigma$,为 G 中某一元. 由命题 3.2 即有 $B' = B_\sigma$,因此定理在 N/K 为有限扩张时成立.

今设 N/K 为无限正规扩张,w'' 是 v 在 N 上的一拓展. 今考虑 N 中所有能

满足下列条件的 K 上正规子扩张 E，及 E 的 K－自同构 σ 所作成的形式对 (E,σ)

$$w_\sigma(x)=w(\sigma(x))=w''(x)\quad(\forall x\in E,\text{且 } x\neq 0)$$

在所有这种形式对所组成的集中，规定一个关系"$\prec$"如下：设 (E,σ)，(E',τ) 为集中二形式对，若有 $E\subseteq E'$ 以及 τ 在 E 上的限制等于 σ 时，就规定 $(E,\sigma)\prec(E',\tau)$. 这就使得集 $\{(E,\sigma)\}$ 成一归纳集. 由 Zorn 引理知有极大形式对存在. 设 (N_0,σ_0) 为其一，若 $N_0\neq N$，令 $c\in N\backslash N_0$. 按 c 在 N_0 上只有有限多个共轭元，以 N_1 记 N_0 上包含 c 的最小正规扩张，N_1 显然是 N_0 上的有限扩张. 设 τ_0 是 N_1 的一个 N_0－自同构，它来自 G 中一元（仍记作 τ_0）在 N_1 上的限制，并且 τ_0 在 N_0 上的限制为 σ_0，于是 $w_{\tau_0}(x)=w''(x)$ 对所有的 $x\in N_1$ 成立. 按 $\mathrm{Aut}(N_1/N_0)$ 的元可得自 G 中元在 N_1 上的限制，今设 $\zeta\in G$ 在 N_1 上的限制 ζ_0 是个 N_0－自同构，并且满足

$$w''(x)=w_{\tau_0\cdot\zeta}(x)=w(\tau_0\cdot\zeta(x))\quad(\forall x\in N_1)$$

从而 $(N_0,\sigma_0)\prec(N_1,\tau_0\cdot\zeta)$，与 (N_0,σ_0) 的所设相悖. 因此应有 $N_0=N$，定理即告证明. □

作为本节之结束，再就离散赋值的拓展给出结论如下：

命题 3.6 设 v 是域 K 的一个离散赋值，L 是 K 上有限扩张，于是 v 在 L 上所有的拓展都离散赋值.

证明 设 Γ 是 v 的值群，w 是 v 在 L 上的一个拓展，其值群为 Γ'. 若 $\triangle_r\subsetneqq\triangle_{r+1}$ 是 Γ 中两个紧相连的孤立子群，从定理 3.1 的证明可知 Γ' 中有相应的孤立子群 $\triangle'_r\subsetneqq\triangle'_{r+1}$. 令 $[L:K]=n$，以及 $s=n!$，于是对于 Γ' 中任一元 γ' 均有 $s\gamma'=\gamma\in\Gamma$，不难认知，$s\gamma'\in\triangle_r$ 当且仅当 $\gamma'\in\triangle'_r$，从而 $\gamma'\to s\gamma'$ 给出一个从 $\triangle'_{r+1}/\triangle'_r$ 到 $\triangle_{r+1}/\triangle_r$ 内的序同构. 由所设 $\triangle_{r+1}/\triangle_r$ 是个主理想群，因此 $\triangle'_{r+1}/\triangle'_r$ 也是个主理想群. 这就证明了 w 是个离散赋值. □

3.2 合成赋值在代数扩张上的拓展

命题 3.7 设 v,v' 为域 K 的二赋值，$v'<v$；又设 L/K 为有限扩张. 若 v 与 v' 在 L 上分别有拓展 $w_1,\cdots,w_m$ 与 $w'_1,\cdots,w'_m$，则对于每个 w'_j 必有某个 w_i，使得 $w'_j\leqslant w_i$；但不可能有两个 w'_j,w'_l 同时满足 $w'_j\leqslant w_i,w'_l\leqslant w_i$.

证明 设 v,v' 的赋值环分别为 A,A'；w_i,w'_i 的赋值环为 $B_i,B'_l(i=1,\cdots,m;l=1,\cdots,n)$. 作 A,A' 在 L 内的整闭包 $I_L(A),I_L(A')$. 由 $A\subseteq A'$ 知

$I_L(A) \subseteq I_L(A')$，据定理 2.34 有

$$I_L(A) = \bigcap_{i=1}^{m} B_i \text{ 及 } I_L(A') \subseteq \bigcap_{i=1}^{n} B'_l$$

于是 $\bigcap_{i=1}^{m} B_i \subseteq \bigcap_{i=1}^{n} B'_l$. 从而可知对任一 B'_j 有 $B'_j \supseteq \bigcap_{i=1}^{n} B'_l \supseteq \bigcap_{i=1}^{m} B_i$. 按定理 2.44，$B'_j$ 至少包含 $B_1,\cdots,B_j$ 中的某一个，例如 B_i，于是由 $B'_j \supseteq B_i$，即得 $w'_j \leqslant w_i$. 但如果又有 $w'_l \leqslant w_i$，即有 $B'_l \supseteq B_i$. 据定理 2.16 知有 $B'_j = B_{i\mathfrak{Q}_j}$ 与 $B'_l = B_{i\mathfrak{Q}_l}$，其中 $\mathfrak{Q}_j, \mathfrak{Q}_l$ 均为 B_i 中素理想. 因此必有 $\mathfrak{Q}_j \supsetneqq \mathfrak{Q}_l$ 或 $\mathfrak{Q}_l \supsetneqq \mathfrak{Q}_j$ 二者之一成立，由此导致有 $B'_j \supsetneqq B'_l$ 或 $B'_l \supsetneqq B'_j$ 二者之一出现. 按 B'_j, B'_l 都是 A' 在 L 上的拓展，据命题 3.2 这种情况是不可能的，也即不可能同时有 w'_j 与 w'_l 满足 $w'_j \leqslant w_i, w'_l \leqslant w_i$. 证毕. □

命题 3.8 所设如命题 3.7，若 w 是 v 在 L 上的一拓展，则有 v' 的唯一拓展 w' 满足 $w' < w$.

证明 按题设有 $v' < v$. 只须证明有满足 $w' < w$ 的 w' 存在，其唯一性已由命题 3.7 得知.

设 $(A,\mathfrak{M})$，Γ 分别是 v 的赋值对和值群. 由 $v' < v$ 知 v' 的赋值环为 $A' = A_{\mathfrak{P}}$，$\mathfrak{P}$ 是 A 中素理想，从而 v 有分解 $v = v' \cdot \bar{v}'$. 令 $\triangle$ 是 Γ 中与 $\mathfrak{P}$ 相应的孤立子群，于是 v' 与 $\bar{v}'$ 的值群分别为 $\Gamma/\triangle$ 与 $\triangle$. w 是 v 在 L 上的一拓展，设其值群为 Γ'. 今在 Γ' 中取一满足 $\triangle' \cap \Gamma = \triangle$ 的最小孤立子群 $\triangle'$. 作 w 相应于 $\triangle'$ 的分解 $w = w' \cdot \bar{w}'$，其中 w' 是 L 上一个以 $\Gamma'/\triangle'$ 为值群的赋值. 于是 $w^{-1} \cdot w'$ 是个从 Γ' 到 $\Gamma'/\triangle'$ 的同态映射，$\triangle'$ 为其核；Γ' 的子集 $\Gamma'_+ \cup \triangle'$ 经 $w^{-1} \cdot w'$ 映于 $\Gamma'/\triangle'$ 中非负元所成的集. 因此 w' 的赋值环 B' 仍是 $\Gamma'_+ \cup \triangle'$ 关于 w^{-1} 的逆象组成的集，即 $B' = w^{-1}(\Gamma'_+ \cup \triangle')$；而 w 的赋值环为 $B = w^{-1}(\Gamma'_+ \cup \{0\})$，同样的论证可知 v' 的赋值环 $A_{\mathfrak{P}} = v^{-1}(\Gamma_+ \cup \triangle)$. 由于 v 是 w 在 K 上的限制，以及 $(\Gamma'_+ \cup \triangle') \cap \Gamma = \Gamma_+ \cup \triangle$，故有 $B' \cap K = A_{\mathfrak{P}} = A'$. 这就表明了 w' 为 v' 在 L 上的拓展，满足 $w' < w$. 命题即告成立. □

根据以上二命题所阐明的事实，当 $v' < v$ 时，v' 在有限扩张 L 上的拓展个数必不会多于 v 的拓展数，对于给定的 L/K，若以 $g(v)$ 记 v 在 L 上的拓展数，结合定理 3.3 可得

$$1 \leqslant g(v') \leqslant g(v) \leqslant [L:K]$$

应当指出，对于 v 在 L 上的两个不同的拓展 w_1, w_2，可能会有另一个赋值 w' 满足 $w' < w_1$ 与 $w' < w_2$. 此一情况表明 v 的两个拓展 w_1 与 w_2 并非独立的.

现在对 K 上的合成赋值 $v = v' \cdot \bar{v}'$ 来考虑它在 L 上的拓展. 今以 $A, A' = A_{\mathfrak{P}}$ 分别记 v, v' 的赋值环，v' 的剩余域 $A_{\mathfrak{P}}/\mathfrak{P}$ 上由赋值环 $A/\mathfrak{P}$ 所定的赋值为 $\bar{v}'$. 设

Γ 是 v 的值群，$\triangle$ 是 Γ 中与 $\mathfrak{P}$ 相应的孤立子群. 令 w 为 v 在 K 的代数扩张 L 上的一个拓展，其值群 Γ' 是 $D(T)$ 中一个包含 Γ 的子群. 因此 Γ' 中有包含 $\triangle$ 的最小孤立子群 $\triangle'$，使得 $\triangle' \cap \Gamma = \triangle$ 成立. 在 w 的赋值环 B 中令 $\mathfrak{Q}$ 是对应于 $\triangle'$ 的素理想. 从定理 3.1 的证明中得知有 $\mathfrak{Q} \cap A = \mathfrak{P}$ 成立. 今以 $B' = B_{\mathfrak{Q}}$ 为赋值环的赋值记作 w'，于是有 w 的合成 $w = w' \cdot \bar{w}'$. 据命题 3.8，w' 是 v' 在 L 上唯一满足 $w' < w$ 的拓展. w' 的剩余域为 $\mathfrak{f} = A_{\mathfrak{P}}/\mathfrak{P}$ 可以等同于 $\mathfrak{f}'$ 的子域. 由 $(B/\mathfrak{Q}, \mathfrak{N}/\mathfrak{Q})$ 在 $\mathfrak{f}'$ 上所定的赋值 $\bar{w}'$ 是 $\mathfrak{f}$ 上由 $(A/\mathfrak{P}, \mathfrak{M}/\mathfrak{P})$ 所定赋值 $\bar{v}'$ 的拓展. 这是由于对 A 中任一元 x 有

$$\bar{w}'(x + \mathfrak{Q}) = w(x) = v(x) = \bar{v}'(x + \mathfrak{P})$$

$\bar{w}'$ 与 $\bar{v}'$ 的值群分别是 $\triangle'$ 与 $\triangle$. 从定理 3.1 的证明知 $\triangle' \to \triangle' \cap \Gamma = \triangle$ 是个一一映射，故在合成赋值 $w' \cdot \bar{w}'$ 中，$\bar{w}'$ 是 $\bar{v}'$ 在 $\mathfrak{f}'$ 上唯一的拓展.

反之，若先给下 v' 在 L 上的一个拓展 w'，以及 $\bar{v}'$ 在 w' 的剩余域 $\mathfrak{f}'$ 上的一个拓展 $\bar{w}'$，并由此做出合成赋值 $w = w' \cdot \bar{w}'$，则由它们赋值环间所满足的关系 $A' = B' \cap K$，及 $A/\mathfrak{P} = (B/\mathfrak{Q}) \cap (A/\mathfrak{P})$，可以导致 $A = B \cap K$ 及 $\mathfrak{P} = \mathfrak{Q} \cap A$. 因此 w 是 v 的一个拓展. 归结以上的论述即得下面的定理.

定理 3.9 设 $v = v' \cdot \bar{v}'$ 是 K 的一个合成赋值，L/K 是代数扩张；又设 w 是 v 在 L 上的一个拓展. 于是 w 有唯一的分解 $w' \cdot \bar{w}'$，其中 w' 与 $\bar{w}'$ 分别是 v' 在 L 上唯一拓展和 $\bar{v}'$ 在 $\mathfrak{f}'$ 上唯一拓展，$\mathfrak{f}'$ 是 w' 的剩余域. 反之，若 w' 和 $\bar{w}'$ 分别是 v' 和 $\bar{v}'$ 在 L 与 $\mathfrak{f}'$ 上的拓展，则它们的合成赋值 $w = w' \cdot \bar{w}'$ 就是 v 在 L 上的一个拓展. □

推论 所设如前；又设 L/K 为有限扩张. 若 v' 在 L 上的全部拓展为 $w'_i, \cdots, w'_m$；$\bar{v}'$ 在 w'_i 的剩余域上的全部拓展为 $\bar{w}'_{i1}, \cdots, \bar{w}'_{in_i}$，则 v 在 L 上的全部拓展为 $w_{ij} = w'_i \cdot \bar{w}'_{ij}$，其中 $i = 1, \cdots, m, j = 1, \cdots, n$. □

3.3 基本不等式

在 1.4 节中我们曾对一阶赋值引进过赋值的分歧指数和剩余次数这两个概念，并且由此建立一个与赋值拓展相关的重要结论 —— 基本不等式(定理 1.40). 在本节中，先对任意阶赋值定义上述二概念，然后通过一系列远较一阶情况复杂的过程来建立标题指出的主要结论.

设 v 是域 K 的一赋值[①]，其值群为 Γ，剩余域为 $\mathfrak{k}=\overline{K}_v$. 令 L/K 为一代数扩张；w 是 v 在 L 上的一拓展. 今以 Γ'，$\mathfrak{k}'=\overline{L}_w$ 分别记 w 的值群和剩余域. 按 Γ' 是 $D(\Gamma)$ 中一包含 Γ 的子群，它关于 Γ 的旁集个数 $(\Gamma':\Gamma)$ 称为 w 关于 v 的分歧指数，记以 $e(w/v)$. 当 L，w 与 v 均已确认时，也可简记为 e. 由于值群都是交换群，故 Γ' 关于 Γ 的旁集个数与因子群 Γ'/Γ 的阶是相等的. 当 L/K 为代数扩张时，$\overline{L}_w/\overline{K}_v$ 自然也是代数扩张. 由于 $\overline{K}_v$ 可以恒同映射于 $\overline{L}_w$ 内，故可将 $\overline{K}_v$ 作为 $\overline{L}_w$ 的子域，于是 $\overline{L}_w$ 是 $\overline{K}_v$ 上的代数扩张. 今称 $\overline{L}_w/\overline{K}_v$ 的扩张次数 $[\overline{L}_w:\overline{K}_v]$ 为 w 关于 v 的剩余次数，记以 $f(w/v)$；同样，当 v,w,L 均已确认时，也可简记作 f. 在 L/K 为有限扩张，$[L:K]=n$ 时，对于一阶赋值 v,w，定理 1.31 已经证明 $ef\leqslant n$. 此一结论对于任意阶的赋值同样能成立，证明的过程也全然相同，兹不重复. 当赋值 v 的拓展不止一个时，此一不等式将演化为本节将要讨论的基本不等式. 现在先给出一些有关的准备.

首先注意到，分歧指数和剩余次数都具有乘法的结合性. 设 F 为 L 与 K 的中间域，若 v 在 F 上的拓展为 v_1，v_1 又拓展成 L 上的 w，则有以下的等式成立

$$e(w/v)=e(w/v_1)e(v_1/v)$$

$$f(w/v)=f(w/v_1)f(v_1/v)$$

对于合成赋值，分歧指数还有一个类似的性质. 设 $v=v'\cdot\overline{v}'$ 是 K 上一合成赋值，它在代数扩张 L 上的拓展为 $w=w'\cdot\overline{w}'$. 于是 $e(w/v)$，$e(w'/v')$ 和 $e(\overline{w}'/\overline{v}')$ 分别是因子群 Γ'/Γ，$(\Gamma'/\triangle')/(\Gamma/\triangle)$ 和 $\triangle'/\triangle$ 的阶. 由于 $\triangle'\cap\Gamma=\triangle$，群 $\triangle'/\triangle$ 可以等同于 Γ'/Γ 的一个子群. 根据群论中的一条同构定理，$(\Gamma'/\Gamma)/(\triangle'/\triangle)$ 与 $(\Gamma'/\triangle')/(\Gamma/\triangle)$ 是同构的. 因此，群 Γ'/Γ 的阶等于 $\triangle'/\triangle$ 的阶与 $(\Gamma'/\triangle')/(\Gamma/\triangle)$ 的阶的乘积. 这个事实在证明基本不等式中将要用到，因此将它单独表述如下引理.

引理 3.10 设 $v=v'\cdot\overline{v}'$ 是 K 上一个合成赋值，L/K 是代数扩张；又设 $w=w'\cdot\overline{w}'$ 是定理 3.9 所确定的 v 在 L 上的拓展，其含义如上所示. 于是有以下的等式成立

$$e(w/v)=e(w'/v')e(\overline{w}'/\overline{v}')$$ □

有了以上的准备，现在可以证明任意阶赋值在有限扩张上的一个基本不等式. 设 (K,v) 为一赋值域，L/K 为有限扩张，$[L:K]=n$；又设 $w_1,\cdots,w_g$ 为 v 在 L 上的全部拓展. 今以 e_i，f_i 分别记 w_i 关于 v 的分歧指数和剩余次数. 所谓赋值

① 在以下论述中涉及的赋值，若无别的声明，恒指任意阶的非浅显赋值.

拓展的基本不等式是指如下的不等式

$$\sum_{i=1}^{g} e_i f_i \leqslant n \tag{2}$$

在第1章中曾对一阶赋值证明过这一结论(定理1.40). 又当 v 在 L 上仅有一个拓展时,前已指出有 $ef \leqslant n$ 成立. 现在先对任意阶赋值的一种特殊情形来给出不等式(2) 的证明,此一特款也包含了一阶的情形.

定理 3.11 设 v 是 K 的一赋值;L/K 为有限扩张,$[L:K]=n$;又设 v 在 L 上有 g 个两两相互独立的拓展 $w_1,\cdots,w_g$,$g \geqslant 2$. 若以 e_i,f_i 分别记 w_i 关于 v 的分歧指数和剩余次数,则有基本不等式(2) 成立.

证明 设$(A,\mathfrak{M})$,$(B,\mathfrak{N}_i)$ 分别为 v,w_i 的赋值对;Γ,Γ'_i 为其值群;$\mathfrak{f}=A/\mathfrak{M}$,$\mathfrak{f}'_i=B_i/\mathfrak{N}_i$ 为其剩余域,$i=1,\cdots,g$. 今在每个 Γ'_i 中取一组元 $\alpha_{is}(s=1,\cdots,e_i)$ 代表 Γ'_i 关于 Γ 的 e_i 个不同的旁集;又在 L 中取 f_i 个元 $u_{it}(t=1,\cdots,f_i)$ 使得 $\bar{u}_{it}=u_{it}+\mathfrak{N}_i$ 为 $\mathfrak{f}'_i$ 关于 $\mathfrak{f}$ 的一组基 $i=1,\cdots,g$.

利用定理2.47 可以在 L 中取 $e_1f_1+\cdots+e_gf_g$ 个元 x_{is} 与 $y_{it}(i=1,\cdots,g,s=1,\cdots,e_i,t=1,\cdots,f_i)$ 满足以下诸条件

$$w_i(x_{is})=\alpha_{is} \quad (i=1,\cdots,g,s=1,\cdots,e_i) \tag{3}$$

$$w_j(x_{is})>\max\{\alpha_{11},\alpha_{12},\cdots,\alpha_{21},\alpha_{22},\cdots,\alpha_{ge_g}\} \quad (j\neq i) \tag{3'}$$

$$w_i(y_{it}-u_{it})>0 \quad (i=1,\cdots,g,t=1,\cdots,f_i) \tag{4}$$

$$w_j(y_{it})>0 \quad (j\neq i) \tag{4'}$$

现在来证明这 $\sum\limits_{i=1}^{g} e_i f_i$ 个元 x_{is},y_{it} 在 K 上是线性无关的. 设有

$$\sum_{i=1}^{g}\sum_{s_i=1}^{e_i}\sum_{t_i=1}^{f_i} a_{is_it_i}x_{is_i}y_{it_i}=0 \quad (a_{is_it_i}\in K) \tag{5}$$

不妨设在上式中出现的系数全在 A 内,并且不全为0;以及其中至少有一个是 A 的单位. 令 $v(a_{111})=0$. 作

$$z_s=\Big(\sum_{t=1}^{f_i} a_{1st}y_{1t}\Big)x_{1s} \quad (s=1,\cdots,e_1) \tag{6}$$

以及

$$y_1=\sum_{t=1}^{f_1} b_t y_{1t} \quad (b_t\in A)$$

今证明 $w_1(y_1)\in\Gamma$. 设上式中系数 b_q 有最小值 $v(b_q)$,则 y_1 可写如

$$y_1=b_q\sum_{t=1}^{f_1} c_t y_{1t} \quad (c_t\in A,c_q=1)$$

由条件(4)知 f_i 个 y_{1t} 与 u_{1t} 关于 w_1 属于同一剩余类,即代表 $\mathfrak{f}'_1$ 中同一元.因此这 f_1 个元 $y_{11},\cdots,y_{1f_1}$ 关于 $\mathfrak{f}$ 是线性无关的.另一方面,$\bar{c}_t$ 不全为 $\bar{0}$,因此 $\sum\limits_{t=1}^{f_1}\bar{c}_t\bar{y}_{1t}\neq\bar{0}$,于是 $w_1(\sum\limits_{i=1}^{f_1}c_ty_{1t})=0$.从而有

$$w_1(y_1)=w_1(b_q)+w_1\left(\sum_{i=1}^{f_1}c_ty_{1t}\right)=w_1(b_q)=v(b_q)\in\Gamma$$

以此用于式(6),即 $w_1(z_s)-w_1(x_{1s})\in\Gamma$.这表明 $w_1(z_s)$ 在 Γ'_1 中属于所在的旁集.又由于 Γ'_1 中元 $\alpha_{11},\cdots,\alpha_{1e_1}$ 均属不同的旁集,故 $w_1(z_1),\cdots,w_1(z_{e_1})$ 是 Γ'_1 中不同的元.从而

$$w_1(z_1+\cdots+z_{e_1})=\min\{w_1(z_i)\mid i=1,\cdots,e_1\}$$

据所设 $v(a_{111})=0$,按以上论证可得 $w_1\left(\sum\limits_{t=1}^{f_1}a_{11t}y_{1t}\right)=0$.由此又可导致 $w_1(z_1)=\alpha_{11}$,因此有 $w_1(z_1+\cdots+z_{e_1})\leqslant\alpha_{11}$,即

$$w_1\left(\sum_{s_1=1}^{e_1}\sum_{t_1=1}^{f_1}a_{1s_1t_1}x_{1s_1}y_{1t_1}\right)\leqslant\alpha_{11}$$

另一方面,从条件(3′)(4′)可得

$$w_1\left(\sum_{i=2}^{g}\sum_{s_i=1}^{e_i}\sum_{t_i=1}^{f_i}a_{is_it_i}x_{is_i}y_{it_i}\right)>\alpha_{11}$$

从以上二式又导致

$$w_1\left(\sum_{i=1}^{g}\sum_{s_i=1}^{e_i}\sum_{t_i=1}^{f_i}a_{is_it_i}x_{is_i}y_{it_i}\right)\leqslant\alpha_{11}$$

而与式(5)相矛盾.因此,这 $e_1f_1+\cdots+e_gf_g$ 个元 $x_{is_i}y_{it_i}$ 在 K 上应是线性无关的.这就证明了 $\sum\limits_{i=1}^{g}e_if_i\leqslant n$,定理即告成立. □

在证明此一特款后,对于一般情况的证明将对拓展个数使用归纳法,因为在只有一个拓展的情形已经有 $ef\leqslant n$ 的结论.为实现此一论证需要用到赋值的合成.

设 $v=v'\cdot\bar{v}'$ 是 K 上一赋值,它在 L 上的拓展据定理 3.9 可以表如合赋值 $w=w'\cdot\bar{w}'$.现在令 $w'_1,\cdots,w'_n$ 是 v' 在 L 上所有的拓展;又令

$$\bar{w}'_{i1},\cdots,\bar{w}'_{in_i}\quad(i=1,\cdots,h)$$

是 $\bar{v}'$ 在 w'_i 的剩余域上的拓展.以 f'_i 记 w'_i 关于 v' 的剩余次数;又以 $\bar{f}_{it_i}$ 与 $\bar{e}_{it_i}$ 分别记 $\bar{w}'_{it_i}$ 关于 $\bar{v}'$ 的剩余次数和分歧指数.于是,对于 $\bar{v}'$ 在 w'_i 的剩余域上的拓展而言,其基本不等式为

$$\sum_{t_i=1}^{n_i}\bar{e}_{it_i}\bar{f}_{it_i}\leqslant f'_i\quad (i=1,\cdots,h)\tag{7}$$

又设 w'_i 关于 v' 的分歧指数为 e'_i，于是对于 v' 在 L 上的拓展而论，其基本不等式为

$$\sum_{i=1}^{h}e'_if'_i\leqslant n\tag{8}$$

结合式(7) 可得

$$\sum_{i=1}^{h}\sum_{t_i=1}^{n_i}e'_i\bar{e}_{it_i}\bar{f}_{it_i}\leqslant\sum_{i=1}^{h}e'_if'_i\leqslant n$$

又据引理 3.10，上式又可写如

$$\sum_{i=1}^{h}\sum_{t_i=1}^{n_i}e_{it_i}\bar{f}_{it_i}\leqslant n\tag{9}$$

按每个 $w'_i\cdot\bar{w}'_{it_i}$ 均为 $v=v'\cdot\bar{v}'$ 的拓展，由定理 3.9 及其推论可知这 $n_1+\cdots+n_h$ 个合成赋值即为 v 在 L 上的全部拓展，从而式(9) 就成为 v 在 L 上拓展所应满足的基本不等式. 由于 $\bar{v}'$，$\bar{w}'_{it_i}$ 的剩余域分别等同于 v 和 $w'_i\cdot\bar{w}'_{it_i}$ 的剩余域，整数 $\bar{f}_{it_i}$ 等于 $w'_i\cdot\bar{w}'_{it_1}$ 关于 $\bar{v}'$ 的剩余次数. 因此只要对 v' 与 $\bar{v}'$ 能证明式(7) 与(8) 就可得到式(9)，这样就证明了关于 v 的拓展应满足的基本不等式.

为了证明式(7) 与(8)，今引入几个有关的称谓：设 v,K,L 如前，今以 $E(v)$ 或 $E(L,v)$ 记 v 在 L 上所有的拓展所成的集. 这是个有限集，以 $g(v)$ 表示它所含拓展的个数；又以 $C(v)$ 或 $C(K,v)$ 表 K 中所有满足 $v'<v$ 的赋值 v' 所成的集，这也是个有限集. 对于其中二元 v'，v''，必有 $v'<v''$ 或者 $v''<v'$ 二者之一成立. 对于 $v'<v$，今规定一个从 $E(v)$ 到 $E(v')$ 的映射如下

$$\varphi_{v'}^{v}:E(v)\to E(v')\tag{10}$$

当 $v=v'\cdot\bar{v}'$ 时，对 $E(v)$ 中任一元 w，若 $w=w'\cdot\bar{w}'$，就规定 $\varphi_{v'}^{v}(w)=w'$. 从定理 3.9 知 $\varphi_{v'}^{v}$ 是满映射；又若有 $v''<v'<v$，显然可得

$$\varphi_{v''}^{v'}\cdot\varphi_{v'}^{v}=\varphi_{v''}^{v}$$

设 $v'<v$，以及 v 在 L 上的一个拓展 w. 现在来对 $C(K,v)$ 与 $C(L,v)$ 规定一个映射如下

$$\psi_{w}^{v}:C(v)\to C(w)\tag{11}$$

令 $\psi_{w}^{v}(v')=\varphi_{v'}^{v}(w)=w'$，此处有 $w=w'\cdot\bar{w}'$. 从命题 3.7 与 3.8 可知 ψ_{w}^{v} 是满射的，并且还可以进一步表明它是个一一映射. 因为，若 $w'\in C(w)$，则由 $w'<w$ 可给出 w 的合成 $w=w'\cdot\bar{w}'$. w' 在 K 上的限制据定理 3.9 只能是 v'，就得到 $\psi_{w}^{v}(v')=w'$.

在赋值环中素理想是可序的，故关系“$<$”使得 $C(v)$ 成为一个有序集. 当 $v'<v$ 时，显然有 $g(v')\leqslant g(v)$. 为证明式(7) 与(8)，先作引理如下：

引理 3.12(Cohen-Zariski)[①] 设集 $C(v)$ 无最后元，于是有以下等式成立

$$g(v)=\max\{g(v')\mid v'\in C(v)\}$$

证明 令 $g_0=\max\{g(v')\mid v'\in C(v)\}$；又在 $C(v)$ 中取定一个赋值 v'_0，使有 $g(v'_0)=g_0$. 为此，应证明由 $E(v)$ 到 $E(v'_0)$ 的映射 $\varphi^{v}_{v'_0}$ 是个一一映射. 令 $w_1,w_2\in E(v)$ 满足

$$\varphi^{v}_{v'_0}(w_1)=\varphi^{v}_{v'_0}(w_2) \tag{12}$$

由于 $C(v)$ 无最后元，以及 $\psi^{v}_{w_i}$ 是由 $C(v)$ 到 $C(w_i)$ 上的保序一一映射，$i=1,2$，故 $C(w_1)$ 与 $C(w_2)$ 均无最后元. 因此，若以 B_i 表 w_i 的赋值环，即有

$$B_i=\bigcap_{w'\in C(w_i)}B_{w'}\quad(i=1,2)$$

由此可知欲证 $w_1=w_2$，只须证明 $C(w_1)=C(w_2)$；而这一结论又演化成证明 $\psi^{v}_{w_1}=\psi^{v}_{w_2}$，但 $\psi^{v}_{w_1}(v')=\psi^{v}_{w_2}(v')$ 等同于

$$\varphi^{v}_{v'}(w_1)=\varphi^{v}_{v'}(w_2) \tag{13}$$

按 $C(v)$ 是个关于“$<$”的有序集，故应有

$$(\text{i})\,v'\leqslant v'_0<v\text{ 或}(\text{ii})\,v'_0\leqslant v'<v$$

二者之一的出现. 若有(i)出现，则有 $\varphi^{v}_{v'}=\varphi^{v'_0}_{v'}\cdot\varphi^{v}_{v'_0}$，此时式(13) 由(12) 直接得出. 如果(ii)成立，则有 $\varphi^{v}_{v'_0}=\varphi^{v'}_{v'_0}\cdot\varphi^{v}_{v'}$，从 $v'_0<v'$ 知有 $g(v'_0)\leqslant g(v')$，由 v'_0 的取法知应有 $g(v'_0)=g(v')$. 于是 $E(v')$ 与 $E(v'_0)$ 所含的拓展数相等，从而 $\varphi^{v'}_{v'_0}$ 是 $E(v')$ 到 $E(v'_0)$ 的一个一一映射，换言之，有 $g(v)=g(v'_0)$ 成立. 引理即告证明. □

作了如上的准备，现在来证明式(2). 按定理 3.11，式(2) 在拓展为两两独立的情形下是成立的，特别对 $g(v)=1$ 的赋值 v 成立. 因此，可就拓展的个数 $g(v)$ 使用归纳法. 对 v 在 L 上的拓展为两两互为独立的情形可作一判别，即对于 $C(v)$ 中任一 v' 均有 $g(v')=g(v)$，这又等同于：对于 $v'\in C(v)$，$\varphi^{v}_{v'}$ 是 $E(v)$ 到 $E(v')$ 的一个一一映射. 今假定有 $v'\in C(v)$ 使得 $g(v')<g(v)$. 令 $C_0(v)$ 为所有这种 v' 所成的子集，可以断言，$C_0(v)$ 有最后元. 设若不然，由于 $C_0(v)$ 是有序集，由其中所有相应的赋值环 $A_{v'}$ 之交 $\bigcap_{v'\in C_0(v)}A_{v'}$ 所定出的赋值记作 v'_0. 显然有 $v'_0\leqslant v,v'_0\notin C_0$ 易知 $C_0(v)=C_0(v'_0)$. 据引理 3.12 有 $g(v'_0)=$

---

① 见本章参考文献[2].

$\max\limits_{v' \in C_0(v)} \{g(v')\}$. 由此得出 $g(v'_0) < g(v)$,从而 $v'_0 \in C_0(v)$,矛盾！这就表明了 $C_0(v)$ 有最后元.

现在设 v' 是 $C_0(v)$ 的最后元,以及 $v = v' \cdot \bar{v}'$. 由于 $g(v') < g(v)$,按归纳法的假定,有式(8) 成立. 今考虑 $h = g(v') > 1$ 或 $h = 1$ 这两种情形.

设 $h > 1$. 由合成 $v = v' \cdot \bar{v}'$ 知 v' 在 L 上的每一拓展 w'_i 及 $\bar{v}'$ 在 w'_i 的剩余域上给出 n_i 个拓展 $\bar{w}'_{i1}, \cdots, \bar{w}'_{in_i}$ $(i = 1, \cdots, h)$ 合成 v 在 L 上所有的拓展,即 $n_1 + \cdots + n_k = g = g(v)$. 再由归纳法的前设,$\bar{v}'$ 的所有这 n_i 个拓展都满足基本不等式,即式(7) 成立. 结合式(7) 与(8) 就得到式(9),式(9) 等同于式(2),故基本不等式在此一情况下成立.

其次设 $h = 1$,此时 v' 在 L 上只有一个拓展,但任一适合 $v' < v'' < v$ 的 v'' 均在 L 上有 g 个拓展. v' 的这一性质又意指 $\bar{v}'$,以及每个满足 $\bar{v}' < \bar{v}$ 的 $\bar{v}'$ 在 w' 的剩余域上均有 g 个拓展(此处 w' 是 v' 在 L 上的唯一拓展). 这又蕴含 $\bar{v}$ 的 g 个拓展是互为独立的,因此据定理 3.11,有式(7) 成立. 与前面一样由此得出式(9),即关于赋值 v 有基本不等式成立. 证明即告完成. □

作为定理的一个特款,今有以下的推论.

推论 设 N/K 为有限正规扩张,$[N : K] = n$;v 是 K 上一赋值. 于是,v 在 N 上所有的拓展关于 v 都有相同的分歧指数 e 与剩余次数 f. 若拓展的个数为 g,则有不等式 $efg \leqslant n$ 成立.

证明 设 w 为 v 的一个拓展,据定理 3.5,v 的其他拓展均可写如 w_σ,$\sigma \in \mathrm{Aut}(N/K)$,显然 w 与 w_σ 有相同的值群,故分歧指数同为 e. 又由于 $\sigma B = B_\sigma$ 与 $\sigma \mathfrak{R} = \mathfrak{R}_\sigma$,此处 $(B, \mathfrak{R})$,$(B_\sigma, \mathfrak{R}_\sigma)$ 分别为 w 与 w_σ 的赋值对,故剩余域 $B/\mathfrak{R}$ 与 $B_\sigma/\mathfrak{R}_\sigma$ 是同构的. 从而,w 与 w_σ 有关于 v 相同的剩余次数 f. 结论从定理直接得出. □

从以上的论述得知对于赋值 v 在有限扩张 L 上的拓展 w_i $(i = 1, \cdots, g)$ 恒有

$$d_v(L \mid K) = \frac{[L : K]}{\sum_{i=1}^{g} e_i(L/K) f_i(L/K)} \geqslant 1$$

今称 $d_v(L \mid K)$ 为 v 在 L 上的亏损率,当 $d_v(L \mid K) = 1$ 时,则称 v 在 L 上是无亏损的. 下一节我们将讨论在什么条件下赋值 v 在有限扩域上成为无亏损的.

3.4 等式 $\sum_{i=1}^{g} e_i f_i = n$

在 1.4,1.5 节中我们曾对一阶离散赋值 v 分别就 (K, v) 为完全域和 L/K

为可分扩张的情形证明过$ef=n$(定理1.33)和$\sum_{i=1}^{g}e_if_i=n$(定理1.42).为了对任意阶赋值给出一个使得有等式成立的充分条件,今作如下的准备:

设L/K为有限扩张,赋值v在L上的拓展为$w_1,\cdots,w_g$,又以$(A,\mathfrak{M})$,Γ分别记v的赋值对与值群;以$(B_i,\mathfrak{N}_i)$,Γ'_i记w_i的赋值对与值群,$i=1,\cdots,g$.令$D=I_L(A)$为A在L内的整闭包.首先有下面的命题.

命题 3.13 符号意义悉如上述.下述诸论断是等价的:

①D是有限$A-$模;

②D是个自由$A-$模;

③$[D/D\mathfrak{M}:A/\mathfrak{M}]=[L:K]$.

证明 ①→②:由定理3.4直接得出.

②→③:设$x_1,\cdots,x_n$是$A-$模D的一组基.由于L是D的商域,K是A的商域,故$[L:K]=n$.令$\bar{x}_i=x_i+D\mathfrak{M}$,$i=1,\cdots,n$,于是$\bar{x}_1,\cdots,\bar{x}_n$就是$D/D\mathfrak{M}$关于$A/\mathfrak{M}$的生成元,今断言$\bar{x}_1,\cdots,\bar{x}_n$在$\mathfrak{f}=A/\mathfrak{M}$上是线性无关的.设其不然,有$a_1,\cdots,a_n\in A$使得

$$a_1x_1+\cdots+a_nx_n\in D\mathfrak{M}$$

于是有某个$c\in\mathfrak{M}$,以及$b_1,\cdots,b_n\in A$,使有

$$a_1x_1+\cdots+a_nx_n=c(b_1x_1+\cdots+b_nx_n)$$

由于$\{x_1,\cdots,x_n\}$是D的一组$A-$基,故有$a_i=cb_i\in\mathfrak{M}$,$i=1,\cdots,n$,因此$\bar{x}_1,\cdots,\bar{x}_n$是$D/D\mathfrak{M}$的一组$\mathfrak{f}-$基.由于$L$是$D$的商域,$K$是$A$的商域,从$[D/D\mathfrak{M}:A/\mathfrak{M}]=n$,即得$[L:K]=n$,因此论断③成立.

③→①:设$x_1,\cdots,x_n\in D$使得$\bar{x}_1,\cdots,\bar{x}_n$成为$D/D\mathfrak{M}$关于$A/\mathfrak{M}$的基.首先$x_1,\cdots,x_n$在$K$上是线性无关的.因若不然,有$c_1,\cdots,c_n\in K$,使得$c_1x_1,\cdots,c_nx_n=0$.设$v(c_1)$为$\{v(c_i)\mid i=1,\cdots,n\}$中之最小值,于是

$$x_1+c_1^{-1}c_2x_2+\cdots+c_1^{-1}c_nx_n=0$$

其中$c_1^{-1}c_i=a_i\in A$,$i=2,\cdots,n$.从而$\bar{x}_1\in\mathfrak{f}\bar{x}_2+\cdots+\mathfrak{f}\bar{x}_n$,而与所设$\bar{x}_1,\cdots,\bar{x}_n$在$\mathfrak{f}=A/\mathfrak{M}$上为线性无关相矛盾.由上段知$x_1,\cdots,x_n$,又为$L$关于$K$的一组基,从而$D\subseteq L=Kx_1+\cdots+Kx_n$,令

$$y=a_1x_1+\cdots+a_nx_n\in D,且\ y\neq 0$$

若$a_1,\cdots,a_n$不全属于A,设$v(a_1)$为$\{v(a_i)\mid i=1,\cdots,n\}$中的最小值,从而$x_1+a_1^{-1}a_2x_2+\cdots+a_1^{-1}a_nx_n=a_1^{-1}y\in D\mathfrak{M}$,但这又与$\bar{x}_1,\cdots,\bar{x}_n$为$D/D\mathfrak{M}$上关于$A/\mathfrak{M}$的一组基相矛盾,因此$a_1,\cdots,a_n$均属于$A$,即$D$是个有限$A-$模,论断①即告成立. □

今设 $\mathfrak{P}_i=D\cap\mathfrak{R}_i,i=1,\cdots,g$. 由定理 2.44,它们是 D 中仅有的极大理想. 不难验知,$B_i\mathfrak{M}\cap D$ 是以 $\mathfrak{P}_i$ 为根的准素理想,因此 $B_i\mathfrak{M}\cap D,i=1,\cdots,g$ 是两两互补的.

令 $H_i=\bigcap_{j\neq i}^{g}(B_i\mathfrak{M}\cap D),i=1,\cdots,g$,又令 $\bigcap_{j\neq i}^{g}H_i=\mathfrak{P}$. 易知 $\mathfrak{P}$ 是 D 中一素理想;又有 $\bigcap_{1}^{g}B_i\mathfrak{M}=\mathfrak{P}$. 令有下面的引理.

引理 3.14 在以上的所设下,有 $\mathfrak{P}=D\mathfrak{M}$.

证明 易知 $\mathfrak{P}\supseteq D\mathfrak{M}$. 设 $x\in\mathfrak{P}$,于是 $w_i(x)=\alpha_i\in\Gamma'_i,\alpha_i>0,i=1,\cdots,g$. 在 Γ 中选一 $\gamma>0$,使得有 $\gamma<\alpha_i(i=1,\cdots,g)$. 令 $y\in\mathfrak{M},v(y)=\gamma$,于是 $w_i\left(\frac{x}{y}\right)>0,i=1,\cdots,g$. 从而 $\frac{x}{y}\in D$,以及 $x\in D\mathfrak{M}$,因此得到 $\mathfrak{P}=D\mathfrak{M}$. □

又由环论知 $D/\mathfrak{P}=H_1/\mathfrak{P}\oplus\cdots\oplus H_g/\mathfrak{P}$,其中每个 $H_i/\mathfrak{P}$ 和 $D/\mathfrak{P}$ 均可作为 $\mathfrak{f}=A/\mathfrak{M}$ 上的向量空间. 为证明 $D/\mathfrak{P}$ 在 $\mathfrak{f}$ 上的维数小于或等于 $\sum_{i=1}^{g}e_if_i$,只须就 $\{H_i/\mathfrak{P}\}_i$ 其中之任何一个 $H_i/\mathfrak{P}$ 证明它在 $\mathfrak{f}$ 上的维数小于或等于 e_if_i 即可 $(i=1,\cdots,g)$. 今取 $H_1/\mathfrak{P}$ 为例. 由于 $H_1/\mathfrak{P}$ 的子空间与 H_1 中包含 $\mathfrak{P}$ 的 A-子模成一一对应,故可就 H_1 这种 A-子模来考虑. 今以 L_1 记值群 Γ'_1 中由 O 与满足 $\alpha<\gamma$ 的正元 α 所成的子集,此处 γ 遍取 Γ 中所有的正元. 首先有下面的引理.

引理 3.15 设 $x\in H_1$,$w_1(x)\in L_1$,当且仅当 $x\notin\mathfrak{P}$.

证明 若 $x\in\mathfrak{P}=D\mathfrak{M}$,则有某个 $y\in\mathfrak{M}$,使得 $w_1(x)\geqslant v(y)=\gamma>0$,从而 $w_1(x)\notin L_1$,反之,若 $x\in H_1,w_1(x)\notin L_1$,则对某个 $y\in\mathfrak{M}$,有 $w_1(x)\geqslant v(y)$,从而

$$x=\frac{x}{y}\cdot y\in(B_1\mathfrak{M}\cap H_1)\subsetneqq D\mathfrak{M}=\mathfrak{P}$$

□

设 $\alpha_1,\alpha_2\in L_1,\alpha_2>\alpha_1$. 若 $\alpha_2-\alpha_1=\gamma_1\in\Gamma^+$,则有 $\alpha_1+\Gamma=\alpha_2+\Gamma$,从而 $0<\alpha_2-\alpha_1<\alpha_2\not<\gamma_1$,矛盾! 因此 L_1 中不同的元不属于 Γ'_1 关于 Γ 的同一旁集. 由于 Γ'_1 关于 Γ 的旁集数为分歧指数 $e_1=(\Gamma'_1:\Gamma)$,故 L_1 所含元的个数至多为 e_1. 从上述引理得知,若 M 是 H_1 中一个包含 $\mathfrak{P}$ 的 A-子模,则 M 中关于 w_1 所取的最小值即为 L_1 中之一元,记以 $w_1(M)$. 今将 L_1 中的元按大小顺序排列如下

$$0=\alpha_1<\alpha_2<\cdots<\alpha_s,s\leqslant e_1$$

对应于每个 α_i 作 $M_i=\{x=H_1 \mid w_i(x)\geqslant\alpha_i\}$. 显然,它们是 H_1 中包含 $\mathfrak{P}$ 在内的 $A-$子模. 据以上关于 α_i 的排列,今有

$$B_1=M_1\supsetneqq M_2\supsetneqq\cdots\supsetneqq M_s\supsetneqq M_{s+1}=\mathfrak{P}$$

为证明 $\dim H_1/\mathfrak{P}\leqslant e_1f_1$,只须对 H_1 中相邻的 $M_i\supsetneqq M_{i+1}$ 证明商空间

$$M_i/M_{i+1}\simeq(M_i/\mathfrak{P})/(M_{i+1}/\mathfrak{P})$$

关于 $A/\mathfrak{P}$ 的维数小于或等于 f_i. 设 M_i 中有 f_1+1 个元 $x_1,\cdots,x_{f_1+1}$ 以及 A 中不全属于 $\mathfrak{M}$ 的元,$a_1,\cdots,a_{f_1+1}$,使得

$$a_1x_1+\cdots+a_{f_1+1}x_{f_1+1}\in M_{i+1}$$

令 $y\in M_{i+1}$ 并且有最小值 $w_1(y)=\alpha_{i+1}=w_1(M_{i+1})$. 作 $z_i=\dfrac{x_i}{y}$,于是每个 $z_i\in B,i=1,\cdots,f_1+1$. 由于$[B_1/\mathfrak{M}:A/\mathfrak{M}]=f_1$,故 $w_1(a_1z_1+\cdots+a_{f_1+1}z_{f_1+1})>0$,即

$$w_1(a_1x_1+\cdots+a_{f_1+1}x_{f_1+1})>w_1(y)=\alpha_{i+1}$$

这表明

$$a_1x_1+\cdots+a_{f_1+1}x_{f_1+1}\in M_{i+1}$$

因此应有

$$\dim M_i/M_{i+1}=[M_i:M_{i+1}]\leqslant f_1$$

又由于

$$\begin{aligned}H_1/\mathfrak{P}&=(M_1/\mathfrak{P})/(M_2/\mathfrak{P})\oplus\cdots\oplus(M_s/\mathfrak{P})/(M_{s+1}/\mathfrak{P})\\&\simeq M_1/M_2\oplus\cdots\oplus M_s/M_{s+1}\end{aligned}$$

$$\begin{aligned}\dim H_1/\mathfrak{P}=[H_1/\mathfrak{P}:A/\mathfrak{M}]&=\sum_{i=1}^{s}\dim M_i/M_{i+1}\\&=\sum_{i=1}^{s}[M_i:M_{i+1}]\leqslant sf_1\leqslant e_1f_1\end{aligned}$$

按 $D/\mathfrak{P}=H_1/\mathfrak{P}\oplus\cdots\oplus H_g/\mathfrak{P}$,依上面的方式对每个 $H_i/\mathfrak{P}$ 求其 $\dim H_i/\mathfrak{P}$,则可得

$$\dim H_i/\mathfrak{P}\leqslant e_if_i$$

因此

$$[D/\mathfrak{P}:A/\mathfrak{M}]=\sum_{i=1}^{g}\dim H_i/\mathfrak{P}\leqslant\sum_{i=1}^{g}e_if_i$$

另一方面,由命题 3.13 结合定理 3.11 可得

$$\sum_{i=1}^{g}e_if_i=[L:K]=[D/\mathfrak{P}:A/\mathfrak{M}]\leqslant\sum_{i=1}^{g}e_if_i$$

这就证明了以下的定理.

定理 3.16 设 L/K 为有限扩张，$[L:K]=n$；v 为 K 上赋值，以 $(A,\mathfrak{M})$ 为其赋值时. 令 $w_1,\cdots,w_g$ 为 v 在 L 上的全部拓展，w_i 的赋值对为 $(B_i,\mathfrak{N}_i)$. w_i 关于 v 的分歧指数和剩余次数分别为 $e_i,f_i,i=1,\cdots,g$. 又记 $D=I_L(A)$，若 D 是有限 A－模，则有等式 $\sum_{i=1}^{g}e_if_i=n$ 成立，换言之，v 在 L 上是无亏损的. □

上述定理是等式 $\sum_{i=1}^{g}e_if_i=n$ 成立的一个充分条件，但在一种特殊情况下，它的逆理也能成立. 今有下面的定理.

定理 3.17 设 v 是 K 的一个一阶离散赋值，$(A,\mathfrak{M})$ 为其赋值对，L/K 为有限扩张，$[L:K]=n$. 又设 $w_1,\cdots,w_g$ 为 v 在 L 上的全部拓展；e_i,f_i，分别为 w_i 关于 v 的分歧指数和剩余次数 $i=1,\cdots,g$. 若等式 $\sum_{i=1}^{g}e_if_i=n$ 成立，则 A 在 L 中整闭包 $D=I_L(A)$ 是个有限 A－模.

证明① 由所设，v 的值群 $\Gamma\simeq\mathbf{Z}$，不妨径设为整数加群 $\mathbf{Z}$；Γ'_i 关于 Γ 的旁集由 $\alpha_{is}=\dfrac{s-1}{e_i}$，$s=1,\cdots,e_i$ 给出. 由于 $w_1,\cdots,w_g$ 是两两独立的，由定理 2.46，可在 L 中取 x_{is}，$i=1,\cdots,g$，$s=1,\cdots,e_i$，使得有

$$\begin{aligned} &w_i(x_{is})=\alpha_{is}\\ &w_j(x_{is})>\max\{\alpha_{11},\alpha_{12},\cdots,\alpha_{21},\alpha_{22},\cdots,\alpha_{ge_g}\}\quad(j\neq i)\end{aligned}\tag{14}$$

另一方面，在 L 中取一组元 u_{it}，使得 $\overline{u_{it}}=u_{it}+\mathfrak{N}_i$ 为剩余域 $B_i/\mathfrak{N}$ 关于 $A/\mathfrak{M}$ 的一组基，$t=1,\cdots,f_i$. 对此，又在 L 中取一组相应的 y_{it}，$t=1,\cdots,f_i$，满足下列关系

$$\begin{aligned} &w_i(y_{it}-u_{it})>0\\ &w_j(y_{it})>0\quad(j\neq i)\end{aligned}\tag{15}$$

现在来证明这样选出的 $\sum_{i=1}^{g}e_if_i$ 个元 $x_{is_i}y_{it_i}$ $(i=1,\cdots,g,s_i=1,\cdots,e_i,t_i=1,\cdots,f_i)$ 在 K 上是线性无关的. 固若不然，设

$$\sum_{i=1}^{g}\sum_{s_i=1}^{e_i}\sum_{t_i=1}^{f_i}a_{is_it_i}x_{is_i}y_{is_i}=0\tag{$*$}$$

不失一般性，取 $a_{is_it_i}\in A$，且不全为 0，其中至少有一个是 A 中单位，设 $v(a_{111})=0$. 令

① 见本章参考文献[8]，63，64 页.

$$z_s = (\sum_{i=1}^{f_1} a_{1st} y_{1t}) x_{1s} \quad (s = 1, \cdots, e_1) \tag{16}$$

先来证 $w_1(\sum_{i=1}^{f_1} a_{1st} y_{1t}) \in \Gamma$，不失一般性，设 $v(a_{1s1})$ 为系数中之最小值. 于是 $\sum_{i=1}^{f_1} a_{1st} y_{1t} = a_{1s1}(\sum_{i=1}^{f_1} b_{1st} y_{1t})$，其中 $b_{1s1} = 1, b_{1st} \in A$. 由式(15)知 $\sum_{i=1}^{f_1} b_{1st} y_{1t}$ 关于 w_1 的剩余类不等于 $\bar{0}$，故 $w_1(\sum_{i=1}^{f_1} b_{1st} y_{1t}) = 0$，从而

$$w_1(\sum_{i=1}^{f_1} a_{1s1} y_{1t}) = v(a_{1s1}) + w_1(\sum_{i=1}^{f_1} b_{1st} y_{1t}) \in \Gamma$$

由此可知 $w_1(z_s)$ 属于 Γ'_1 中的 α_{1s} 所定的旁集，$w_1(z_1), \cdots, w_1(z_{e_1})$ 是 Γ'_1 中关于 Γ 的不同旁集. 从而有

$$w_1(z_1 + \cdots + z_{e_1}) = \min\{w_1(z_1), \cdots, w_1(z_{e_1})\}$$

又因为 $v(a_{111}) = 0$，故按以上所示知 $w_1(\sum_{i=1}^{f_1} a_{1st} y_{1t}) = 0$. 由此得到 $w_1(z_1) = \alpha_{11}$，从而 $w_1(z_1 + \cdots + z_{e_1}) \leqslant \alpha_{11}$，即

$$w_1(\sum_{s_1=1}^{e_1} \sum_{t_1=1}^{f_1} a_{1s_1t_1} x_{1s_1} y_{1t_1}) \leqslant \alpha_{11} < 1 \tag{17}$$

另一方面，由式(14)与(15)的第二式知

$$w_1(\sum_{i=2}^{g} \sum_{s_i=1}^{e_i} \sum_{t_i=1}^{f_i} a_{is_it_i} x_{is_i} y_{it_i}) > \alpha_{11}$$

因此有

$$w_1(\sum_{i=1}^{g} \sum_{s_i=1}^{e_i} \sum_{t_i=1}^{f_i} a_{is_it_i} x_{is_i} y_{it_i}) \leqslant \alpha_{11} < 1 \tag{18}$$

故式(*)不能成立. 这就证明了 $\sum_{i=1}^{g} e_i f_i = n$ 个元 $x_{is_i} y_{it_i}$ 在 K 上是线性无关的.

其次来证明 D 是由 n 个元 $x_{is_i} y_{it_i}$ 生成的 A — 模. 今设

$$y^* = \sum_{i=1}^{g} \sum_{s_i=1}^{e_i} \sum_{t_i=1}^{f_i} b_{is_it_i} x_{is_i} y_{it_i} \in D$$

在上式中令系数 $b_{1\sigma}$ 有最小值 $v(b_{1\sigma})$，于是以 $b = b_{1\sigma}$ 除每个系数后，将上式改写如下

$$y^* = b \sum_{i=1}^{g} \sum_{s_i=1}^{e_i} \sum_{t_i=1}^{f_i} a_{is_it_i} x_{is_i} y_{it_i}$$

其中每个 $a_{is_it_i}\in A$，并且至少有一个是 A 中单位. 对于

$$z^*=\sum_{i=1}^{g}\sum_{s_i=1}^{e_i}\sum_{t_i=1}^{f_i}a_{is_it_i}x_{is_i}y_{it_i}$$

由于式(17)(18)知

$$w_1(z^*)\leqslant\alpha_{11}<1$$

从而

$$w_1(y^*)=v(b)+w_1(z^*)\geqslant 0$$

由于 $w_1(z^*)<1$，故 $v(b)$ 不能为负整数. 这就证明 y^* 中每个系数均属于 A. 由于 y^* 为 D 中任一元，故 D 是 $x_{is_i}y_{it_i}$ 生成的 A－模. 定理即告证明. □

当 v 为一阶离散赋值，L/K 又是有限可分扩张时，定理 1.42 已证明等式 $\sum_{i=1}^{g}e_if_i=n$ 成立. 结合上述定理，知 v 的赋值环 A 在 L 中的整闭包是个有限生成的 A－模.

对于一阶的非离散赋值 v，如果它满足定理 3.16 中的条件，等式 $\sum_{i=1}^{g}e_if_i=n$ 自然是成立的. 然而，也有不同于离散赋值的一种特款，今阐述如下：

命题 3.18 设 v 是 K 上一个一阶非离散赋值，$(A,\mathfrak{M})$ 为其赋值对. L/K 为有限扩张，$[L:K]=n$；又设 A 在 L 内的整闭包 D 是有限 A－模，于是有等式 $\sum_{i=1}^{g}f_i=n$ 成立；f_i 的意义同前.

证明 设 $w_1,\cdots,w_g$ 是 v 在 L 上所有的拓展 e_i,f_i 以及其他符号的含义均同于定理 3.16 的证明. 不失一般性，今往证 $e_1=1$. 设若 $e_1>1,0<s\leqslant e_1$，以及 $0<\alpha_s\in\Gamma'_1$；又任取 $0<\beta_i\in\Gamma'_i,i=2,\cdots,g$. 按 $w_1,\cdots,w_g$ 是两两独立的赋值，据定理 2.47，有 $x\in L$ 满足

$$w_1(x)=\alpha_s$$
$$w_i(x)=\beta_i\quad(i=2,\cdots,g)$$

从而 $x\in H_1$. 由所设 Γ 中无最小的正元，故可选取 $0<\gamma\in\Gamma$，使有 $\gamma<\{\alpha_s;\beta_i,i=2,\cdots,g\}$ 以及 $a\in A,v(a)=\gamma$. 于是有 $w_i\left(\frac{x}{a}\right)>0,i=1,\cdots,g$，因此 $\frac{x}{a}\in D$，以及 $x=\left(\frac{x}{a}\right)a\in Da\subsetneqq D\mathfrak{M}=\mathfrak{P}$. 按引理 3.15，应有 $x\notin H_1$，矛盾！这就证明了 $e_1=1$. 同样可以证明 $e_2=\cdots=e_g=1$，命题即告成立.

3.5　一个扩张问题

设(K,v)是个赋值域,Γ和$\mathfrak{f}$分别是v的值群和剩余域,又以$D(\Gamma)$记Γ的除闭包.今有问题如下:对于$D(\Gamma)$中任一关于Γ的指数为有限的扩群Γ';以及$\mathfrak{f}$上一有限扩张$\mathfrak{f}'$,能否做出K的一个可分代数扩张,使得v在其上唯一的拓展,它以Γ'为值群,及以$\mathfrak{f}'$为剩余域?本节将对此给出一个正面的解答.现在先证明以下诸引理.

引理3.19　设Γ'是Γ上有限生成的序群,包含在$D(\Gamma)$内.于是有K的一个可分代数扩张L,使得v在其上有唯一的拓展w,它以Γ'为值群,以v的剩余域$\mathfrak{f}$为其剩余域.

证明　先就Γ'为Γ和一个元λ生成的序群来考虑.设n是使$n\lambda=\xi\in\Gamma$的最小正整数.令$a\in K$,有$v(a)=\xi$.在K的代数闭包内取X^n-a的一个零点t.设$L=K(t)$,w为v在L上的一个拓展,以及$w(t)=\lambda$.首先,X^n-a在K上是不可约的.因若不然,则必有如下的关系

$$t^m+\sum_{i=0}^{m-1}a_it^i=0$$

其中$1\leqslant m<n,a_i\in K$.于是有$w(a_it^i)=w(a_jt^j),i<j$.由此得到$v(a_i)+iw(t)=v(a_j)+jw(t)$.从而有

$$(j-i)w(t)=(j-i)\lambda=v(a_i)-v(a_j)\in\Gamma$$

但$j-i<n$,与所设矛盾!因此X^n-a在K上为不可约,从而$[L:K]=n$.又按Γ'的生成,知有$(\Gamma':\Gamma)=n$.据基本不等式,v在L上只有唯一的拓展.这就证明了w是v在L上的唯一拓展,而且w的剩余域只能是$\mathfrak{f}$.

其次,考虑L/K是否为可分扩张.若K的特征数$p\neq 0$,但$p\nmid n$,则X^n-a就是个可分多项式.此时L/K可分代数扩张,结论即告成立.若$p\mid n$,则X^n-a是个不可分多项式.因此,不能以它的零点来构成L,对此,应考虑如下的多项式

$$X^n-cX^{n-1}-a$$

其中$c\in K$且$c\neq 0$,并且要求$nv(c)>v(a)$.这是个可分多项式.令t_1是它的一个零点,并且设$w(t_1)=\lambda$.若$w(t_1^n)=w(t_1^{n-1})$,则有

$$nw(t_1)=v(c)+(n-1)w(t_1)$$

从而$w(t_1)=v(c)$,$nw(t_1)=\xi=nv(c)>v(a)$,即$\xi>v(a)=\xi$,矛盾!又若

$w(ct_1^{n-1})=v(a)$，则有

$$v(c)+(n-1)w(t_1)=v(a)$$

从而有 $nv(c)+(n-1)\xi=nv(a)=n\xi$，即 $nv(c)=\xi=v(a)$ 而与所设 $nv(c)>v(a)$ 相悖. 因此只能有 $nw(t_1)=v(a)=\xi$. 这表明 v 在可分扩张 $L=K(t_1)$ 上的拓展 w 有值群 Γ'. 由 $[L:K]=n=[\Gamma':\Gamma]$，再据基本不等式即知 w 的剩余域为 $\mathfrak{f}$. 引理在这一情况下得以成立. 至于 Γ' 是由有限多个元在 Γ 上生成的序群，可按上述证明步骤逐次进行即可构成一个满足引理要求的可分扩张，以及 v 在其上的唯一拓展. 证明即告完成. □

在给出与上述引理相应的结论之前，先来证明一个较弱的结论：

引理 3.20 符号意义同前. 设 $\mathfrak{f}'$ 是 $\mathfrak{f}$ 上一有限扩张. 于是有 K 的有限扩张 L，使得 v 在 L 上有唯一的拓展 w，它与 v 有相同的值群 Γ，并且以 $\mathfrak{f}'$ 为其剩余域.

证明 不失一般性，令 $\mathfrak{f}'=\mathfrak{f}[\alpha]$，$\alpha$ 在 $\mathfrak{f}$ 上所适合的最小多项式为 $\bar{f}(X)$，其首项系数为 $\bar{1}$. 在 $A[X]$ 中取首项系数为 1 的多项式 $f(X)$，使得它在正规同态下的象为 $\bar{f}(X)$. 由于 $\bar{f}(X)$ 在 $\mathfrak{f}$ 上是不可约的多项式，故 $f(X)$ 在 K 上也不可约. 令 $L=K(t)$，t 为 $f(X)$ 的一个零点，并且有 $\bar{t}=t+\mathfrak{M}=\alpha$. 设 w 是 v 在 L 上一个拓展，以 B 为其赋值环. 由于 $f(X)\in A[X]\subsetneqq B[X]$，故 $t\in B$. 又按

$$\bar{f}(\bar{t})=\overline{f(t)}=\bar{f}(\alpha)=0$$

故有同构 $\mathfrak{f}[\bar{t}]\simeq\mathfrak{f}[\alpha]=\mathfrak{f}'$. 从而有

$$[\mathfrak{f}':\mathfrak{f}]=[\mathfrak{f}[\alpha]:\mathfrak{f}]=\deg\bar{f}=\deg f=[L:K]$$

再由基本不等式即知 w 为 v 在 L 上唯一的拓展，且以 Γ 与 $\mathfrak{f}'$ 分别为其值群和剩余域，证毕. □

在第 1 章中曾就一阶赋值引进过非分岐扩张，此一概念同样可用任意阶的情形. 上述引理中所得的 (L,w) 与 (K,v) 有相同的值群，即 $e(w/v)=1$，如果又有 $\mathfrak{f}'/\mathfrak{f}$ 为可分扩张，则称 (L,w) 是 (K,v) 上的非分岐扩张，但并不要求 L/K 也是可分扩张. 不过，在 $\mathfrak{f}'/\mathfrak{f}$ 为有限可分的前设下，引理 3.20 的结论可以强化，即使得 L/K 也是可分扩张. 为此目的，先引入一个以后还将用到的概念.

设 (K,v) 为赋值域，Γ 是 v 的值群. 前在 1.3 节中曾对一阶赋值域 (K,v) 上的有理函数域 $K(X)$ 用 v 来规定它的一个赋值 v^*，此一规定同样适用于任意阶的赋值，即对于 $K[X]$ 中任一多项式 $f(X)=a_nX^n+\cdots+a_0$，规定

$$v^*(f(X))=\min_{0\leqslant i\leqslant n}\{v(a_i)\} \tag{19}$$

对于有理函数 $f(X)/g(X)$，则定义

$$v^*(f(X)/g(X))=v^*(f(X))-v^*(g(X))$$

今以 $K_{(n)}[X]$ 记 $K[X]$ 中所有 n 次多项式所成的子集. 对于任一 $f(X)\in K_{(n)}[X]$,以及 v 的值群 Γ 中任一元 δ,今以 $N_\delta(f)$ 记 $K_{(n)}[X]$ 中如下的子集

$$\{g(X)\in K_{(n)}[X]\mid v^*(f(X)-g(X))>\delta\}$$

并称它为 $f(X)$ 的 $\delta-$邻域,今有下面的引理.

引理 3.21 设 $f(X)\in K_{(n)}[X]$ 为首项系数为 1 的任一多项式. 任取 Γ 中一元 δ,在 $f(X)$ 的 $\delta-$邻域 $N_\delta(f)$ 中必有无限多个首项系数为 1 的可分多项式.

证明 设 $f(X)=X^n+a_{n-1}X^{n-1}+\cdots+a_0\in K_{(n)}[X]$. 今任取 n 个关于 K 的代数无关元 $u_0,\cdots,u_{n-1}$,令

$$u(X)=u_{n-1}X^{n-1}+\cdots+u_0$$

于是 $a_0+u_0,\cdots,a_{n-1}+u_{n-1}$ 也是关于 K 的代数无关元,从而 $f(X)+u(X)$ 的判别式 $d_{f+u}=d(u_0,\cdots,u_{n-1})\neq 0$,即 $f(X)+u(X)$ 是个可分多项式. 另一方面,对于每个 $\delta\in\Gamma$,K 的子集

$$S(\delta)=\{b\in K\mid v(b)>\delta\}$$

都是无限集①. 因此可在 $S(\delta)$ 中选取 n 个元$\{b_0,\cdots,b_{n-1}\}$,并以 b_i 代换 u_i 使得 $d(b_0,\cdots,b_{n-1})\neq 0$,从而多项式

$$g(X)=f(X)+u_b(X)=X^n+(a_{n-1}+b_{n-1})X^{n-1}+\cdots+(a_0+b_0)$$

的判别式不等式 0,故 $g(X)\in K_{(n)}[X]$ 是个可分多项式,且又满足

$$v^*(f(X)-g(X))=\min_{0\leqslant i\leqslant n-1}\{v(b_i)\}>\delta$$

即 $g(X)\in N_\delta(f)$,证毕. □

据此引理,当引理 3.20 中的 $f(X)\in A[X]$ 不为可分多项式时,取 $\delta>0$. 于是,在 $N_\delta(f)$ 中有可分多项式 $g(X)\in A[X]$. 若 $f(X)$ 是个在 K 上不可约的多项式,从以上的论述易知 $g(X)$ 在 K 上也不可约,从而可用 $g(X)$ 替代 $f(X)$ 做出 K 上的一个有限可分扩张. 这就证明了下面的定理.

定理 3.22 符号的意义如前. 设 $\mathfrak{f}'$ 是 $\mathfrak{f}$ 上一有限可分扩张,于是存在 K 上有限可分扩张 L,使得 v 在 L 上有唯一的拓展 w,它与 v 有共同的值群 Γ,并且以 $\mathfrak{f}'$ 为其剩余域. □

结合引理 3.19 与定理 3.22 可得以下的定理.

定理 3.23 设(K,v) 为一赋值域,Γ,$\mathfrak{f}$ 分别为 v 的值群和剩余域;又设 Γ'

① 因按此前声明,v 是非浅显赋值.

为 $D(\Gamma)$ 中包含 Γ 的序群，它关于 Γ 的旁集数为 e；$\mathfrak{k}'$ 为 $\mathfrak{k}$ 上一有限可分扩张，$[\mathfrak{k}':\mathfrak{k}]=f$. 于是有 K 上有限可分扩张 L 存在，使得 v 在 L 上有唯一的拓展 w，具有 $e(w/v)=e, f(w/v)=f$，并且满足基本等式 $[L:K]=ef$.

推论 符号意义同前. 设 K 上是个可分代数闭域，v 是 K 上一赋值，于是下列诸论断成立：

①v 在 K 的代数扩张上只有唯一的拓展；

②v 的值群是可除群；

③v 的剩余域为可分代数闭域. □

最后还应当指出一个事实：在定理 3.23 中可以仅要求 $\mathfrak{k}'$ 是 $\mathfrak{k}$ 上的一个有限扩张，$[\mathfrak{k}':\mathfrak{k}]=f$；$\Gamma'$ 依旧是 Γ 的扩群，$(\Gamma':\Gamma)=e$；$n=ef$. 于是有 K 上的 n 次可分扩张 L 存在，并满足定理 3.23 中的结论.

3.6 分解群与惯性群；分解域与惯性域

在本节中，N/K 恒设为有限可分正规扩张，以 G 记其自同构群 $\mathrm{Aut}(N/K)$. 设 v 为 K 上一赋值，$(A,\mathfrak{M})$，Γ，$\mathfrak{k}$ 分别为其赋值对、值群与剩余域. 又以 w 记 v 在 N 上的一个拓展，其赋值对、值群与剩余域分别记作 $(B,\mathfrak{N})$，Γ' 与 $\mathfrak{k}'$. 在 3.1 节中已证明 v 在 N 上的其他拓展为 w_σ，$\sigma\in G$；w_σ 的赋值对为 $(\sigma^{-1}B,\sigma^{-1}\mathfrak{N})$. 今在 G 中定义一个子群如下

$$G_Z(w\mid K)=\{\sigma\in G\mid w_\sigma=w\} \tag{20}$$

$G_z(w\mid K)$ 成为 G 的子群至为显然. 按 w_σ 的赋值环为 $\sigma^{-1}B$. 由 $w_\sigma=w$ 知有 $\sigma B=B$，反之，对于 G 中的 $\{\sigma\mid\sigma B=B\}$ 组成的子群 $G_Z(B\mid K)$ 定出的 w_σ 与 w 有相同赋值环，所以是等价的，并且二者有相同的值群 Γ'，因此 $w\cdot w_\sigma^{-1}$ 是 Γ' 的一个保序 $\Gamma-$自同构. 由于 $(\Gamma':\Gamma)$ 是个有限数，故 $w\cdot w_\sigma^{-1}$ 只能是恒同自同构，从而 $w_\sigma=w$. 这又表明 $G_Z(w\mid K)$ 与 $G_Z(B\mid K)$ 实际上是一致的. 今称 $G_Z(w\mid K)$ 为 w(或 B) 关于 K 的分解群. 当 v,w 都已确定时，也可将 $G_Z(w\mid K)$ 或 $G_Z(B\mid K)$ 简记作 G_Z. 上述事实表明，v 在 N 上的拓展个数为 $g=(G:G_Z)$. 又从 $w_\sigma=w$ 可以得知，对于 N 中任一 $x\neq 0$，当 $\sigma\in G_Z(w\mid K)$，均有

$$w(\sigma(x))=w_\sigma(x)=w(x)$$

从而 $\frac{\sigma(x)}{x}$ 在 (N,w) 的剩余域 $\mathfrak{k}'$ 中是不等于 $\bar{0}$ 的元. 对此，将在以后作进一步的讨论.

今再定义 G 中另一个子群. w,B 的意义同前. 令

$$G_T(w \mid K)=\{\sigma \in G \mid \sigma(x)-x \in \mathfrak{R}, \forall x \in B\} \tag{21}$$

命题3.24 在以上的符号意义下,$G_T(w \mid K)$ 是 $G_Z(w \mid K)$ 的一个正规子群.

证明 设 $\tau \in G_T(w \mid K)$. 由规定知对任一 $x \in B$ 均有 $\tau(x) \in B$,故 $\tau(B) \subseteq B$. $\tau(B)$ 为 w_τ^{-1} 的赋值环,w_τ^{-1} 又是 v 在 N 上的拓展,它与 w 是不可序的,故应有 $\tau B=B$. 因此

$$\tau \in G_Z(B \mid K)=G(w \mid K)$$

从而

$$G_T(w \mid K) \subseteq G_Z(w \mid K)$$

又由于 $\tau^{-1} \in G_Z(w \mid K)$,对任一 $x \in B$ 有 $\tau^{-1}(x)=y \in B$. 据式(21),有

$$\tau^{-1}(x)-x=y-\tau(y) \in \mathfrak{R}$$

即

$$\tau^{-1} \in G_T(w \mid K)$$

另一方面,若 σ 为 $G_T(w \mid K)$ 中另一元,$y \in B$,则有

$$\begin{aligned}(\sigma \cdot \tau)y-y&=\sigma(x)-y=\sigma(x)-x+x-y\\&=\sigma(x)-x+\tau(y)-y \in \mathfrak{R}+\mathfrak{R}=\mathfrak{R}\end{aligned}$$

故

$$\sigma \cdot \tau \in G_T(w \mid K)$$

这就表明了 $G_T(w \mid K)$ 是 $G_Z(w \mid K)$ 的一个子群. 今将进一步证明它还是 $G_Z(w \mid K)$ 的正规子群. 设 $\tau \in G_T(w \mid K)$,$\theta \in G_Z(w \mid K)$,又令

$$y=\theta(x),\tau(y)-y=z \quad (x \in B)$$

于是

$$\begin{aligned}(\theta^{-1} \cdot \tau \cdot \theta)(x)-x&=(\theta^{-1} \cdot \tau)(\theta(x))-x=(\theta^{-1} \cdot \tau)y-x\\&=\theta^{-1}(\tau(y))-x=\theta^{-1}(y+z)-x\\&=\theta^{-1}(y)+\theta^{-1}(z)-x=x+\theta^{-1}(z)-x\\&=\theta^{-1}(z) \in \theta^{-1}\mathfrak{R}=\mathfrak{R}\end{aligned}$$

这证明了 $\theta^{-1}G_T(w \mid K) \cdot \theta \subseteq G_T(w \mid K)$,故 $G_T(w \mid K)$ 是 $G_Z(w \mid K)$ 的一个正规子群.

今称 $G_T(w \mid K)$ 为 w 关于 K 的惯性群,它也可写作 $G_T(B \mid K)$,在 K,N,v,w 以及 A,B 均确认时,则可简记作 G_T. 对于 G_Z 和 G_T,它们在 N 内和稳定子域分别称为 w(或 B) 在 K 上的分解域和惯性域,并且分别记以 $K_Z(w \mid K)$ 和 $K_T(w \mid K)$;当然,也可记作 $K_Z(B \mid K)$ 和 $K_T(B \mid K)$,或简作 K_Z,K_T. 据命题

3.24,G_T 为 G_Z 的正规子群，因此 K_T 是 K_Z 上的正规扩张，其自同构群 $\mathrm{Aut}(K_T/K_Z)=G_Z/G_T$.

若以 v_z 记 w 在域 K_Z 上的限制，则 w 是 v_Z 在 N 上唯一的拓展. 设 v 在 N 上有 g 个拓展，于是有 $g=(G:G_Z)=[K_Z:K]$.

命题 3.25 在上述符号的意义上，有以下诸论断成立：

① 对任一 $\sigma\in G$，有 $G_Z(\sigma B\mid K)=\sigma\cdot G_Z\cdot\sigma^{-1}$ 及 $G_T(\sigma B\mid K)=\sigma\cdot G_T\cdot\sigma^{-1}$ 成立，从而有 $K_Z(\sigma B\mid K)=\sigma K_Z$，$K_T(\sigma B\mid K)=\sigma K_T$.

② 设 L 为 N/K 的一子域，令

$$G_Z(B\mid L)=G_Z\cap\mathrm{Aut}(N/L)$$

$$G_T(B\mid L)=G_T\cap\mathrm{Aut}(N/L)$$

于是有

$$K_Z(B\mid L)=K_Z\cdot L,K_T(B\mid L)=K_T\cdot L$$[①]

③ 设 N' 为 N/K 的一正规子域，于是有

$$K_Z((B\cap N')\mid K)=K_Z\cap N'$$

$$K_T((B\cap N')\mid K)=K_T\cap N'$$

④ 设$(B,\mathfrak{N})$，$(B',\mathfrak{N}')$ 为 N 中二赋值对，有 $B\subsetneqq B'$，于是

$$G_T(B'\mid K)\subsetneqq G_T(B\mid K)$$

证明 ① 今往证 $G_T(\sigma B\mid K)=\sigma\cdot G_T\cdot\sigma^{-1}$. 令 $\tau\in G_T$，$x\in B$，于是有

$$\sigma\cdot\tau\cdot\sigma^{-1}(\sigma(x))-\sigma(x)=\sigma\cdot\tau(x)-\sigma(x)=\sigma(\tau(x)-x)\in\sigma\mathfrak{N}$$

因此有

$$\sigma\cdot G_T\cdot\sigma^{-1}\subseteq G_T(\sigma B\mid K)$$

反之

$$\sigma^{-1}\cdot G_T(\sigma B\mid K)\cdot\sigma=G_T(B\mid K)\cdot\sigma$$

于是有

$$G_T(\sigma B\mid K)=\sigma\cdot G_T(B\mid K)\cdot\sigma^{-1}$$

至于另一个等式，可经同样的方式予以证明，今从略.

② 设 $\varphi:G_T(B\mid K)\to G_T((B\cap L)\mid K)$ 使 $G_T(B\mid K)$ 中每个元 τ 对应于 $\tau_0=\tau_{B\cap L}$. 显然这是个从 $G_T(B\mid K)$ 到 $G_T((B\cap L)\mid K)$ 的满射同态映射. 它的核显然为 $G_T(B\cap K)=G_T\cap\mathrm{Aut}(N/L)$，因此有 $K_T(B\mid L)=K_T\cdot L$. 用同样的论证可以得到另一个等式.

---

① $K_Z\cdot L(K_T\cdot L)$ 表 N 中包含 $K_Z(K_T)$ 与 L 的最小域.

③ 按典型同态 $\varphi: G \to G' = \mathrm{Aut}(N'/K)$ 是满射的，它的核为 $\mathrm{Aut}(N/N')$. 因此由 φ 诱导出的 φ_Z 是从 G_Z 到 $G_Z((B \cap N') \mid K)$ 的满射同态，它的核为 $G_Z \cap \mathrm{Aut}(N/N')$. 对此取稳定域可得

$$K_Z(B \cap N' \mid K) = K_Z \cap N'$$

④ 设 $\sigma \in G_T(B' \mid K)$. 对任一 $x \in B$ 皆有 $\sigma(x) - x \in \mathfrak{N}' \subsetneqq \mathfrak{N}$，故 $\sigma \in G_T(B \mid K)$，因此 $G_T(B' \mid K) \subsetneqq G_T(B \mid K)$. 命题即告成立. □

由 ④ 又可得知，若$\{B_i\}_i$ 是 N 中一个赋值环按包含关系组成的一个序集，令 $C = \bigcup_i B_i$，则有

$$G_T(C \mid K) = \bigcap_i G_T(B_i \mid K) = \min_i\{G_T(B_i \mid K)\}$$

定理 3.26 符号意义同前. 今有以下诸论断：

① 若以 v_Z 记赋值 w 在 K_Z 上的限制，则 w 是 v_Z 在 N 上的唯一拓展；

② 设 L 是 N 与 K 间的一个中间域，v_L 是 w 在 L 上的限制，于是，v_L 在 N 上只有 w 为其拓展的充要条件是 $L \supseteq K_Z$；

③w 关于 K_T 的分解群和惯性都等于 G_T.

证明 ① 按 v_Z 在 N 上的拓展只有 w_σ，$\sigma \in G$. 对于 $\sigma \notin G_Z$，$w_\sigma \neq w$，因此 w_σ 在 K_Z 上的限制就不是 v_Z，论断 ① 即告成立.

② 按 N/L 为正规扩张，v_L 在 N 上的拓展只有 w_σ，$\sigma \in \mathrm{Aut}(N/L)$. 若 v_L 在 N 上只有 w 为其拓展，则应有 $\mathrm{Aut}(N/L) \subseteq G_Z$，从而 $L \supseteq K_Z$. 因此必要性成立. 反之，若 $L \supseteq K_Z$，根据命题 3.25②，若 $G_Z(B \mid L) = G_Z \cap \mathrm{Aut}(N/L)$. 在 $L \supseteq K_Z$ 的前设下，$G_Z \supseteq \mathrm{Aut}(N/L)$，故 $G_Z(B \mid L) = \mathrm{Aut}(N/L)$，因此 v_L 在 N 上只有唯一的拓展 w，论断 ② 即告成立.

③ 按 $\mathrm{Aut}(N/K_T) = G_T$. 由 $G_Z \supsetneqq G_T$，知 w 关于 K_T 的分解群和惯性群分别是 $G_Z \cap G_T = G_T = G_T \cap G_T$，故论断 ③ 成立. □

从上述定理可知 K_Z 是 N 中使 w 在其上的限制 v_Z 仅有 w 为其拓展的最小域，如果 N/K 不是可分扩张，则应有 $K_{\mathrm{ins}} \subsetneqq K_Z$. 现在来对 K_Z 作进一步的讨论. 今有下面的定理.

定理 3.27 所设如前. 今以 $\mathfrak{f}_Z$，Γ_Z 分别记 v_Z 的剩余域和值群. v 的剩余域及值群仍以 $\mathfrak{f}$，Γ 记之，于是有：

①$f = f(v_Z/v) = 1$，即 $\mathfrak{f}_Z = \mathfrak{f}$；

②$e = e(v_Z/v) = 1$，即 $\Gamma_Z = \Gamma$.

证明 ① 设 ξ 为 $\mathfrak{f}_Z$ 中任一元，$\xi = z + \mathfrak{N}_Z$，其中 $z \in K_Z$，据定理 2.45，有 $x \in \bigcap_{\sigma \in G} B_\sigma \cap K_Z$，满足

$$v_Z(x-z)=w(x-z)>0$$

以及 $w_\sigma(x)>0$ 对所有 $\sigma\in G\backslash G_Z$. x 在 K 上的共轭元为 $x_i=\sigma_i(x)$, $\sigma_i\notin G_Z$. 于是 x 关于 K 的迹为 $y=x+\sum_i x_i\in K$,从而

$$\xi=x\bmod\mathfrak{N}_Z=y+\mathfrak{M}$$

即 $\xi\in\mathfrak{f}$. 这就证明了 $\mathfrak{f}_Z=\mathfrak{f}$,即 $f=f(v_Z/v)=1$,即 ① 成立.

② 欲证 $\Gamma_Z=\Gamma$,将分两部分进行. 先假定 v 在 N 上拓展, $w_1,\cdots,w_g$ 是两两独立的. 按 $\Gamma_Z\supsetneqq\Gamma$,只须验证 Γ_Z 中每个正元均在 Γ 内. 设 $0<\alpha\in\Gamma_Z$. 从所设 $w_1,\cdots,w_g$ 的相互独立性,知它们在 K_Z 上的限制也是两两独立的. 于是按定理 2.47,知有 $x\in K_Z$ 满足 $v_Z(x)=\alpha$, $v_{\sigma_i}(x)=0$,此处 v_{σ_i} 遍取 w_i 在 K_Z 上异于 v_Z 的限制. 与 ① 的证明相同,令 x 关于 K 的共轭元 $x_i=\sigma_i(x)$, $\sigma_i\in G\backslash G_Z$. 于是,由 $w_i(x)=0$ 知 $w_{\sigma_i}(x)=w_i(x)=v_Z(x_i)=v_{\sigma_i}(x)=0$. 因此,对于 x 在 K 上的范数 $y=x\prod x_i$ 有 $v(y)=v_Z(x)+0=\alpha$. 这就证明了 Γ_Z 中正元 $\alpha\in\Gamma$,故 ② 在这一前设下成立. 若 v 为一阶赋值,或者 $g(v)=1$ 结论均已成立.

对于一般的情形,与此前证明基本不等式(定理 3.11) 一样,需对拓展个数 $g(v)$ 使用归纳法. 因此,又要用到赋值的合成.

今设 v 的阶大于 1 以及 $g=g(v)>1$,并且 v 在 N 上的拓展并非两两独立. 在引理 3.12 证明的末段已经指出,此时可作合成赋值 $v=v'\cdot\bar{v}'$,其中 $g(v')=h<g$. 对于 v 的拓展 w 就有相应的合成 $w=w'\cdot\bar{w}'$,其中 w' 是 v' 在 N 上 h 个拓展中的某一个,今以 $G_{Z'}$, $G_{T'}$ 分别表 w' 关于 K 的分解群和惯性群. 由 $\sigma\in G_Z$ 有 $w=w_\sigma$,从而 $w'_\sigma=w'$,即 w 也可由 w'_σ 合成. 这表明了 $G_Z\subsetneqq G_{Z'}$. 另一方面,由 $B\subsetneqq B'$ 及 $\mathfrak{N}\supsetneqq\mathfrak{N}'$,当 $\tau\in G_{T'}$, $x\in B\subsetneqq B'$ 时有 $\tau(x)-x\in\mathfrak{N}'\subsetneqq\mathfrak{N}$. 因此有 $G_{Z'}\supsetneqq G_Z\supsetneqq G_T\supsetneqq G_{T'}$. 与它们相应的稳定域则为

$$K_{Z'}\subsetneqq K_Z\subsetneqq K_T\subsetneqq K_{T'}\tag{22}$$

今以 $v_{Z'}$, v_Z, v_T, $v_{T'}$ 分别记 w 在以上各个稳定域上的限制; w' 在它们上的限制则记以 $v'_{Z'}$, v'_Z, v'_T, $v'_{T'}$. 以上这些赋值的值群分别表作 $\Gamma_{Z'}$, Γ_Z, Γ_T, $\Gamma_{T'}$ 以及 $\Gamma'_{Z'}$, Γ'_Z, Γ'_T, $\Gamma'_{T'}$. 按归纳法前设,此时有 $\Gamma_{v'}=\Gamma'_{Z'}$. 对于 $w=w'\cdot\bar{w}'$ 在 $K_{Z'}$ 上的限制,有

$$v_{Z'}=v'_{Z'}\cdot\bar{v}'_{Z'}$$

$\bar{v}'_{Z'}$ 是 $\bar{w}'$ 在 $v'_{Z'}$ 的剩余域 $\mathfrak{f}'_{Z'}$ 上的限制. 按定理的既证部分 ①,有 $\mathfrak{f}'_{Z'}=\mathfrak{f}_{v'}$,后者为 v' 的剩余域,从而有 $\bar{v}_{Z'}=\bar{v}'$. 设 $\bar{v}'$ 的值群是 H. 结合

$$v_{Z'}=v'_Z\cdot\bar{v}'_{Z'}=v'_{Z'}\cdot\bar{v}' \text{ 与 } \Gamma_{v'}=\Gamma'_{Z'}$$

由 $\Gamma'_{Z'}=\Gamma_{Z'}/H$ 再按 $v=v'\cdot\bar{v}'$ 可知 $\Gamma_{v'}\simeq\Gamma/H$,即 $\Gamma'_{Z'}=\Gamma/H$,故有 $\Gamma=\Gamma_{Z'}$.

因此,只须证明 $\Gamma_Z=\Gamma_{Z'}$. 今以 $K_{Z'}$ 取代K,即设K为w'的分解域,于是 w' 是v'在其上的唯一拓展,从而 $\bar{v}'$ 在 $\mathfrak{f}'_{Z'}$ 上有 g 个拓展. 根据对 v' 的选取,如在定理 3.11 证明的末段所示,这 g 个拓展是两两独立的. 对于合成赋值 $v=v'\cdot\bar{v}'$,令Γ中子群H为$\bar{v}'$的值群,于是v'的值群$\Gamma'\simeq\Gamma/H$. 以同样的方式对于$v_Z=v'_Z\cdot\bar{v}'_Z$. 令 H_Z 是 v_Z 的值群 Γ_Z 中 $\bar{v}'$ 所具有的子群. 按 $\bar{v}'_Z$ 是 $\bar{w}'$ 在 v'_Z 的剩余域 $\mathfrak{f}'_Z$ 上的限制. 故有 $H=H_Z\cap\Gamma$. 又由 $v_Z=v'_Z\cdot\bar{v}'_Z$ 知 $\Gamma'_Z=\Gamma_Z/H_Z$. 已知 $\Gamma'=\Gamma'_Z=\Gamma/H$, 于是有 $\Gamma/H=\Gamma_Z/H_Z$. 因此,欲得 $\Gamma=\Gamma_Z$,只须证得 $H=H_Z$.

上面指出 $\bar{v}'$ 在 w' 和剩余域上的拓展是两两独立的,从而 $\bar{v}'$ 在 v'_Z 的剩余域上的拓展也是两两独立的. 因此,对 H_Z 中任一给定的正元α 可在 $\mathfrak{f}'_Z$ 中取元 $\bar{x}$ 使得$\bar{v}'_Z(\bar{x})=\alpha$,而对$\bar{v}'$ 在 $\mathfrak{f}'_Z$ 上其他的拓展$\bar{v}''_Z$ 有$\bar{v}''_Z(\bar{x})=\bar{0}$. 今设 $x\in K_Z$,它以 $\bar{x}$ 为关于v'_Z 的剩余类. 于是有 $v_Z(x)=\alpha$ 以及 $v_1(x)=0$,此处 v_1 遍取 v 在 K_Z 上的其他拓展. 若令 $y=N_{K_Z/K}(x)$,则有 $v(y)=\alpha$. 这就证明了 $H=H_Z$,从而有 $\Gamma=\Gamma_Z$. 定理的 ② 即告证明. □

在 1.2 节中我们曾称一阶赋值的完全域为该赋值的紧接扩张,这是由于它们具有相同的值群与剩余域. 此一情况也可见于任意阶的赋值域. 今举一特款如下:

命题 3.28 设(L,w)为一赋值域,$(B,\mathfrak{N})$为其赋值时. 由 w 给出L 上一拓扑 J_w,于是 L 成一拓扑域,记以 L_w. 设 K 为 L 的一子域,w 在其上所定的赋值 v,其赋值对$(A,\mathfrak{M})$ 由 $A=K\cap B$,$\mathfrak{M}=A\cap\mathfrak{N}$ 所定. 若 K 在 L_w 中是稠密的,则(L,w) 与(K,v) 有相同的值群和剩余域(不计同构).

证明 设 y 是 B 中任一单位元,则 $y+\mathfrak{N}$ 是 J_w 的一开集. 按所设,$(y+\mathfrak{N})\cap K$ 是非空的,故有 $x\in(y+\mathfrak{N})\cap K$,从而 $y-x\in\mathfrak{N}$. 这表明了 B 与 A 有相同的剩余域.

对于 L 中任一 $y\neq 0$,由于 B 的单位元所成的集 $\cup_B$ 是 J_w 中的开集,从而 $y\cup_B\cap K$ 也非空集. 因此 v 与 w 有相同的值群. □

定义 3.29 设(L,w) 是赋值域(K,v) 的一个赋值扩张. 若(L,w) 与(K,v) 有相同的值群和剩余域,即 $e(w/v)=1$,$f(w/v)=1$ 成立,则称(L,w) 是(K,v) 的一个紧接扩张.

据此定义,结合上述定理即知(K_Z,v_Z) 是(K,v) 的一个紧接扩张. 由于e与 f 都具有可乘性,故紧接扩张是有传递性的,具体而言,若$(K,v)\subsetneq(L_1,v_1)\subsetneq(L_2,v_2)$,其中 $K\subseteq L_1\subseteq L_2$;$v_1$,$v_2$ 分别是 v,v_1 的拓展. 若(L_1,v_1) 为(K,v) 的紧接扩张;(L_2,v_2) 为(L_1,v_1) 的紧接扩张,则(L_2,v_2) 是(K,v) 的紧接扩张. 另

一方面,当(L_2,v_2)为(K,v)的紧接扩张时,(L_1,v_1)自然也是(K,v)的紧接扩张. 因此,从上述定理可知,对于$L \subseteq K_Z$以及v_Z在L上的限制v_L,赋值域(L, v_L)必然是(K,v)的紧接扩张.

以上的结论在(K_Z,v_Z)适合一定的条件下是可以逆转的. 今有下面的命题.

命题 3.30 设(K,v),(K_Z,v_Z),(N,w)如前. L为K与N间的一子域,w在其上的限制为v_L. 若(L,v_L)是(K,v)的一个紧接扩张,以及v_Z在N内是无亏损的,则有$L \subseteq K_Z$.

证明 令$L_Z = K_Z(B \mid L) = K_Z \cdot L$. 据定理 3.27,$v_Z$的值群和剩余域分别等于$v$的值群和剩余域$\mathfrak{k}$. 今以$v'_L$表$w$在$L_Z$上的限制. 由$L_Z = K_Z \cdot L$可知$v'_L$的值群和剩余域分别等于$v_L$的值群和剩余域. 因此$(L_Z, v'_L)$是$(L,v_L)$的紧接扩张. 按所设,$(L_Z,v'_L)$又是$(K,v)$的紧接扩张. 假若$L \supseteq K_Z$,则$L_Z \supseteq K_Z$. 从而$(L_Z,v'_L)$也是$(K_Z,v_Z)$的紧接扩张. 按所设$v_Z$在$N$中是无亏损的. 从而有

$$[L_Z : K_Z] = e(v'_L/v_Z)f(v'_L/v_Z) = 1$$

这表明$K_Z = L_Z = K_Z \cdot L$,从而$K_Z \supseteq L$,因此在命题的所设下,只能是$L \subseteq K_Z$.

□

从以上所论知K_T是K_Z上的正规扩张,其自同构群为$\mathrm{Aut}(K_T/K_Z) = G_T/G_Z$. 今将对$K_T/K_Z$作进一步的讨论.

命题 3.31 在本节的所设下,$\mathfrak{k}'$,$\mathfrak{k}$的含义同前. 于是有$\mathfrak{k}'/\mathfrak{k}$为一正规扩张,并且$\mathrm{Aut}(\mathfrak{k}'/\mathfrak{k}) \simeq G_T/G_Z$.

证明 在本节的所设下,$\mathfrak{k}'/\mathfrak{k}$是个有限扩张. 现在来证明它又是正规扩张. 设$\xi \in \mathfrak{k}'$为任一非零元,且为$B$中元$z$的剩余类. 据定理 2.45,存在$x \in N$满足$w(x-z) > 0$,又对于$v$在$N$上其他的$g-1$个拓展$w_\sigma$均有$w_\sigma(x) > 0$. 设$x$在$K$上满足的最小多项式为

$$f(X) = X^n + a_{n-1}X^{n-1} + \cdots + a_0$$

由于N/K是正规扩张,故$f(X)=0$的所有零点$x_1(=x), x_2, \cdots, x_n$全属于$N$. 对每个$x_j$有$\sigma_j \in G$,使得$x_j = \sigma_j(x)$. 按上述有$w_{\sigma_j}(x) = w(x_j) > 0$,这表明每个$x_j \in B$,从而$f(X)$的系数$a_i \in B \cap K = A$, $i = 0, \cdots, n-1$. 将$f(X)$的系数取关于v的剩余类,即有

$$\overline{f}(X) = X^n + \overline{a}_{n-1}X^{n-1} + \cdots + \overline{a}_0 \quad (\overline{a}_i \in \mathfrak{k})$$

ξ是$\overline{f}(X)=0$的一个零点,其余的零点均为ξ的共轭元,且属于$\mathfrak{k}'$. 这就证明了$\mathfrak{k}'$是$\mathfrak{k}$上的正规扩张,但并不一定是可分的.

其次来考虑 $\mathfrak{k}'/\mathfrak{k}$ 的自同构群 $\mathrm{Aut}(\mathfrak{k}'/\mathfrak{k})$. 首先证明对每个 $\sigma \in G_Z$ 均可定出 $\mathrm{Aut}(\mathfrak{k}'/\mathfrak{k})$ 的一元. 设 $\xi \in \mathfrak{k}'$，它是 w 的赋值环 B 中元 z 的剩余类，于是有 $\sigma(z) \in B$. 若另有 $z' \in B$ 其剩余类也是 ξ,则 $z-z' \in \mathfrak{R}$. 由此又有 $\sigma(z)-\sigma(z') \in \mathfrak{R}$. 这表明对于所给的 ξ,$\sigma(\xi)$ 只与 ξ 有关,因此可用 $\bar{\sigma}(\xi)$ 来记由 $\sigma(\xi)$ 所确定的剩余类. 不难验知映射 $\bar{\sigma}:\xi \to \bar{\sigma}(\xi)$ 是 $\mathfrak{k}'$ 的一个自同构. 对于 A 中任一元 a，有 $\sigma(a)=a$. 因此，若 $\xi \in \mathfrak{k}$，则 $\bar{\sigma}(\xi)=\xi$. 这表明 $\bar{\sigma} \in \mathrm{Aut}(\mathfrak{k}'/\mathfrak{k})$. 映射 $\psi:\sigma \to \bar{\sigma}$ 显然是从 G_Z 到 $\mathrm{Aut}(\mathfrak{k}'/\mathfrak{k})$ 的自然同态. ψ 的核是 G_Z 中所有的对应于 $\mathrm{Aut}(\mathfrak{k}'/\mathfrak{k})$ 中恒同同构的 τ 所成的子群，即对任一 $x \in B$，均有 $\tau(x)-x \in \mathfrak{R}$. 这表明 ψ 的核是 G_T.

最后要证明的是映射 ψ 为从 G_Z 到 $\mathrm{Aut}(\mathfrak{k}'/\mathfrak{k})$ 的满同态. 今在 $\mathfrak{k}'$ 中取 $\mathfrak{k}$ 上最大可分子域 $\mathfrak{k}_0$. 此时 $\mathfrak{k}_0/\mathfrak{k}$ 是个单扩张，取 ξ 为它的本原元. 令 ξ' 为 ξ 的一个共轭元. 按 $\mathfrak{k}_0/\mathfrak{k}$ 为有限正规扩张，ξ' 为 B 中某个 x' 关于 w 的剩余类，并且有 $\sigma \in G$ 使得 $x'=\sigma(x)$，于是应有 $w_\sigma(x)=w(x')=0$. 但按以上所述，对于 $w_\sigma \neq w$ 均有 $w_\sigma(x)>0$，因此从 $w_\sigma(x)=0$ 应有 $w_\sigma=w$，即 $\sigma \in G_Z$. 由此可知 ξ 的每一共轭元 ξ' 皆可表如形式 $\bar{\sigma}(\xi)$，$\bar{\sigma}$ 的规定是由 $\sigma \in G_Z$ 给出. 从而 $\psi:\sigma \to \bar{\sigma}$ 是个从 G_Z 到 $\mathrm{Aut}(\mathfrak{k}_0/\mathfrak{k})$ 以 G_T 为核的满同态. 另一方面，$\mathfrak{k}'/\mathfrak{k}_0$ 是纯不可分扩张，因此 ψ 也就成为从 G_Z/G_T 到 $\mathrm{Aut}(\mathfrak{k}'/\mathfrak{k})$ 的同构映射. 证明即告完成. □

在上述命题的证明中曾要求在正规扩张 $\mathfrak{k}'/\mathfrak{k}$ 中取一个最大可分子域 $\mathfrak{k}_0$. 这也等同于在 $\mathfrak{k}'$ 中取一个最小的子域 $\mathfrak{k}_0$，使得 $\mathfrak{k}'/\mathfrak{k}_0$ 成为纯不可分扩张，而 $\mathfrak{k}'/\mathfrak{k}_0$ 为正规可分扩张. 这个 $\mathfrak{k}_0$ 实际上不难从既证的事实得出一个预期的结论，然后再予以证实. 今论述如下：

从定理 3.26③ 知 w 关于 K_T 的分解群和惯性均等于 G_T. 若在上述命题中以 K_T 代替 K，并以 $\mathfrak{k}_T$ 记 K_T 关于 v_T 的剩余域，则从该证明中知有 $\mathrm{Aut}(\mathfrak{k}/\mathfrak{k}_\tau) \simeq G_T/G_T=(1)$. 这就意指 $\mathfrak{k}'$ 是 $\mathfrak{k}_T$ 上的纯不可分扩张.

另一方面，已知 G_T 是 G_Z 的正规子群，故 K_T/K_Z 为正规可分扩张，从而 $[K_T:K_Z]$ 等于群 G_Z/G_T 的阶. K_Z 关于 v_Z 的剩余域 $\mathfrak{k}_Z$ 据定理 3.27 等于 $\mathfrak{k}$. 若以 $\mathfrak{k}_T$ 代替 $\mathfrak{k}'$，则有 $\mathrm{Aut}(\mathfrak{k}_T/\mathfrak{k}) \simeq G_Z/G_T$，结合上述即有群 $\mathrm{Aut}(\mathfrak{k}_T/\mathfrak{k}_Z)$ 的阶等于 $[K_T:K_Z]$，从而又有

$$[K_T:K_Z]=[\mathfrak{k}_T:\mathfrak{k}_Z]=f(v_T/v_Z)$$

因此 $e(v_T/v_Z)=1$，即 $\Gamma_T=\Gamma_Z=\Gamma$.

最后需考虑的是正规扩张 $\mathfrak{k}_T/\mathfrak{k}_Z$ 是否可分的问题，这等同于在 $\mathfrak{k}'/\mathfrak{k}$ 中 $\mathfrak{k}_T$ 是否成为使 $\mathfrak{k}'/\mathfrak{k}_T$ 成为纯不可分的最小子域. 此一问题可从下述命题中得到解答.

命题 3.32 在本节的所设下，令 L 是 N 与 K_Z 间的一个子域；又以 v_L 记 w 在 L 上的限制，$\mathfrak{f}_L$ 为 $B\cap L$ 关于 v_L 的剩余域. 于是 $K_T\subseteq L$ 当且仅当 $\mathfrak{f}'/\mathfrak{f}_L$ 为纯不可分扩张.

证明 设 $K_T\subseteq L$. 按

$$
\begin{aligned}
G_T(B\mid L)&=G_T\cap \mathrm{Aut}(N/L)=\mathrm{Aut}(N/L)\supseteq G_Z\cap \mathrm{Aut}(N/L)\\
&=G_Z(B\mid L)\supseteq G_T(B\mid L)
\end{aligned}
$$

从而有 $G_T(B\mid L)=G_Z(B\mid L)$. 在命题 3.31 中以 L 代换 K，就得到 $\mathrm{Aut}(\mathfrak{f}'/\mathfrak{f}_L)\simeq G_Z(B\mid L)/G_T(B\mid L)=(1)$，因此 $\mathfrak{f}'/\mathfrak{f}_L$ 是个纯不可分扩张.

反之，设 $\mathfrak{f}'/\mathfrak{f}_L$ 为纯不可分扩张，于是有 $\mathrm{Aut}(\mathfrak{f}'/\mathfrak{f}_L)=(1)$. 按命题 3.31 有 $G_Z(B\mid L)=G_T(B\mid L)$，再由命题 3.25 即得 $L=K_Z\cdot L=K_T\cdot L$，因此应有 $L\supseteq K_T$，证毕. □

由此命题即知 $\mathfrak{f}_T$ 是使得 $\mathfrak{f}'/\mathfrak{f}_T$ 成为纯不可分扩张的最小子域，从而证明了 $\mathfrak{f}_T/\mathfrak{f}_Z$ 是个可分扩张. 结合 $[K_T:K_Z]=[\mathfrak{f}_T:\mathfrak{f}_Z]$ 即得下面的定理.

定理 3.33 在本节的所设与符号意义上，K_T/K_Z 为正规可分扩张；并且，(K_T,v_T) 是 (K_Z,v_Z) 上的非分歧扩张. □

3.7 分歧群与分歧域

符号的意义同于上一节. 由上节的论述知对于 $G_Z=G_Z(w\mid K)$ 中任一元 σ 均有 $w_\sigma=w$，因此对于 $x\in N$ 且 $x\neq 0$，$\dfrac{\sigma(x)}{x}$ 的 w－剩余类属于 $\mathfrak{f}'\backslash\{0\}$. 若取 $\sigma\in G_T=G_T(w\mid K)$，则当 $x\in B\backslash\mathfrak{R}$，由 $\sigma(x)-x\in\mathfrak{R}$ 可导致 $\dfrac{\sigma(x)}{x}-1\in\dfrac{1}{x}\mathfrak{R}\subsetneq\mathfrak{R}$. 这表明此时 $\dfrac{\sigma(x)}{x}$ 的 w－剩余类是 $\mathfrak{f}'$ 的单位 $\bar{1}$. 由于这一事实，有必要对 G_T 作进一步的讨论. 现在先将记法予以简化，俾利于以下的论述. 以 (x,σ) 记 $\dfrac{\sigma(x)}{x}$ 的 w－剩余类，其中 $x\in N$ 且 $x\neq 0$，$\sigma\in G_T$. 首先有

命题 3.34 设 $x,y\in N^*=N\backslash\{0\}$；$\sigma,\tau\in G_T$，于是有以下的论断成立：

①$(xy,\sigma)=(x,\sigma)(y,\sigma)$；

②$(x,\sigma\cdot\tau)=(x,\sigma)(x,\tau)$.

证明 ① 按 (xy,σ) 为 $\dfrac{\sigma(xy)}{xy}=\dfrac{\sigma(x)\sigma(y)}{xy}=\dfrac{\sigma(x)}{x}\cdot\dfrac{\sigma(y)}{y}$ 的 w－剩余类，

由于 $\mathfrak{k}'$ 是个域，故$(xy,\sigma)=(x,\sigma)(y,\sigma)$ 成立.

②$(x,\sigma\cdot\tau)$ 为$\frac{\sigma\cdot\tau(x)}{x}=\frac{\sigma(\tau(x))}{\sigma(x)}\cdot\frac{\sigma(x)}{x}=\sigma\left(\frac{\tau(x)}{x}\right)\cdot\frac{\sigma(x)}{x}$ 的 w－剩余类，从

$$w\left(\frac{\tau(x)}{x}\right)=w(\tau(x))-w(x)=w_{\tau}(x)-w(x)=\omega(x)-\omega(x)=0$$

知$\frac{\tau(x)}{x}\in B\backslash\mathfrak{R}$，以及 $\sigma\in G_T$，故 $\sigma\left(\frac{\tau(x)}{x}\right)$ 与$\frac{\tau(x)}{x}$ 在 $\mathfrak{k}'$ 中是同一元，即$(\frac{\tau(x)}{x},\sigma)=(x,\tau)$，因此$(x,\sigma\cdot\tau)=(x,\sigma)(x,\tau)$ 成立. □

从以上的事实可知每个 $\sigma\in G_T$ 均能给出一个从乘法群 $N^*=N\backslash\{0\}$ 到关于 w 的剩余域 $\mathfrak{k}'$ 中由非零元所成的乘法群之一映射

$$\varphi_{\sigma}:x\rightarrow(x,\sigma)\tag{23}$$

今以 $\mathrm{Hom}(N^*,\mathfrak{k}'^*)$ 记所有这些 φ_{σ} 所成的集；又由命题的论断② 知 $\varphi_{\sigma\cdot\tau}(x)=\varphi_{\sigma}(x)\cdot\varphi_{\tau}(x)$. 因此可以规定

$$\varphi_{\sigma}\cdot\varphi_{\tau}=\varphi_{\sigma\cdot\tau}\tag{24}$$

在这一规定下，$\mathrm{Hom}(N^*,\mathfrak{k}'^*)$ 成为一个乘法群，于是由式(23) 可得到一个从 G_T 到 $\mathrm{Hom}(N^*,\mathfrak{k}'^*)$ 的同态映射如下

$$\varphi:\sigma\rightarrow\varphi_{\sigma}\tag{25}$$

φ 的核是 G_T 的子集 $H=\{\sigma=G_T\mid(x,\sigma)=\bar{1},\forall x\in N^*\}$. 据式(24) 可知它是 G_T 的一个子群. 今证明它又是 G_T 的正规子群. 因为，对于 $\sigma\in H,\tau\in G_T$，有

$$\frac{\tau\cdot\sigma\cdot\tau^{-1}(x)}{x}-1=\tau\left(\frac{\sigma\cdot\tau^{-1}(x)}{\tau^{-1}(x)}-1\right)=\tau\left(\frac{\sigma(y)}{y}-1\right)\in\tau\mathfrak{R}=\mathfrak{R}$$

其中 $y=\tau^{-1}(x),\tau\in G_T$，从而有 $\tau\cdot H\cdot\tau^{-1}\subseteq H$，故 H 是G_T 的一个正规子群. 今称此子群为 w 关于K 的分歧群，记以 $G_V(w\mid K)$ 或 $G_V(B\mid K)$. 当 w 与K 均已确定时，可简记以 G_V. G_V 在N 中的稳定域称作w 关于K 的分歧域，记以 K_V.

在本节的所设下，N/K_V 是个正规扩张，它的自同构群 $\mathrm{Aut}(N/K_V)=G_V$. 又由于 G_V 是G_T 的正规子群，故 K_V 是 K_T 上的正规扩张；并且有

$$\mathrm{Aut}(K_V/K_T)\simeq G_T/G_V$$

今以 v_V 记w 在 K_V 上的限制，以 $\mathfrak{k}_V$ 表 v_V 的剩余域. 按 $K_V\supseteq K_T$，由命题3.32 知 $\mathfrak{k}'$ 是 $\mathfrak{k}_V$ 上的纯不可分扩张. 若 $\mathfrak{k}$ 的特征数为0，则 $\mathfrak{k}'=\mathfrak{k}_T=\mathfrak{k}_V$. 与命题3.25 相类似，有下述结论成立.

命题 3.35 在本节的所设与符号意义上，有以下诸论断成立：

① 对任一 $\sigma\in G$，有 $G_V(\sigma B\mid K)=\sigma\cdot G_V\cdot\sigma^{-1}$，以及 $K_V(\sigma B\mid K)=\sigma K_V$；

② 设 L 是 N/K 的一个子扩域，于是有

$$G_V(w \mid L)=G_V \cap \mathrm{Aut}(N/L), K_V(w \mid L)=K_V \cdot L$$

③ 若 N' 是 N/K 的正规子扩域,则有

$$K_V((B \cap N') \mid K)=K_V \cdot N'$$

证明 ① 设 $\xi \in G_V, x \in N^*$,令 $y=\sigma^{-1}x$,于是

$$\frac{(\sigma \cdot \xi \cdot \sigma^{-1})(x)}{x}-1=\sigma\left(\frac{\xi(y)}{y}-1\right)$$

由 $\xi \in G_V$ 知$\frac{\xi(y)}{y}-1 \in \mathfrak{N}$,从而 $\sigma\left(\frac{\xi(y)}{y}-1\right) \in \sigma\mathfrak{N}$. 按 w_σ 的赋值对为$(\sigma B, \sigma\mathfrak{N})$,故有

$$\sigma \cdot \sigma G_V \cdot \sigma^{-1} \subseteq G_V(\sigma B \mid K)$$

另一方面,设 $\tau \in G_V(\sigma B \mid K)$,于是有

$$\frac{\tau \cdot (\sigma(x))}{\sigma(x)}-1 \in \sigma\mathfrak{N}$$

从而

$$\sigma^{-1}\left(\frac{\tau \cdot (\sigma(x))}{\sigma(x)}-1\right) \in \mathfrak{N}$$

即

$$\frac{\sigma^{-1} \cdot \tau \cdot \sigma(x)}{x}-1 \in \mathfrak{N}$$

这表明 $\sigma^{-1} \cdot \tau \cdot \sigma \in G_V$,故又有 $G_V(\sigma B \mid K) \subseteq \sigma \cdot G_v \cdot \sigma^{-1}$,因此

$$G_V(\sigma B \mid K)=\sigma \cdot G_V \cdot \sigma^{-1}$$

以及

$$(\sigma \cdot \tau \cdot \sigma^{-1})(\sigma B)=\sigma B, \tau \in G_V$$

由后一等式即得 $K_V(\sigma B \mid K)=\sigma G_V$.

② 由于 $\mathrm{Aut}(N/L)$ 是 $G=\mathrm{Aut}(N/K)$ 的一个子群,故 $G_V(w \mid L)=G_V \cap \mathrm{Aut}(N/L)$,从而又得出 $K_V(w \mid L)=K_V \cdot L$,即 ② 成立.

③ 自然映射 $\theta: G \to G'=\mathrm{Aut}(N'L)$ 是个满射同态,它的核为 $\mathrm{Aut}(N/N')$. 由 θ 诱导出从G_V 到$G_V((B \cap N') \mid K)$ 的映上同态,其核为 $G_V \cap \mathrm{Aut}(N/N')$,从而有 $K_V((B \cap N') \mid K)=K_V \cap N'$. □

最后,再给出以下的定理.

定理 3.36 所设及符号意义皆如前述. 今设 v 的剩余域 $\mathfrak{f}$ 有特征数 $p \neq 0$,于是 w 关于 K 的分歧群 G_V 是个 p - 群. 若该特征数为 0,则 $G_V=(1)$,此时 $K_V=N$.

证明 假设结论不成立,则 G_V 中有元 σ,它的阶为素数 $q \neq p$. 令 L 为 N 中

子群$\{1,\sigma,\cdots,\sigma^{q-1}\}$的稳定域，于是$N$是$L$上的$q$一次扩域，有$N=L(x)$. 设$x$适合的最小多项式为

$$X^q+a_{q-1}X^{q-1}+\cdots+a_0 \quad (a_i\in L, i=0,\cdots,q-1)$$

据$q\neq p$，若用$x+\frac{a_{q-1}}{q}$替换x则可使次高项的系数为0. 换言之，经代换后的生成元(今仍记以x)的迹为$\sum_{i=0}^{q-1}\sigma^i(x)=0$. 另一方面，由于$\sigma^i\in G_V$，每个$\frac{\sigma^i(x)}{x}$的$w$－剩余类均为$\bar{1}$，从而$\frac{1}{x}\sum_{i=0}^{q-1}\sigma^i(x)=\sum_{i=0}^{q-1}\frac{\sigma^i(x)}{x}$的$w$－剩余类为$q\cdot\bar{1}$且$q\cdot\bar{1}\neq\bar{0}$，矛盾！这就证明了应有$q=p$，即$G_V$是个$p$－群. 至于$p=0$时，$G_V=(1)$，从而$K_V=N$. 证明即告完成. ①

第3章参考文献

[1] BOURBAKI N. Algebre commutaive, chap. 6[M]. Paris: Hermann, 1964.

[2] COHEN I S, ZARISKI O. A fundamental inequality in the theory of valuations[J]. Illinois J. Math., 1957, 1(1): 1-8.

[3] 戴执中. 赋值论概要[M]. 北京：高等教育出版社，1981.

[4] ENDLER O. Valuation theory[M]. New York: Springer-Verlag, 1972.

[5] NAGATA M. Field theory[M]. New York: Marcel Dekker Inc., 1977.

[6] RIBENBOIM S. Théorie des valuations[M]. Montreal: Les Presses de L'Univ. de Montreal, 1965.

[7] Warner S. Topological fields[M]. New York: Elsevier Sci. Pub. Co. Inc., 1989.

[8] ZARISKI O, SAMUEL P. Commutative algebra, vol. 2[M]. New York: Springer-Verlag, 1960.

① 3.6, 3.7节中的定义与论述并不限于有限可分的情形. 在N/K为无限正规扩张时，其中大部分结论仍然成立，见本章参考文献[4]. 3.7节的内容取自本章参考文献[8].

第4章 Hensel 赋值域

4.1 Hensel 赋值

在第1章中我们曾对一阶赋值的完全域证明过 Hensel 引理(定理1.17),并由此推导出一阶赋值完全域在其代数扩张上赋值拓展的唯一性. 本章中,首先对任意阶的赋值[①]给出一个与定理1.17有相同结论的概念,然后对具有此种性质的赋值进行一些探讨.

定义 4.1 设(K,v)是个赋值域,$(A,\mathfrak{M})$与$\overline{K}$分别是v的赋值对和剩余域. 令

$$f(X)=X^n+a_{n-1}X^{n-1}+\cdots+a_0\in A[X]$$

以及

$$\overline{f}(X)=X^n+\overline{a}_{n-1}X^{n-1}+\cdots+\overline{a}_0\in \overline{K}[X]$$

其中$\overline{a}_i$为a_i在自然同态$\varphi:A\to\overline{K}=A/\mathfrak{M}$下的象. 设$\overline{f}(X)$在$\overline{K}[X]$中分解成$\overline{f}(x)=g_0(X)h_0(X)$,其中$g_0(X)$与$h_0(X)$是$\overline{K}[X]$中互素的、首项系数为$\overline{1}$的多项式. 若有$A[X]$中多项式$g_0(X),h_0(X)$满足条件

$$\begin{cases}①f(X)=g(X)h(X)\\ ②\overline{g}(X)=g_0(X),\overline{h}_0(X)=h_0(X)\\ ③\deg g(X)=\deg g_0(X)\end{cases}\tag{1}$$

① 以下所称赋值若无特别指明,概指非浅显赋值而言.

则称 v 是 K 的一个 Hensel 赋值;(K,v) 是个 Hensel 赋值域,也可简称 Hensel 域.

为了给 Hensel 域作一刻画,今再作如下的定义.

定义 4.2 设 (K,v) 为一赋值域. 若 v 在 K 的任一有限可分扩张上均只有唯一拓展,则称 (K,v) 具有唯一性性质.

若 (K,v) 满足定义中的条件,则在 K 的任一代数扩张上 v 都只有唯一拓展. 因为 K 的任一代数扩张均由可分与纯不可分两部分组成,对于后者,赋值拓展的唯一性是易知的;至于前者,在第 1 章中曾就一阶的情形于定理 1.19 证明之后予以阐明. 该处的论证对任意阶的赋值也同样适用.

现在使用上述定义来给出 Hensel 赋值域的第一个刻画:

定理 4.3 赋值域 (K,v) 成为 Hensel 域的充分必要条件是 (K,v) 具有唯一性性质.

证明 必要性. 今设 L/K 为有限可分扩张. 不失一般性,可考虑 L/K 为正规扩张. 令 G 是它的 $K-$ 自同构群 $\mathrm{Aut}(L/K)$. 设 w 是 v 在 L 上的一个拓展. 据定理 3.5,v 在 L 上的其他拓展为 w_σ,$\sigma \in G$. 用反证法. 设有某个 $\sigma \in G$ 使得 $w' = w_\sigma \neq w$,于是有某个 $x \in L$ 使得 $w'(x) = w(\sigma(x)) \neq w(x)$. 今以 Γ,Γ' 分别记 v 与 w 的值群;又记 $e = e(w/v)$,于是 $w(x^e) \in \Gamma$. 今以 x^e 代换 x,并且仍记作 x,此时 $w(x),w(\tau(x)) \in \Gamma$,其中 τ 可取 G 中任一元. 取 $b \in K$ 使得 $v(b) = \min\{w_\tau(x) \mid \tau \in G\}$,于是对某个 $\sigma(x)$ 有 $w(\sigma(x)/b) = 0$. 再以 $\sigma(x)/b$ 替换 x,并且仍记作 x. 令

$$f(X) = X^n + a_{n-1}X^{n-1} + \cdots + a_0 \in K[X]$$

是 x 在 K 上的最小多项式,它在 K 上显然是不可约的. 设

$$S = \{x' \in L \mid x' \text{ 为 } x \text{ 的 } K-\text{共轭元,且 } w(x') = 0\}$$
$$T = \{x'' \in L \mid x'' \text{ 为 } x \text{ 的 } K-\text{共轭元,且 } w(x'') = 0\}$$

以 r 记集 S 所含元的个数,由

$$f(X) = \sum_{i=0}^{n} a_i X^i = \prod_{x' \in S}(X - x')\prod_{x'' \in T}(X - x''),\ a_n = 1$$

知 $v(a_r) = 0$;$v(a_i) > 0, i < r$;$v(a_i) \geqslant 0, i > r$. 从而有 $f(X) \in A[X]$,并且 S 与 T 均非空集,于是

$$\begin{aligned}\bar{f}(X) &= X^n + \bar{a}_{n-1}X^{n-1} + \cdots + \bar{a}_r X^r \\ &= X^r(X^{n-r} + \bar{a}_{n-1}X^{n-r-1} + \cdots + \bar{a}_r)\end{aligned}$$

其中 X^r 与 $X^{n-r} + \cdots + \bar{a}_r$ 在 $\bar{K}$ 上显然是互素的. 据所设,$f(X)$ 在 $A[X]$ 中为两个因式之积而与 $f(X)$ 的不可约性相矛盾. 定理的必要性即告证明.

充分性. 设(K,v)具有唯一性性质;$(A,\mathfrak{M})$与$\overline{K}$的意义如前. 又令

$$f(X)=X^n+a_{n-1}X^{n-1}+\cdots+a_0\in A[X]$$

以及$\overline{f}(X)=g_0(X)h_0(X)$,$g_0(X)$与$h_0(X)$是$\overline{K}[X]$中首项系数为单位元的互素多项式,二者的次数均大于或等于1. 令L是$f(X)$的分裂域,于是$f(X)$在L上分解成

$$f(X)=(X-x_1)\cdots(X-x_n)$$

由所设v在L上的拓展是唯一的,今以$(B,\mathfrak{N})$记拓展的赋值对,B是A在L上的唯一拓展,故$B=I_L(A)$,由此又知每个$x_i\in B$. 从$f(X)$的分解式又有

$$\overline{f}(X)=(X-\overline{x}_1)\cdots(X-\overline{x}_n)$$

其中每个$\overline{x}_i=x_i \bmod \mathfrak{N}$,适当地排列$x_i$使得有

$$g_0(X)=\prod_{i=1}^{m}(X-\overline{x}_i),h_0(X)=\prod_{j=m+1}^{n}(X-\overline{x}_j)$$

现在令

$$g(X)=\prod_{i=1}^{m}(X-\overline{x}_i),h(X)=\prod_{j=n+1}^{n}(X-\overline{x}_j)$$

今往证$g(X),h(X)\in A[X]$. 由于L是$f(X)$的分裂域,故L/K是正规扩张,兹以G记它的$K-$自同构群. 从拓展$(B,\mathfrak{N})$的唯一性知对每个$\tau\in G$,皆有

$$\tau B=B,\tau\mathfrak{N}=\mathfrak{N}$$

从而τ给出$\overline{L}=B/\mathfrak{N}$的一个$\overline{K}-$自同构$\bar{\tau}$,每个$\bar{\tau}$都对$[\overline{x}_1,\cdots,\overline{x}_n]$定出一个置换. 若对于某个$\bar{\sigma}$有$\bar{\sigma}(\overline{x}_i)=\overline{x}_j,i\leqslant m,j>m$,则将导致

$$0=\bar{\sigma}(g_0(\overline{x}_i))=g_0(\bar{\sigma}(\overline{x}_i))=g_0(\overline{x}_j)$$

即$g_0(X)$与$h_0(X)$有共同的零点而与所设$g_0(X)$与$h_0(X)$互素相矛盾. 因此对任一$\tau\in G$,当$i\leqslant m$时,$\tau(x_i)$只能取在$\{x_1,\cdots,x_m\}$中;而对于$m<j\leqslant n$,$\tau(x_j)$则取在$\{x_{m+1},\cdots,x_n\}$内. 这表明了$g(X)$与$h(X)$的系数均在G的稳定域内. 若K的特征数为0,此时$g(X),h(X)\in A[X]$,从而$f(X)=g(X)h(X)$,即(1)的条件①成立. 若K的特征数为$p\neq 0$,则有某个正整数r使得$(f(X))^{p^r}=(g(x))^{p^r}\cdot(h(x))^{p^r}\in K[X]$,由分解的唯一性及$(g(X))^{p^r}$与$(h(X))^{p^r}$互素知$g(X),h(X)\in K[X]$,从而$g(X)$与$h(X)$均在$A[X]$内,满足$f(X)=g(X)h(X)$. 这表明了无论$K$的特征数为何者,均能使(1)的条件①成立. 至于条件②与③,从证明中已得知. 定理即告证明. □

从定理直接可得推论如下:

推论1 (K,v)成为Hensel赋值域,当且仅当v在K的可分闭包Ω_S内仅有唯一拓展. □

由于赋值在域的纯不可分扩张上只有唯一的拓展,故又有下面的推论.

推论 2 设(K,v)为一 Hensel 赋值域,L为K上任一代数扩张.于是,v在L上有唯一的拓展w,并且(L,w)也是 Hensel 赋值域. □

现在来证明一个与上述推论反向的结论:

命题 4.4 设(L,w)是个 Hensel 赋值域,K是L中的一个可分闭子域.令v是w在K上的限制,于是(K,v)也是个 Hensel 赋值域.

证明 以A,B分别记v,w的赋值环.由所设,有$A=B\cap K$.令$f(X)\in A[X]$是个首项为单位元的多项式,$\bar{f}(X)=g_0(X)h_0(X)$,其中$g_0(X),h_0(X)$为$\bar{K}[X]$中互素的多项式,于是按所设$f(X)$在$L[X]$中分解为$f(X)=g(X)h(X)$.由于$f(X)$的零点是K上的代数元,故$g(X)$与$h(X)$的系数都是L中关于K的代数元.即使是K上的纯不可分元,按照上述定理证明的最后部分也可得知$g(X),h(X)\in A[X]$.这就表明了(K,v)满足(1)的条件①,至于②与③显然成立.因此(K,v)适合定义 4.1,命题即告成立. □

关于 Hensel 赋值域,除上述定理外,尚有其他的刻画.现在先给出以下的判断:

命题 4.5 设(K,v)为一赋值域,A为其赋值环.又设

$$f(X)=X^n+a_{n-1}X^{n-1}+\cdots+a_0\in A[X]\quad(n\geqslant 2)$$

是任一可分多项式,其中$v(a_1)=0,v(a_0)>0$,于是下列二论断等价:

①(K,v)是个 Hensel 赋值域;

②$f(X)$在K上可约.

证明 ①→②.由定义 4.1 即得.今往证②→①.用反证法.假设论断①不成立.据定理 4.3,有K的一个有限正规可分扩张L,使得v在L上有多个互异的拓展$w_1,\cdots,w_s(s\geqslant 2)$.今以$Z$记$w_1$关于$v$的分解域.由定理 3.23 的推论知$w_1,\cdots,w_s$在$Z$上的限制$w'_1,\cdots,w'_s$是相互不可序的.记$w'_i$的赋值对为$(B'_i,\mathfrak{R}'_i),i=1,\cdots,s$.于是由定理 2.26 知有$b\in Z$,满足

$$b\equiv 0(\bmod \mathfrak{R}'_1),b\equiv 1(\bmod \mathfrak{R}'_i)\quad(i=2,\cdots,s)$$

显然$b\notin K$.设

$$f(X)=X^n+a_{n-1}X^{n-1}+\cdots+a_0\in K[X]$$

是b在K上的最小多项式,因此它在K上是不可约的.由于$b\in Z\subsetneqq L$,L/K是正规扩张,故$f(X)$在L上可表如

$$f(X)=(X-b_1)\cdots(X-b_n),b_1=b$$

对每个b_i均有$\sigma_i\in G=\mathrm{Aut}(L/K)$使得$\sigma_i(b)=b_i$.对于不属于$w_1$关于$v$的分解群中的$\sigma_i$,则有$w_1\cdot\sigma_i=w_i$,$i$是$\{1,2,\cdots,s\}$中某个大于 1 的标号,于是

$$w_1(b_i)=w_i(b)=0$$

据 $f(X)$ 的所设,应有 $v(a_1)=w_1(b_2\cdots b_n)=0$;$v(a_0)=w_1(b_1b_2\cdots b_s)>0$ 以及 $v(a_i)\geqslant 0, i\in[0,n-1]$ 这就表明 $f(X)\in A[X]$,按所设论断 ②,$f(X)$ 在 K 上是可约的,这就与以上所做的断言相矛盾,因此论断 ① 成立,证毕. □

推论 1 设(K,v) 为 Hensel 赋值域. 若

$$f(X)=a_nX^n+a_{n-1}X^{n-1}+\cdots+a_0\in K[X]$$

在 K 上为不可约,则有

$$v^*(f(X))=\min\{v(a_0),v(a_n)\}$$

证明 对 $f(X)$ 乘以一个适当的 $b\in K$ 可使 $f(X)$ 成为一个本原多项式,即 $bf(X)\in A[X]$,且至少有一个系数是 A 中单位,此时 $v^*(bf(X))=0$. 不失一般性,不妨径设 $f(X)$ 为一本原多项式. 假若结论不成立,即 $\min\{v(a_0),v(a_n)\}>0$,则有某个整数 $r, 0<r<n$,使得 $v(a_r)=0$,但 $v(a_i)>0, i=r+1,\cdots,n$. 于是有

$$\bar{f}(X)=\bar{a}_rX^r+\cdots+\bar{a}_1X=X(\bar{a}_rX^{r-1}+\cdots+\bar{a}_1)$$

即 $\bar{f}(X)$ 在 $\bar{K}[X]$ 中分解为两个互素多项式之积,按(K,v) 为 Hensel 赋值域,故 $f(X)$ 在 K 上是不可约的,矛盾! 因此应有 $v^*(f)=\min\{v(a_0),v(a_n)\}$. 证毕. □

从上述推论直接可得下列结论:

推论 2 所设同推论 1,又令

$$f(X)=X^n+a_{n-1}X^{n-1}+\cdots+a_0\in K[X]$$

为 K 上不可约多项式,于是 $f(X)\in A[X]$ 当且仅当 $a_0\in A$. □

Hensel 赋值在代数扩域上的存在与唯一性均已确认. 现在要对此唯一的拓展给出它的具体表达式.

设(K,v) 为一 Hensel 赋值域,Ω_S 是 K 的可分闭包,以 w 记 v 在 Ω_S 上的唯一拓展. 设 $x\neq 0$ 为 Ω_S 中一元,它以

$$f(X)=X^n+a_{n-1}X^{n-1}+\cdots+a_0$$

为在 K 上所满足的最小多项式. 又以 N 记 $f(X)$ 的分裂域,N 自然是 Ω_S 的一个子域;且 N/K 为有限正规扩张,其自同构群记作 G. 于是 $f(X)=0$ 的零点 $x_1(=x), x_2,\cdots,x_n$ 都互为共轭. 令 $x_i=\sigma_i(x), \sigma_i\in G, i=2,\cdots,n$. 为方便计,$w$ 在 N 上的限制仍记作 w. 于是 v 在 N 上的拓展为 $w_{\sigma_i}(x)=w, i=1,\cdots,n$. 由 3.1 节知有

$$w(x)=w_{\sigma_i}(x)=w(\sigma_i(x))=w(x_i)\quad(i=2,\cdots,n)$$

即所有与 x 共轭的元 $x_2,\cdots,x_n$ 均有相同的值 $w(x)$. 由 $(-1)^n a_0=\prod_{i=1}^{n}x_i$，可得

$$v(\pm a_0)=v(a_0)=w(\prod_{i=1}^{n}x_i)=\sum_{i=1}^{n}w(x_i)=n\cdot w(x)$$

从而有 $w(x)=\frac{1}{n}v(a_0)$. 这就拓展了 w 的具体表式.

在第1章的定理1.18中曾就绝对值的情形给出其唯一拓展的表达式，该表达式(19) 与此处所给的表式形式不同，这是由于绝对值所适合的运算律不同于赋值，但实质上该处的表达式(19) 与此处所得的表式是一致的.

在第1章中，我们曾使用一个来自 Krasner 的引理1.22. 事实上，这个引理并不依赖于赋值域的完全性. 今将利用命题4.5与定理4.3来证明它与 Hensel 引理是等价的.

定理4.6 设 (K,v) 是个赋值域，Ω_S 是 K 的可分闭包；又设 w 是 v 在 Ω_S 上的一个拓展. 于是下列二论断等价：

①w 是 v 在 Ω_S 上的唯一拓展；

②(Krasner 引理) 设 x,y 为 Ω_S 中二元. 若有 $w(y-x)>\max\{w(x'-x)\mid x'$ 遍取 x 的 $K-$共轭元，$x'\neq x\}$，则有 $K(x)\subseteq K(y)$.

证明 ① → ②. 令 $\gamma=\max\{w(x'-x)\mid x'$ 遍取 x 的 $K-$共轭元，$x'\neq x\}$. 设 σ 是 Ω_S 的任一 $K(y)-$自同构，于是 $w\cdot\sigma$ 是 v 在 Ω_S 上的一拓展. 按所设，有 $w\cdot\sigma=w$. 从而 $w(y-x)=w\cdot\sigma(y-x)=w(y-\sigma(x))$. $\sigma(x)$ 是 x 关于 $K(y)$ 的共轭元，故又是 x 的 $K-$共轭元. 若 $x'=\sigma(x)\neq x$，由上式可得

$$\begin{aligned}w(y-x)&=w(y-x')=w(y-x+x-x')\\&=\min\{w(y-x),w(x-x')\}\\&=w(x-x')\leqslant\gamma\end{aligned}$$

矛盾！因此应有 $\sigma(x)=x$，即 $x\in K(y)$. 这证明了论断②.

② → ①. 设 $f(X)=X^n+a_{n-1}X^{n-1}+\cdots+a_0$ 为 K 上一可分多项式，满足 $v(a_i)\geqslant 0, i\in[0,n-1]$，以及 $v(a_1)=0, v(a_0)>0$. 又设 $x_1,\cdots,x_n$ 是 $f(X)=0$ 在 Ω_S 中的零点. 令 $T=\{i\in[1,n]\mid w(x_i)<0\}$；$T$ 所含标号数 $^{\#}T$ 设为 $r\neq 0$，即 $T=\varnothing$. 又令 S 为 $[1,n]$ 中含 r 个数的另一标号集，$S\neq T$. 于是有

$$w(\prod_{i\in S}^{n}x_i)>w(\prod_{i\in T}^{n}x_i)$$

从而导致

$$v(a_{n-r})=w((-1)^r\Sigma\prod_{i\in S}^{n}x_i\mid S\subseteq[1,n],{}^{\#}S=r)=w(\prod_{i\in T}^{n}x_i)<0$$

矛盾！因此应有 $T=\varnothing$，即 $w(x_i)\geqslant 0, i=1,\cdots,n$. 据所设 $v(a_0)>0$，故有某些 $w(x_i)>0, i\in[1,n]$. 不妨令 $w(x_1)>0$. 现在设 S 为 $[1,n]$ 中任一含 $n-1$ 个数的子集. 当 $1\in S$ 时，有 $w(\prod_{i\in S}^{n}x_i)>0$. 若对其他 S 也有 $w(\prod_{i\in S}^{n}x_i)>0$，则将导致

$$v(a_1)\geqslant \min\{w(\prod_{i\in S}^{n}x_i)\mid S\subsetneqq[1,n],{}^{\#}S=n-1\}>0$$

与所设矛盾. 因此 $w(\prod_{i\in S}^{n}x_i)=0$，即 $w(x_i)=0, i=2,\cdots,n$. 从而有 $w(x_i-x_1)=0, i=2,\cdots,n$. 由此又得到

$$w(x_1)=w(0-x_1)>0=\max\{w(x_i-x_1)\mid i\in[2,n]\}$$

据论断② 应有 $K=K(0)\supseteq K(x_1)$，这表明 $f(X)$ 在 K 是可约的. 由命题 4.5 结合定理 4.3 即知 v 在 Ω_S 上的拓展是唯一的，即论断 ① 成立. 证毕. □

据 2.5 节，由 K 的赋值 v 可以定出 K 上一拓扑 J_v 使得 K 成为拓扑域，记作 K_v，令 $\widetilde{K}$ 为 K_v 关于 J_v 的完全化域，又以 $\tilde{v}$ 记 v 在 $\widetilde{K}$ 上的唯一拓展[①]. 今有定理如下：

定理 4.7 在以上规定的符号意义上，(K,v) 成为 Hensel 赋值域的充要条件是：$(\widetilde{K},\tilde{v})$ 为 Hensel 赋值域，以及

$$K=\widetilde{K}\cap\Omega_S \tag{2}$$

Ω_S 是 K 的可分闭包.

证明 充分性. 由命题 4.4 即知. 今证其必要性. 以 $(\widetilde{A},\widetilde{\mathfrak{M}})$ 记 $\tilde{v}$ 的赋值对. 设

$$f=X^n+\tilde{a}_{n-1}X^{n-1}+\cdots+\tilde{a}_0\in\widetilde{A}[X]\quad(n\geqslant 2)$$

为 $\widetilde{K}$ 上一不可约分多项式，其中 $\tilde{v}(\tilde{a}_1)=0, \tilde{v}(\tilde{a}_0)>0$. 作 $\widetilde{K}$ 的代数闭包 Ω，w 为 $\tilde{v}$ 在 Ω 上的拓展. 以 $(A_w,\mathfrak{M}_w)$，Γ_w 分别记 w 的赋值对与值群. w 是个 Hensel 赋值，故有 $\bar{f}=Xg_0$；从而 $f=(X-c)g$，其中 $c\in\mathfrak{M}_w, \bar{g}=g_0$. 由所设知 f 在 Ω 中只有 c 满足 $w(c)>0$，f 的其他零点 c' 均有 $w(c')\leqslant 0$.

令

$$\gamma=\max\{\tilde{v}(\tilde{a}_i), i=0,\cdots,n-1, \tilde{a}_i\neq 0\}$$

按 v 与 $\tilde{v}$ 有相同的值群 Γ，它与 Γ_w 是共尾的，故对于任一 $\alpha\in\Gamma$，总有 $\gamma_\alpha\in\Gamma_w$ 使得 $\gamma_\alpha\geqslant\max\{\alpha,\gamma\}$. 今取 $\alpha\in\Gamma, \alpha>0$，作 K 上多项式

---

① 见本章参考文献[17]，定理 20.19.

$$h_\alpha = X^n + a_{n-1}X^{n-1} + \cdots + a_0 \quad (n \geqslant 2)$$

使得有 $\overline{w}(f - h_\alpha) > \gamma_\alpha$. 从而对每个 $i \in [0, n-1]$ 均有

$$\tilde{v}(\tilde{a}_i - a_i) > \gamma_\alpha$$

若 $\tilde{a}_i \neq 0$,则 $\tilde{v}(\tilde{a}_i - a_i) > \gamma_\alpha \geqslant \tilde{v}(\tilde{a}_i)$,故有 $v(a_i) = \tilde{v}(\tilde{a}_i)$.

若 $\tilde{a}_i = 0$,则 $v(a_i) > \alpha > 0$. 按所设 $\tilde{v}(\tilde{a}_0) > 0$,故 $v(a_0) = \tilde{v}(\tilde{a}_0) > 0$. 由于 (K, v) 为 Hensel 赋值域,所以 $h_\alpha = 0$ 在 v 的赋值理想 $\mathfrak{M}$ 中有一零点 c_α. 由于 $f(X) = 0$ 除 c 以外的其他零点 c' 均有 $w(c') \leqslant 0 < v(c_\alpha)$,故

$$w(c' - c_\alpha) = w(c') \leqslant 0 < \alpha$$

这表明了 c 是 f 的唯一满足 $w(c - c_\alpha) > \alpha$ 的零点. 按 K 在 $\widetilde{K}$ 中的稠密性,c 在 c_α 的 α 一邻域内,故 $c \in \widetilde{K}$,而与所设矛盾. 这就证明了$(\widetilde{K}, \tilde{v})$ 是个 Hensel 赋值域.

作 K 的可分闭包 Ω_S. 设 $x \in \widetilde{K} \cap \Omega_S$. 按 v 在 Ω_S 上只有唯一的拓展 v';设 $x = (x_1), x_2, \cdots, x_n$ 为 x 在 Ω_S 中所有的 K 一共轭元. 令

$$\gamma = \max\{v'(x_i - x) \mid i = 2, \cdots, n\}$$

由于 $x \in \widetilde{K}$ 以及 K 在 $\widetilde{K}$ 中的稠密性,故有 $y \in K$,满足 $v'(y - x) > \gamma$. 据定理 4.6② 知有 $K(x) \subseteq K(y) = K$,即 $x \in K$. 从 x 在 $\widetilde{K} \cap \Omega_S$ 中的任意性即得 $\widetilde{K} \cap \Omega_S = K$. 定理的必要性即告证明. □

在 v 为域 K 的一阶赋值时,由定理 1.17 知(K, v) 的完全化域$(\widetilde{K}, \tilde{v})$ 是个 Hensel 赋值域. 因此,定理可简化如下:

推论(Ostrowski)[①] 设(K, v) 为一阶赋值域,$\widetilde{K}$ 为 K 关于 v 的完全化域;又设 Ω_S 为 K 的可分闭包. 于是,(K, v) 成为 Hensel 赋值域的充要条件是有下式成立

$$K = \widetilde{K} \cap \Omega_S \qquad \square$$

对于阶大于 1 的赋值 v,下述定理给出(K, v) 成为 Hensel 赋值域的又一个判别法则:

定理 4.8 设$(A, \mathfrak{M})$ 是 v 的赋值对,$\mathfrak{P}$ 为 A 中的素理想,$\mathfrak{P}$ 不等于(0),$\mathfrak{M}$. 又以 $v_{\mathfrak{P}}$ 记$(A_{\mathfrak{P}}, \mathfrak{P})$ 在域 K 上所定的赋值;$\bar{v}_{\mathfrak{P}}$ 为 $v_{\mathfrak{P}}$ 的剩余域 $\overline{K}_{\mathfrak{P}} = A_{\mathfrak{P}}/\mathfrak{P}$ 上由赋值对$(A/\mathfrak{P}, \mathfrak{M}/\mathfrak{P})$ 所定的赋值. 于是,(K, v) 成为 Hensel 赋值域的充分必要条件是:

①$(K, v_{\mathfrak{P}})$ 为 Hensel 赋值域;

---

① 见本章参考文献[5]116 页,定理 3.11 的推论;或参考文献[12]316 页,§25Ⅵ.

②$(\overline{K}_{\mathfrak{P}},\bar{v}_{\mathfrak{P}})$ 为 Hensel 赋值域.

证明　必要性.为简便计,今以 v' 记 $v_{\mathfrak{P}}$.设 L/K 为有限扩张;$w'_1,\cdots,w'_r$ 为 v' 在 L 上的全部拓展.由所设 v 在 L 上只有唯一拓展 w.据命题 3.7,在所设条件下应有 $w'_i \leqslant w$,对每个 i 均成立.但这是不可能的,因为赋值在同域上的拓展是相互不可序的.因此只能有 $r=1$,即 v' 在 L 上只有唯一拓展.按定理4.3,知条件 ① 成立.为证明条件 ②,首先将 v 表为合成赋值 $v=v_{\mathfrak{P}}\cdot\bar{v}_{\mathfrak{P}}$.今以 $\mathfrak{k}$ 简记 $\overline{K}_{\mathfrak{P}}$;又设 $\mathfrak{k}'$ 为 $\mathfrak{k}$ 上一有限扩张,$[\mathfrak{k}':\mathfrak{k}]=n$.据引理3.20,存在有限扩张 L/K,使得 v 在 L 上有拓展 w,并且 L 关于 w 的剩余域除 $\mathfrak{k}$一同构不计外,等同于 $\mathfrak{k}'$.据定理 3.9,w 有唯一的分解 $w=w\cdot\overline{w}_{\mathfrak{P}}$,其中 $\overline{w}_{\mathfrak{P}}$ 是 $\bar{v}_{\mathfrak{P}}$ 在 $\mathfrak{k}'$ 上唯一的拓展.由于对 $\mathfrak{k}$ 的每个有限扩张皆能得到相应 K 上扩域使得上述论断成立,这就证明了条件 ②.

充分性.定理的条件规定 $\mathfrak{P}$ 不等于(0),$\mathfrak{M}$,因此排除了浅显赋值与 v 自身.当 $v=v_{\mathfrak{P}}\cdot\bar{v}_{\mathfrak{P}}$ 时,从条件 ①② 结合定理 3.8 即知 v 为 Hensel 赋值.结论即告成立. □

从上述定理还可以获得一个形式稍异的等价结论:

推论　设 $A'\subsetneqq A$ 是域 K 的两个赋值环.于是,A' 成为 Hensel 赋值环的充分必要条件是:

①A 是个 Hensel 赋值环;

②$\Phi_A(A')=A'/\mathfrak{M}$ 是 A 的剩余域 $\overline{K}_A=A/\mathfrak{M}$ 中一个 Hensel 赋值环,Φ_A 为自然同态 $A\to A/\mathfrak{M}$. □

命题 4.9　在 Hensel 域(K,v) 的非分歧扩张(K 包含在某一代数闭域 Ω 内)与 $\overline{K}$ 上有限可分扩张(含在代数闭域 $\overline{\Omega}$ 内) 间存在一一对应的关系.

证明　设 $\overline{K}(\bar{x})$ 是 $\overline{K}$ 上有限可分扩张,$\bar{x}\in\overline{\Omega}$;又设 $f(X)\in A[X]$ 为首项系数为 1 的多项式,使得 $\bar{f}(X)\in\overline{K}[X]$ 是 $\bar{x}$ 所满足的最小多项式.若 $f(X)$ 在 K 上有非常量因式,则在 A 上也如此,从而 $\overline{K}[X]$ 在 $\overline{A}$ 中有非常量因式.但 $\bar{f}(X)$ 在 $\overline{K}$ 上为不可约,因此 $f(X)$ 在 $K[X]$ 内也不也可约.令 x 是 $f(X)=0$ 在 Ω 中一零点,又置 $L=K(x)$,显然可选适当的 x 作为 $\bar{x}$ 的代表元.设

$$n=[L:K]=[\overline{K}[\bar{x}]:\overline{K}]=\deg\bar{f}(X)=\deg f(X)$$

显然有 $\bar{x}\in\overline{L},\overline{K}(\bar{x})\subseteq\overline{L}$.因此

$$n\leqslant[\overline{L}:\overline{K}]\leqslant[L:K]=n$$

从而有$[\overline{L}:\overline{K}]=[L:K]$.由此即知 L 在 K 上是非分歧的,以及 $\overline{L}=\overline{K}(\bar{x})$.后者是 $\overline{K}$ 上可分扩张,由此得到从 K 上非分歧扩张所成的集到 $\overline{K}$ 上可分扩张之间的一个映射,即映射 L 于 $\overline{L}$.以上的论证表明这是个满映射.现在要进一步证

明这是个一一映射,即 L 是 Ω 中以 $\overline{K}(\bar{x})$ 为剩余域的 K 上非分歧扩张.设 F 是 K 在 Ω 内的一个非分歧扩张,并且 $\overline{F}=\overline{L}=\overline{K}(\bar{x})$.令 $x_1(=x),\cdots,x_n$ 是 $f(X)=0$ 在 Ω 内的全部零点,于是 $\bar{f}(X)=0$ 在 $\overline{\Omega}$ 内的零点为 $\bar{x}_1,\cdots,\bar{x}_n$.这些 $\bar{x}_i$ 在 $\overline{\Omega}$ 中是互异的,因为 $\bar{x}$ 是 $\overline{K}$ 上的可分元,从而 $w(x-x_i)=0,i=2,\cdots,n,w$ 为 v 在 Ω 上的拓展.令 $b\in F$ 满足 $\bar{b}=\bar{x}$,于是 $w(b-x)>0$.按定理 4.6②,有 $K(x)\subseteq K(b)\subseteq F$,即 $L\subseteq F$.但 L 与 F 都是 K 的非分歧扩张,且有相同的剩余次数,因此 $[L:K]=[F:K]$,从而 $F=L$.证明即告完成.

4.2 Hensel 化

本节将要讨论的问题是对任一赋值域如何做出一个包含它的最小 Hensel 赋值域,要求它是所给域的可分代数扩张,并且具有某种意义下的唯一性,以下设所论及的赋值域 (K,v) 本身不是 Hensel 赋值域.

定义 4.10 设 (K,v) 是个赋值域;(K_H,v_H) 是它的赋值扩域,并且有下列条件成立:

①(K_H,v_H) 是个 Hensel 赋值域;

②K_H/K 是可分代数扩张;

③ 若 (L,v') 是 (K,v) 的另一个赋值扩域,且满足条件 ①②,则存在一个由 K_H 到 L 的单一 $K-$ 同态 ξ,使对每个 $x\in K_H$ 皆有

$$v_H(x)=v'(\xi(x))$$

则称 (K_H,v_H) 是 (K,v) 的一个 Hensel 化.

定理 4.11 任何一个赋值域 (K,v) 都存在一个除 $K-$ 同构不计外唯一的 Hensel 化.

证明 先证存在性.由定理 4.3 推论 1 可以推知可分代数闭域上的任一赋值都是 Hensel 赋值,因此不妨在 K 的可分闭包 Ω_S 内来进行构作.以 G 记 Ω_S/K 的自同构群,w 是 v 在 Ω_S 上的一个拓展.作 w 关于 K 的分解群 G_Z,以及它的分解域 K_Z.w 在 K_Z 上的限制记为 v_Z.据定理 3.23,v_Z 在 Ω_S 上以 w 为其唯一拓展.于是,由定理 4.3 推论 1 即知 (K_Z,v_Z) 是个包含 (K,v) 的 Hensel 赋值域.因此,若取 (K_Z,v_Z) 作为 (K_E,v_E),定理 4.10 条件 ①② 均告满足.

今设 (L,v') 是 (K,v) 的一个 Hensel 扩张.先考虑 L/K 为可分扩张,并设 $L\subseteq\Omega_S$.令 w' 是 v' 在 Ω_S 的唯一拓展,于是有 $\xi\in G$ 使得 $w=w'\cdot\xi$.任取 G_Z 中的元 σ,可得

$$w'\cdot\xi\cdot\sigma\cdot\xi^{-1}=w\cdot\sigma\cdot\xi^{-1}=w'\cdot\xi^{-1}=w'$$

这表明 $\xi\cdot\sigma\cdot\xi^{-1}\in G'_Z=G_Z(w'\mid K)$，从而有 $\xi^{-1}\cdot G_Z\cdot\xi\subseteq G'_Z$. 另一方面，任取 $\tau\in G'_Z$，有 $w'\tau=\omega'$. 从而又有

$$w\cdot\xi^{-1}\cdot\tau\cdot\xi=w'\cdot\tau\cdot\xi=w'\cdot\xi=w$$

故 $\xi^{-1}\cdot\tau\cdot\xi\in G_Z$. 于是

$$\xi^{-1}\cdot G'_Z\cdot\xi\subseteq G_Z$$

即 $G'_Z\subseteq\xi\cdot G_Z\cdot\xi^{-1}$，因此有

$$G'_Z=\xi\cdot G_Z\cdot\xi^{-1}$$

于是，w' 在 K 上的分解域为 $\xi(K_Z)$. 但 G'_Z 包含 $\mathrm{Aut}(\Omega_S/L)$，因此 $\xi(K_Z)\subseteq L$. 这表明了 ξ 是个从 K_Z 到 L 内的单一 $K-$ 同态，满足

$$v'(\xi(x))=w'(\xi(x))=w(x)=v_Z(x)\quad(x\in K_Z)\tag{3}$$

上式表明在 L/K 可分扩张时，(K_Z,v_Z) 满足定义的条件③. 如果 L/K 不是可分扩张，则取它的可分子域 L_S，以及 v' 在其上限制 v'_S 同样可使 (L_S,v'_S) 成为 (K,v) 的 Hensel 扩张. 若以 w'_S 表 v'_S 在 Ω_S 上的唯一拓展. 即有单一 $K-$ 同态 $\tau:L_S\to\Omega_S$ 使得 $\tau(L_S)$ 上的 $w'_S\cdot\tau^{-1}$ 成为 v 的一个 Hensel 拓展. 从上面的证明知有由 K_Z 到 $\tau(L_S)$ 的单一 $K-$ 同态 $\xi_1:K_Z\to\tau(L_S)$ 满足

$$(w'_S\cdot\tau^{-1})(\xi_1(x))=v_Z(x)\quad(x\in K_Z)$$

于是 $\xi=\tau^{-1}\cdot\xi_1$ 是个从 K_Z 到 L 内的单一 $K-$ 同态，仍然有 $w'(\xi_1(x))=v_Z(x)$ 成立. 因此条件③成立，即 w 关于 K 的分解域和 w 在其上的限制 v_Z 使得 (K_Z,v_Z) 成为 (K,v) 的一个 Hensel 化. 至于唯一性也不难从上述结论得出. 设 (K_H,v_H) 是 (K,v) 的另一个 Hensel 化. 由条件③知有单一 $K-$ 同态 $\xi:K_B\to K_Z$ 与 $\xi_1:K_Z\to K_H$，满足 $v_H\cdot\xi_1=v_Z$，及 $v_Z\cdot\xi=v_H$，从而 $\xi_1\cdot\xi$ 是一个由 K_H 到 K_H 的 $K-$ 自同构. 这就证明了 Hensel 化的唯一性，定理即告成立. □

命题 4.12 设 (L,w) 是个 Hensel 域，(K,v) 为其子域，$v=w_{1K}$. 于是 L 中有子域 $H\supsetneqq K$，以及 $v'=w_{1H}$ 使得 (H,v') 成为 (K,v) 的 Hensel 化.

证明 作 K 在 L 中的可分闭子域 K'. 据命题 4.4，w 在 K' 上的限制 w' 使得 (K',w') 为一 Hensel 域. 又按定理 4.11，(K,v) 有 Hensel 化 (K_H,v_H). 从定理 4.10③，知有单一 $K-$ 同态 $\xi:K_H\to K'$ 使得对每个 $x\in K_H$ 均有

$$w'(\xi(x))=v_H(x)$$

因此取 $H=\xi(K_H)$，$v'=w'\cdot\xi$ 即可. □

从上述命题直接可得下面的推论.

推论 赋值域的每一 Hensel 扩张都包含该赋值域的一个 Hensel 化.

特别对于一阶赋值域(K,v),据定理 1.17 它的完全化$(\widetilde{K},\tilde{v})$ 是个 Hensel 赋值域. 今有下面的命题.

命题 4.13 设(K,v) 是个一阶赋值域;Ω_S 是 K 的可分闭包,w 是 v 在 Ω_S 上的一个拓展. 又令 $L=\widetilde{K}\cap\Omega_S$,$v'$ 为 $w_{|L}$. 于是(L,v') 就是(K,v) 的一个 Hensel 化.

证明 首先,由命题 4.4 知(L,v') 是 Hensel 域. 从定理 4.11 的证明知(K,v) 的 Hensel 化 K_H 是 w 关于 K 的分解域 K_Z. 因此,v' 在 Ω_S 上以 w 为唯一拓展的充要条件是

$$\mathrm{Aut}(\Omega_S/L)\subseteq G_Z \tag{4}$$

其中 G_Z 为 w 关于 v 的分解群. 当式(4) 成立时,有 $L\supseteq K_Z$. 现在来证明反向的包含关系. 设 $x\in L$ 为任一元. 由于 $x\in\widetilde{K}$,故有 $a\in K\subseteq K_Z$,使得

$$w(a-x)>\max\{w(x-x')\mid x' \text{ 遍取 } x \text{ 的共轭元}, x'\neq x\}$$

据定理 4.6②,有 $x\in K_Z(a)=K_Z$. 因此

$$L=\widetilde{K}\cap\Omega_S=K_Z$$

即$(L,v')=(K_Z,v_Z)$. 结论即告成立. □

这个命题显然是定理 4.7 推论的一个自然的演进.

在第 1 章我们借助于一阶赋值域的完全化,曾经确定了赋值域在有限扩张上赋值拓展的个数. 对于任意阶的赋值而论,由于缺少完全化这一工具,故不能依照一阶的方式来处理此一问题. 但是赋值域 Hensel 化可用来替代该处的完全化而起到相同的作用. 现在先应引述一些与此有关的概念.

设 L/K 为一代数扩张,Ω 是 K 的一个代数闭包,L 包含于 Ω. 令

$$\theta: L\rightarrow\Omega \tag{5}$$

为由 L 到 Ω 内的单一 K — 同态(或称 K — 嵌入). 所在这种 θ 组成的集记作 $\mathrm{Mon}(L,\Omega\mid K)$ 当 L/K 为有限扩张时,$\mathrm{Mon}(L,\Omega\mid K)$ 是个有限集;又当 L/K 为正规扩张时,$\mathrm{Mon}(L,\Omega\mid K)$ 可以等同于 $\mathrm{Aut}(L/K)$.

设 $\widetilde{K}$ 是 Ω 中一个包含 K 的子域;又设 θ_1,θ_2 为 $\mathrm{Mon}(L,\Omega\mid K)$ 中二元. 若有 $\sigma\in\mathrm{Aut}(\Omega/\widetilde{K})$ 使得 $\theta_2=\sigma\cdot\theta_1$ 成立,则称 θ_1 与 θ_2 是 $\widetilde{K}$ — 等价的,记以 $\theta_1\underset{\widetilde{K}}{\sim}\theta_2$. 易知这是一个等价关系,它将 $\mathrm{Mon}(L,\Omega\mid K)$ 中的元分成等价的类,以这种以等价类为元素的集则记以 $\mathrm{Mon}_{\widetilde{K}}(L,\Omega\mid K)$.

今取(K,v) 的一个 Hensel 扩张$(\widetilde{K},\tilde{v})$,要求 $\widetilde{K}\subseteq\Omega$ 又以 $A,\widetilde{A}$ 分别为 $v,\tilde{v}$ 的赋值环. $\tilde{v}$ 在 Ω 上的唯一拓展其赋值环为 $\widetilde{A}$ 在 Ω 中的整闭包 $D=I_\Omega(\widetilde{A})$. 对于 $\theta\in\mathrm{Mon}(L,\Omega\mid K)$,$\theta(L)\cap D$ 就是 $\theta(L)$ 的一个赋值环. 返回到 L 上则 $B_\theta=$

$\theta^{-1}(\theta(L)\cap D)$ 是 L 的一个赋值环. 于是

$$
\begin{aligned}
B_\theta \cap K &= \theta^{-1}(\theta(L)\cap D\cap K)=\theta^{-1}(\theta(L)\cap D\cap \widetilde{K}\cap K)\\
&=\theta^{-1}(\theta(L)\cap \widetilde{A}\cap K)=\theta^{-1}(\theta(L)\cap A)\\
&=L\cap A=A
\end{aligned}
$$

即 B_θ 是 A 在 L 上的一个拓展. 今以 $E(L,A)$① 记 A 在 L 上全部拓展赋值环所成的集,于是有 $B_\theta\in E(L,A)$.

其次,设 $\theta_1 \underset{\widetilde{K}}{\sim} \theta_2,\theta_2=\sigma\cdot\theta_1,\sigma\in \mathrm{Aut}(\Omega/\widetilde{K})$. 从 $\theta_1 B_{\theta_1}=\theta_1(L)\cap D$,可得

$$\sigma\cdot\theta_1 B_{\theta_1}=\sigma\cdot\theta_1(L)\cap\sigma\cdot D=\theta_2(L)\cap D=\theta_2 B_{\theta_2}$$

即 $\theta_2 B_{\theta_1}=\theta_2 B_{\theta_2}$,因此有 $B_{\theta_1}=B_{\theta_2}$. 这就证明了

$$\theta\to B_\theta \tag{6}$$

给出一个从 $\mathrm{Mon}_{\widetilde{K}}(L,\Omega\mid K)$ 到 $E(L,A)$ 的映射. 今有下面的引理.

引理 4.14 在以上符号意义上,映射(6) 给出的

$$\mathrm{Mon}_{\widetilde{K}}(L,\Omega\mid K)\to(L,A) \tag{7}$$

是个满映射.

证明 设 $B\in E(L,A),\theta_1\in\mathrm{Mon}_{\widetilde{K}}(L,\Omega\mid K)$. 于是,$\theta_1(B)$ 是 $\theta_1(L)$ 的一个赋值环. 令 $C\in E(\Omega,\theta_1(B))$. 由于 $D=I_\Omega(\widetilde{A})$ 是 Ω 的一个赋值环,$\Omega/\widetilde{K}$ 是正规扩张,故有 $\sigma\in\mathrm{Aut}(\Omega/\widetilde{K})$ 使得 $\sigma C=D$. 设 $\theta=\sigma\cdot\theta_1$,显然 $\theta\in\mathrm{Mon}_{\widetilde{K}}(L,\Omega\mid K)$. 于是有

$$\theta(B)=\sigma\cdot\theta_1(B)=\sigma(C\cap\theta_1(L))=\sigma C\cap\theta(L)=D\cap\theta(L)$$

据上述,$\theta(L)\cap D=\theta(B_\theta)$,从而有 $B=B_\theta$. 这就证明了映射(7) 是个满映射.

□

现在要进一步考虑在什么条件下,由映射(6) 所做的映射是个单一映射. 因为在此一情况下,映射(7) 成为 $\mathrm{Mon}_{\widetilde{K}}(L,\Omega\mid K)$ 与 $E(L,A)$ 间的一个一一映射,从而在 L/K 为有限扩张时,A 在 L 上的拓展个数就等于有限集 $\mathrm{Mon}_{\widetilde{K}}(L,\Omega\mid K)$ 所含的映射数. 为此目的,今引入如下概念:

定义 4.15 设$(\widetilde{K},\widetilde{A})$ 是(K,A) 的一 Hensel 扩张,L/K 是代数扩张. 若由映射(6) 所定的映射是 $\mathrm{Mon}_{\widetilde{K}}(L,\Omega\mid K)$ 与 $E(L,A)$ 间的一个一一映射,则称$(\widetilde{K},\widetilde{A})$ 是 L－容许的. 若对每个代数扩张 L,$(\widetilde{K},\widetilde{A})$ 都是 L－容许的,则称$(\widetilde{K},\widetilde{A})$ 是容许的,或称$(\widetilde{K},\widetilde{A})$ 为(K,A) 的一个容许的 Hensel 扩张.

为了对任一赋值域做出一个容许 Hensel 扩张,先给出以下的引理:

---

① $E(L,A)$ 与 $E(L,v)$ 是等同的.

引理 4.16 设$(\widetilde{K},\widetilde{A})$是$(K,A)$的一个 Hensel 扩张，而且又是$L$－容许的. 于是有以下论断成立：

① 对每个满足$K\subseteq L'\subseteq L$的域L'，$(\widetilde{K},\widetilde{A})$是$L'$－容许的；

② 对L上每个纯不可分扩张$L'(\widetilde{K},\widetilde{A})$是$L'$－容许的.

证明 ① 设$\theta'_i\in \mathrm{Mon}_{\widetilde{K}}(L',\Omega\mid K)$，$i=1,2$，对应于$E(L',A)$中同一个元$B'$；又设$B$是$B'$在$L$上的一个拓展. θ'_i可以延展成为由L到Ω内的单一同态映射，令θ_i为其一. 由于$(\theta'_i(L')\cdot\widetilde{K},D\cap\theta'_i(L')\cdot\widetilde{K})$是$(\theta'_i(L'),\theta'_i(B'))$的一个 Hensel 扩张，同时$\theta'_i(L')\cdot\widetilde{K}$的代数闭扩张仍然是$\Omega$，故可用它们分别代替前面的$(\widetilde{K},\widetilde{A})$和$(K,A)$. 因此有某个$\tau_i\in\mathrm{Mon}_{\widetilde{K}}(\theta_i(L),\Omega\mid\theta'(L'))$，使得

$$\theta_i(B)=\tau_i^{-1}(D\cap\theta_i(L))$$

从而得到$B=(\tau_i\theta_i)^{-1}(D)$，$i=1,2$. 据所设$\theta_1\underset{\widetilde{K}}{\sim}\theta_2$，应有$\tau_2\theta_2=\sigma(\tau_1\theta_1)$，$\sigma\in\mathrm{Aut}(\Omega/\widetilde{K})$，从而$\theta'_2=\sigma\theta'_1$，即$\theta'_1\underset{\widetilde{K}}{\sim}\theta'_2$.

② 设L'/L是个纯不可分扩张，此时θ_i在L'上只有唯一的延展θ'_i. 因为对于$\alpha'\in L'$，设它的$q=p^m$次幂属于L，$\alpha'^q=\alpha\in L$. 若有$\theta_i(\alpha)=\alpha^{(i)}$，即可规定$\theta'_i:\alpha'\to\alpha'^{(i)}$，$\alpha'^{(i)}$是由$(\alpha'^{(i)})^q=\alpha^{(i)}$唯一确定的元. 如果$\theta'_1$，$\theta'_2$对应于同一赋值环$B'$，则有$B'\cap L=B=\theta_i^{-1}(D)$，$i=1,2$. 因此，有$\sigma=\mathrm{Aut}(\Omega/\widetilde{K})$使得有$\theta_2=\sigma\theta_1$成立. 由此又有$\theta'_2=\sigma\theta'_1$，结论即告证明. □

引理 4.17 任一赋值域的 Hensel 化都是容许的.

证明 设(K,A)为一赋值域，Ω是K的一个代数闭包，以K在Ω内的可分闭包Ω_S为L. 令B是A在L上的一个拓展，$G=\mathrm{Aut}(L/K)$. 在G内作B关于K的分解群G_Z. 据定理 4.11，分解域K_Z，及B在其上限制B_Z即为(K,A)的一个 Hensel 化. 今以$(\widetilde{K},\widetilde{A})$记$(K_Z,B_Z)$. 对于每个$\theta\in\mathrm{Mon}(L,\Omega\mid K)$，有$\theta(L)=L$，于是

$$\theta(B)=I_\Omega(\widetilde{A})\cap\theta(L)=I_\Omega(\widetilde{A})\cap L=B$$

若对于$\theta_1,\theta_2\in\mathrm{Mon}(L,\Omega\mid K)$有$\theta_1(B)=\theta_2(B)$，则$\theta_2\theta_1^{-1}(B)=B$. 按分解群的定义有$\theta_2\theta_1^{-1}=\sigma\in G_Z=\mathrm{Aut}(L/\widetilde{K})$，因此有$\theta'_1\underset{\widetilde{K}}{\sim}\theta'_2$. 再结合引理 4.16 即知$(K,A)$的 Hensel 化$(K_Z,B_Z)$是容许的. 证毕. □

由引理 4.16，4.17 得知，对于K上任一有限扩张L，欲知v在L上拓展的个数只须任取(K,v)的一个 Hensel 化$\widetilde{K}$，进而求$\mathrm{Mon}_{\widetilde{K}}(L,\Omega\mid K)$所含元的个数即可. 此处$\Omega$是$\widetilde{K}$的一代数闭扩张. 从引理 4.16② 得知，只须考虑L/K为有限可分的情形. 今有下面的定理.

定理 4.18 设(K,v)为一赋值域，L/K为有限可分扩张，$L=K[t]$. 为简

便计,以$(\widetilde{K},\tilde{v})$记$(K,v)$的 Hensel 化.若 t 的最小多项式 $f(X)\in K[X]$ 在 $\widetilde{K}$ 上分解为 g 个不可约因式之积

$$f(X)=P_1(X)\cdots P_g(X)$$

则 v 在 L 上仅有 g 个相异的拓展.

证明 取 $\widetilde{K}$ 的代数闭扩张 Ω,于是 $f(X)$ 在 Ω 上分解为一次因式之积

$$f(X)=(X-t_1)\cdots(X-t_n)\quad (t_1=t)$$

对应

$$\theta_i:t\to t_i\quad (i=1,\cdots,n)$$

为 $\mathrm{Mon}(L,\Omega\mid K)$ 中仅有的 n 个元.若 t_i 与 t_j 属于同一个因式 $p_r(X)$,则有某个 $\sigma\in\mathrm{Aut}(\Omega/\widetilde{K})$ 使得 $\sigma:t_i\to t_j$,从而有 $\theta_j=\sigma\cdot\theta_i$,即 $\theta_i\underset{\widetilde{K}}{\sim}\theta_j$.反之,对于不属于同一个 $p_r(X)$ 的 t_i 与 t_j,由它们所给出的 θ_i 和 θ_j 不是 $\widetilde{K}$ — 等价的,因此 v 在 L 上拓展的个数按引理 4.17 就是 $\mathrm{Mon}_{\widetilde{K}}(L,\Omega\mid K)$ 所含元的个数,后者又等于 $f(X)$ 在 $\widetilde{K}$ 上分解为不可约因式的个数 g.定理即告证明. □

在结束本节之前我们再引入一个与 Hensel 赋值域有关的概念.

定义 4.19 设赋值域(K,v)无代数的紧接扩张,就称(K,v)为代数极大的,或代数极大域.

命题 4.20 若赋值域(K,v)是代数极大的,则(K,v)是个 Hensel 赋值域.

证明 若以 w 记 v 在 K 的可分闭包 Ω_S 上的一个拓展,据定理 4.11 w 关于 K 的分解域 K_Z 及 w 在其上的限制 v_Z 构成(K,v)的一个 Hensel 化(K_Z,v_Z).从定理 3.27 得知 K_Z/K 是个代数紧接扩张.由所设(K,v)为代数极大域,故应有 $K=K_Z,v=v_Z$,即(K,v)是个 Hensel 赋值域,证毕. □

Hensel 赋值域自然不必是代数极大的,但在一定的条件下也可能成为代数极大域.今有下面的定理.

命题 4.21 设(K,v)是个 Hensel 赋值域,并满足如下条件:v 的剩余域 $\overline{K}$ 的特征数为 0;或者,特征数为 $p\neq 0$,但在 0 与 $v(p)$ 间只有有限多个元,于是(K,v)是个代数极大域.

证明 用反证法.设(L,w)是(K,v)的一个代数紧接扩张.不失一般性,不妨设 L/K 为正规扩张,$[L:K]=n$.按(K,v)为 Hensel 域,v 在 L 上的拓展 w 是唯一的.任取 $x\in L$,令 $x_1(=x),x_2,\cdots,x_n$ 为 x 的 K — 共轭元,取

$$a=\frac{1}{n}\sum_{i=1}^{n}\quad (x_i\in K)$$

显然 $x-a\neq 0$.设 $w(x-a)=\gamma\in w(L^*)=\Gamma=v(K^*)$,又取 $c\in K$,使有 $v(c)=\gamma$,于是

$$w\left(\frac{x-a}{c}\right)=0$$

由于 w 与 v 有相同的剩余域，故有 $d\in K, v(d)\geqslant 0$ 使得

$$w\left(\frac{x-a}{c}-d\right)>0$$

从而 $w(x-(a+cd))>v(c)=w(x-a)$. 有限次重复这一论证过程可得到一适当的 $b\in K$，使得有

$$w(x-b)>w(x-a)+v(n)$$

$n\in\mathbf{N}$ 是 x 的共轭元个数. 由

$$v(a-b)=w((x-b)-(x-a))=w(x-a)$$

无论 $v(n)=0$ 或否，皆有

$$\begin{aligned}v(n)+v(a-b)=v(n(a-b))&=w(\sum_{i=1}^{n}(x_i-b))\\&\geqslant w(x-b)>w(x-a)+v(n)\\&=v(a-b)+v(n)\end{aligned}$$

矛盾！这就证明了 (K,v) 是代数极大域. □

推论 设 (K,v) 满足命题中的条件，但不是 Hensel 域，于是 (K,v) 的 Hensel 化是个代数极大域.

证明 令 $(\widetilde{K},\tilde{v})$ 是 (K,v) 的 Hensel 化. 据定理 3.27，$\widetilde{K}=K_Z$ 是 K 上的代数紧接扩张，即 $\tilde{v}$ 的剩余域同于 v 的剩余域. 由命题即知 $(\widetilde{K},\tilde{v})$ 是个代数极大域. 证毕. □

4.3 多重 Hensel 域

在 1.3 节中曾经在一阶完全域上讨论了有关多项式的分解型问题. 引理 1.26 证明了在完全域 (K,v) 上的可分多项式 $f(X)$，在它的一个适当的邻域内所有多项式在 K 上都同样是可分多项式. 在该引理的证明中，完全赋值 v 所起的作用仅在于它在 K 的代数闭包 Ω 上有唯一的拓展. 因此，当 v 改换成 Hensel 赋值将可得到相同的结论. 本节主要对具有两个独立的 Hensel 赋值的域上来给出一个有特殊意义的结论.

设 $f(X), g(X)$ 是域 K 上的多项式，二者具有相同的次数. 若 $f(X), g(X)$ 在 K 上分解为

$$f(X)=p_1(X)\cdots p_r(X)$$
$$g(X)=q_1(X)\cdots q_r(X)$$
其中 $p_i(X),q_i(X)$ 均为 K 上不可约因式,并且,经过适当排列后可使
$$\deg p_i(X)=\deg q_i(X)\quad (i=1,\cdots,r)$$
则称 $f(X)$ 与 $g(X)$ 在 K 上有相同的分解型.

现在先就赋值域(K,v) 上多项式的分解型问题作一讨论. 首先作如下准备:

设 $f(X)\in K_{(n)}[X]$,其首项系数为 K 的单位元 1;又设 γ 为 v 的值群 Γ 中一元,$N_\gamma(f)$ 的意义如 3.5 节中所规定. 令 Ω 为 K 的一代数闭包,w 为 v 在 Ω 上的一拓展,其值群 Γ' 为 $D(\Gamma)$ 中一子群. 设 $f(X)$ 在 Ω 上分解如下
$$f(X)=x^n+a_{n-1}X^{n-1}+\cdots+a_0=(X-\alpha_1)\cdots(X-\alpha_n)\tag{8}$$
令
$$\lambda'=\max\{w(\alpha_i-\alpha_j)\mid i,j=1,\cdots,n,i\neq j\}$$

引理 4.22 符号意义如上. 设 $g(X)$ 是 K 上首项系数为 1 的多项式. 在 Γ 中取元 δ,使有 $\delta>\lambda'$,于是有 Γ 中某个 $\gamma>0$,使得当 $g(X)\in N_\gamma(f)$ 时,有下列论论断成立:

①$\deg g(X)=\deg f(X)=n$,且 $g(X)$ 可分多项式;

② 对于 $f(X)$ 在 Ω 中的每一零点 α,必有 $g(X)$ 唯一零点 β,满足 $w(\alpha-\beta)>\delta$.

证明 首先令
$$\gamma'=\max\{0,n\delta-\min\{j\cdot w(\alpha_i)\mid j\in[0,n-1],i\in[1,n]\}\}$$
由于 Γ' 是 Γ 的可除闭包 $D(\Gamma)$ 中的子群,故可在 Γ 中取 $\gamma>\gamma'$. 于是从 $g(X)\in N_\gamma(f)$ 即知
$$\deg g(X)=\deg f(X)=n$$
设 D 是 $g(X)$ 的零点集中一子集,其中每个 $\beta\in D$ 均与 $f(X)$ 的某一零点 α_i 满足 $w(\alpha_i-\beta)>\delta$,具有此一性质的 β 必不会对 $f(X)$ 的另一零点 α_j 同样使 $w(\alpha_i-\beta)>\delta$ 成立. 固若不然,则有
$$\begin{aligned}w(\alpha_i-\alpha_j)&=w(\alpha_i-\beta+\beta-\alpha_j)\\&\geqslant\min\{w(\alpha_i-\beta),w(\alpha_j-\beta)\}>\delta>\lambda'\end{aligned}$$
而与 λ' 的所设矛盾.

另一方面,$g(X)$ 的每个零点 β 均与 $f(X)$ 的某个 α_i 满足 $w(\alpha_i-\beta)>\delta$. 设其不成立,即对每个 α_i 均有 $w(\alpha_i-\beta)\leqslant\delta$. 由 $g(X)$ 在 Ω 内的分解式
$$g(X)=x^n+b_{n-1}X^{n-1}+\cdots+b_0=(X-\beta_1)\cdots(X-\beta_n)$$

可得

$$
\begin{aligned}
w(g(\alpha_i)) = w(g(\alpha_i) - f(\alpha_i)) &= w(\sum_{j=0}^{n-1}(b_j - a_j)\alpha_i^j) \\
&\geqslant \min\{w(b_j - a_j) + j \cdot w(\alpha_i) \mid j = 0, \cdots, n-1\} \\
&\geqslant v^*(g(X) - f(X)) + \min\{j \cdot w(\alpha_i) \mid j = 0, \cdots, n-1\} \\
&> \gamma + \min\{j \cdot w(\alpha_i) \mid j = 0, \cdots, n-1\} \\
&> \gamma' + \min\{j \cdot w(\alpha_i) \mid j = 0, \cdots, n-1, i = 0, \cdots, n\} > n\delta
\end{aligned}
$$

但对每个 α_i 均有 $w(\alpha_i - \beta) \leqslant \delta$，由此导致

$$
w(g(\alpha_i)) = w((\alpha_i - \beta_1)\cdots(\alpha_i - \beta_n)) = \sum_{j=1}^{n} w(\alpha_i - \beta_j) \leqslant n\delta
$$

而与上式矛盾.

由于 $g(X)$ 的每一零点 β_i 均与 $f(X)$ 的某个唯一零点 α_i 满足 $w(\alpha_i - \beta_i) > \delta$，故 ② 成立. 至于 $g(X)$ 无重零点这一事实也由此获证. 因此论断 ① 也成立，引理即告证明. □

定理 4.23 设 (K, v) 为 Hensel 赋值域，$f(X)$ 为 K 上可分多项式. 于是，在 $f(X)$ 的某个邻域 $N_\gamma(f)$ 内所有的 $g(x)$ 都与 $f(x)$ 在 K 上有相同分解型.

证明 设 Ω, w, δ 意义如前. 不妨令 $f(X)$ 首项系数为 1，它在 K 上分解成

$$
f(X) = p_1(X)\cdots p_r(X)
$$

其中 $p_1(X)\cdots p_r(X)$ 均系 K 上不可约多项式. 又设 $f(X)$ 在 Ω 上的分解如式(8)所示. 今取 $p_i(X)$ 中任意一个，例如 $p(X) = p_1(X)$，并设它在 Ω 上的分解成

$$
p(X) = (X - \alpha_1)\cdots(X - \alpha_m)
$$

依照此前对 $f(X)$ 的分解式所为，作

$$
\lambda'_1 = \max\{w(\alpha_i - \alpha_j) \mid i, j = 1, \cdots, m, i \neq j\}
$$

并对其余的 $p_i(X)$ 同样做出相应的 $\lambda'_2, \cdots, \lambda'_r$，取

$$
\lambda' = \max\{\lambda'_1, \cdots, \lambda'_r\}
$$

于是按照引理 4.22 取 $\delta > \lambda'$，并由此定出 $\gamma \in \Gamma$，从而使得 $p(X)$ 的每一零点 α_i 必有 $g(X)$ 的唯一零点 β_i 使能满足 $w(\alpha_i - \beta_i) > \delta$. 今设

$$
q_1(X) = (X - \beta_1)\cdots(X - \beta_m)
$$

由于 $p_1(X) \in K[X]$，其零点 $\alpha_1, \cdots, \alpha_m$ 是关于 K 的共轭元，即对于 $\mathrm{Aut}(\Omega/K)$ 中的 $K-$自同构 σ，有 $\sigma(\alpha_i) = \alpha_j, i, j = 1, \cdots, m$. 由于 w 是 v 在 Ω 上的唯一拓展，故 $w = w \cdot \sigma$，于是有

$$
w(\alpha_i - \beta_i) = w \cdot \sigma(\alpha_i - \beta_i) = w(\sigma(\alpha_i) - \sigma(\beta_i)) = w(\alpha_j - \sigma(\beta_i))
$$

按 β_j 是满足 $w(\alpha_j - \beta_j) > \delta$ 的唯一零点，故应有 $\sigma(\beta_i) = \beta_j$. 这表明了 $\beta_1, \cdots, \beta_m$

是 Ω 中关于 K 的共轭元. 若令 $q_1(X)=(X-\beta_1)\cdots(X-\beta_m)$，则 $q_1(X)\in K[X]$. 显然有 $\deg p_1(X)=\deg q_1(X)$，对于 $p_2(X),\cdots,p_r(X)$ 均可作同样处理，这就得到 $g(X)=q_1(X)\cdots q_r(X)$，即 $g(X)$ 与 $f(X)$ 在 K 上有相同的分解型. 证毕.

□

为证明本节主要结论，先注意如下事实：对任一 $f(X)=\sum_{i=0}^{n}a_iX^i\in K[X]$，作

$$f_b(X)=\sum_{i=0}^{n}a_ib^{n-i}X^i=b^nf(X/b)$$

其中 b 可为 K 中任一非零元. 显然，$f(X)$ 与 $f_b(X)$ 在 K 上有相同的分解型. 据上述定理直接可得以下推论：

推论 设 (K,v) 为一 Hensel 赋值域，$f(X)=\sum_{i=0}^{n}a_iX^i\in K[X]$. 令

$$M=\{f_b(X)\mid b\in K \text{ 且 } b\neq 0,v(b)\leqslant 0\} \tag{9}$$

于是有下列论断成立：

①$K_{(n)}[X]$ 中多项式 $g(X)$ 只要与 M 中任何一个 $f_b(X)$ 的距离 $v^*(g-f_b)$ 大于某一适当的 $\gamma\in\Gamma$，就与 $f(X)$ 在 K 上有相同的分解型；

②M 中的每个 $f_b(X)$ 与 $f(X)$ 它们零点属于 K 上同一扩域. □

有了以上准备，现在来证明下述引理：

引理 4.24 设 v,v' 为 K 上二独立的 Hensel 赋值，于是 K 上任何两个次数相同的可分多项式在 K 上均有相同的分解型.

证明 不妨设所考虑的多项式其最高项系数均为 K 中单位元 1. 令

$$f(X)=X^n+\sum_{i=0}^{n-1}a_iX^i,\ g(X)=X^n+\sum_{i=0}^{n-1}c_iX^i$$

以及

$$h(X)=X^n+\sum_{i=0}^{n-1}a_ib^{n-i}X^i+\sum_{i=0}^{n-1}c_i(b')^{n-i}X^i$$

其中 b,b'，均为 K 中待定元，且不等于 0. 与 M 相类似，今再规定

$$M'=\{g_{b'}(X)=\sum_{i=0}^{n}c_i(b')^{n-i}X^i\mid v'(b')\leqslant 0\} \tag{10}$$

据以上规定，今有

$$h(X)=f_b(X)+\sum_{i=0}^{n-1}c_i(b')^{n-i}X^i=g_{b'}(X)+\sum_{i=0}^{n-1}a_ib^{n-1}X^i \tag{11}$$

现在令

$$m=\min\{v(c_i)\mid i=0,\cdots,n-1\}$$
$$m'=\min\{v'(a_i)\mid i=0,\cdots,n-1\}$$

设 γ 是使多项式 $h(X)$ 对于 v 满足定理 4.23 推论的 Γ 中一元. 若 $\gamma-m<0$,可先在 Γ 中取元 δ,使得有 $n\delta>\gamma-m$. 由于 v 与 v' 相互独立,由逼近定理 2.47,可在 K 中取元 b',使得有

$$\begin{cases}v(b')>\delta>\dfrac{1}{n}(\gamma-m)\\ v'(b')\leqslant 0\end{cases}\tag{12}$$

成立. 若 $\gamma-m\geqslant 0$,则在 K 中取适合

$$\begin{cases}v(b')>\gamma-m\\ v'(b')\leqslant 0\end{cases}\tag{12'}$$

的元 b' 即可. 无论取 b' 适合式(12) 或(12′),均有

$$v^*(h-f_b)>\gamma$$

按推论,$h(X)$ 与 $f_b(X)$ 在 K 上有相同的分解型,从而与 $f(X)$ 也有同一分解型. 此处 b 尚属待定,只知它应满足 $v(b)\leqslant 0$. 现在来确定 b. 令 γ' 是 $h(X)$ 对于 v' 适合推论要求的 Γ' 中一元. 与上面一样可分别就 $\gamma'-m'<0$ 和 $\gamma'-m'\geqslant 0$ 的情形来确定满足

$$\begin{cases}v'(b')>\delta'>\dfrac{1}{n}(r'-m')\\ v(b)\leqslant 0\end{cases}\tag{13}$$

或者

$$\begin{cases}v'(b)>\gamma'-m'\\ v(b)\leqslant 0\end{cases}\tag{13'}$$

的元 b,于是 $h(X)$ 就被确定. 又由

$$v^*(h-g_{b'})>\gamma'$$

知 $h(X)$ 与 $g_{b'}(X)$ 在 K 上有相同分解型,从而 $f(X)$ 与 $g(X)$ 在 K 上有同一分解型. 证毕. □

从上述引理就可证得本节主要结论.

定理 4.25[①] 设域 K 上有两个独立的 Hensel 赋值,于是 K 是个可分代数闭域.

证明 设 $f(X)$ 是 K 上任一 n 次可分多项式,不失一般性,设其首项系数

① 见本章参考文献[4],[7],[10].

为 K 中单位元 1. 今取 $g(X)=(X-c_1)\cdots(X-c_n)$，$c_1,\cdots,c_n$ 为 K 中 n 个不相同的元. 由于所考虑的赋值均是非浅显赋值，故 K 不是有限域，从而这种选取必然可能. 按上述引理，$f(X)$ 与 $g(X)$ 在 K 上有相同的分解型. 这就证明了 $f(X)$ 的零点全在 K 内，即 K 是个可分代数闭域. 证毕. □

若 K 中有两个相依 Hensel 赋值，则可证得一个与上述定理相当的结论. 今有下面的命题.

命题 4.26 设域 K 有两个非浅显的相依 Hensel 赋值 v,v'，于是有 K 的一个剩余域，它是个可分代数闭域.

证明 设 $(A,\mathfrak{M})$，$(A',\mathfrak{M}')$ 分别是 v,v' 的赋值对. 令 $D=A\cdot A'$. 于是有 $D\neq K$，并且 $D=A_{\mathfrak{P}}=A'_{\mathfrak{P}}$，$\mathfrak{P}$ 为 A 与 A' 公有的最大素理想，自然也是子环 D 的最大素理想. 今以 w 记由 $(D,\mathfrak{P})$ 所定的赋值，于是 (K,w) 剩余域为 $\overline{K}=D/\mathfrak{P}$；又以 $\bar{v},\bar{v}'$ 分别记 $\overline{K}$ 上由 $(A/\mathfrak{p},\mathfrak{M}/\mathfrak{P})$，$(A'/\mathfrak{P},\mathfrak{M}'/\mathfrak{P})$ 所定的赋值. 按定理 4.8②，$\bar{v}$ 与 $\bar{v}'$ 分别是剩余域 $\overline{K}=A_{\mathfrak{P}}/\mathfrak{P}=A'_{\mathfrak{P}}/\mathfrak{P}$ 上二 Hensel 赋值. 由于 $A/\mathfrak{P}\cdot A'/\mathfrak{P}=D/\mathfrak{P}=\overline{K}$，所以 $\bar{v}$ 与 $\bar{v}'$ 是互为独立的. 因此，按定理 4.24，$\overline{K}$ 是个可分代数闭域. 证毕. □

4.4 Hensel 赋值在扩域上的亏损率

在 3.3 节中曾对赋值在扩域中的拓展引进过亏损率这一概念. 在 v 为 K 上 Hensel 赋值时，此一概念具有最简单的形式. 设 L/K 为有限扩张，于是 v 关于 L 的亏损率等于

$$d(L\mid K)=\frac{[L:K]}{e(L/K)f(L/K)} \tag{14}$$

对这一特款而论将可得出较完整的结论. 本节主要内容即在于给出它的表式. 为此，首先应提及一个简单事实：由于域的扩张次数，分歧指数与剩余次数都是可连乘的，因此亏损率也同样具有此一性质. 具体而言，当 Hensel 赋值域满足关系 $(K,v)\subsetneq(F,v')\subsetneq(L,w)$ 时，其中 v',w 分别是 v 在 F,L 上的唯一拓展，于是有 $d(L\mid K)=d(L\mid F)\cdot d(F\mid K)$ 成立.

引理 4.27 设 (K,v) 为 Hensel 赋值域，L/K 为有限扩张，$[L:K]=n$. 于是有：

① 若素数 $q\mid e(L\mid K)$，则 $q\mid n$；

② 若素数 $q\mid f(L\mid K)$，则 $q\mid n$.

证明 ① 以 w 为 v 在 L 上的唯一拓展；Γ 与 Γ' 分别为 v,w 的值群. 由 $q \mid e(L \mid K)$ 知 Γ' 中必有某个 γ' 使得 $q\gamma' \in \Gamma$. 令 $u \in L$ 满足 $w(u)=\gamma'$，于是有 $w(u^q) \in \Gamma$. 令 $w(u^q)=v(a)$，$a \in K$，因此 u 满足 K 上多项式 $X^q - a_0$. 按 q 为素数，$u \notin K$，故 $X^q - a_0$ 在 K 上不可约，从而 $q=[K(u):K] \mid [L:K]$. 这就证明了 ①.

② 设 $q \mid f(L \mid K)$. 先考虑 $\bar{L} \mid \bar{K}$ 为可分扩张，$\bar{K}$ 的特征数为 $p \neq 0$ 的情形. 若 $q \neq p$，$\bar{L}$ 中应有某个 $\bar{u}$ 使得$[\bar{K}(\bar{u}):\bar{K}]=q$. 若 $q=p$，则 $\bar{u}$ 的某一 p^i 次幂 $\bar{u}^{p^i}$ 为 $\bar{K}$ 上可分元. 此时有

$$p \mid [\bar{K}(\bar{u}):\bar{K}]=[\bar{K}(\bar{u}):\bar{K}(\bar{u}^{p^i})]\cdot[\bar{K}(\bar{u}^{p^i}):\bar{K}]$$

今在 w 的赋值环 B 中选取 $\bar{u}$ 的一个代表 u. 令 $g(X)$ 为 u 所满足的 K 上不可约多项式，其首项系数为 1. 按 $g(X)$ 系数都是 A 上整元，故有 $g(X) \in A(X)$. 又由于它在 K 上不可约，故 $\bar{g}(X)=(\bar{J}(X))^r$. $\bar{J}(X) \in \bar{K}[X]$ 是 $\bar{K}$ 上一不可约多项式，r 为一正整数，$\bar{J}(\bar{u})=0$. 由$[\bar{K}(\bar{u}):\bar{K}]=q$ 有 $\deg \bar{J}(X)=q$，从而导致

$$q=\deg \bar{J}(X) \mid \deg g(X)=[K(u):K] \mid [L:K]$$

② 即告证明. □

引理 4.28 所设同引理 4.27. 若$[L:K]=q$，q 是个素数，并且 $q \neq p = \operatorname{char} \bar{K}$，于是有 $d(L \mid K)=1$，$e(L \mid K)$ 与 $f(L \mid K)$ 中有一个为 q，另一个为 1.

证明 用反证法. 假若 $d(L \mid K)>1$，则应有 $e(L \mid K)=f(L \mid K)=1$. 令 $x \in L\backslash K$，$g(X)=X^q+a_{q-1}X^{q-1}+\cdots+a_0$ 是 x 所适合的最小多项式. 今以 $x-(a_{q-1}/q)$ 替换 x，则有 $a_{q-1}=0$. 由 $e(L \mid K)=1$，有 $w(x)=v(b)$，$b \in K$. 再以 $\dfrac{x}{b}$ 替换 x，则 $w(x)=0$. 由于(K,v) 是 Hensel 赋值域，x 的 $K-$共轭元 x' 也有 $w(x')=0$，从而导致 $v(a_0)=0$. 另一方面，从 $f(L/K)=1$ 知有 $c=K$，使得 $\bar{x}=\bar{c} \neq \bar{0}$，从而 $0=\bar{g}(\bar{x})=\bar{g}(\bar{c})$. 按 $g(X)$ 在 K 上的不可约性以及 $c \in K$，故应有 $\bar{g}(X)=(X-\bar{c})^q$. 由于已有 $a_{q-1}=0$，从上式即得 $\bar{0}=\bar{a}_{q-1}=q\bar{c}$，但 $q \neq p$，$\bar{c} \neq \bar{0}$ 矛盾！这就证明了 $d(L \mid K)=1$，以及 $e(L \mid K)$ 与 $f(L \mid K)$ 二者一个等于 q，另一个为 1. 引理即告成立. □

现在来证明本节的主要结论：

定理 4.29 设(K,v) 为 Hensel 赋值域，L/K 为有限扩张，又设 $\operatorname{char} \bar{K}=p$，$p$ 是个素数，于是有：

① 当 $p \neq 0$，有 $d(L \mid K)=p^r$，r 是某一正整数；

② 当 $p=0$，有 $d(L \mid K)=1$. (15)

证明(Artin) 以 L_S 表 L/K 的可分子扩张，于是 L/L_S，为纯不可分扩张.

当 char $K \neq 0$，char $\overline{K}=p$ 时，char $K=p$，因此有$[L:L_S]=p^r$，r 为某一正整数. 据引理 4.27，$e(L/L_S)$ 与 $f(L/L_S)=p^m$，$m \leqslant r$. 现在可以对可分扩张 L_S/K 进行论证. 为书写简便计，径以 L/K 为有限可分扩张. 设$[L:K]=q^i \cdot n_1$，其中 q 为一素数，$q \nmid n_1$. 今往证 $e(L/K)f(L/K)=q^i \cdot n_2$，$q \nmid n_2$. 令 N 为 L/K 的正规闭扩张，$G=\mathrm{Aut}(N/K)$. 取 G 中的 q-Sylow 子群 S，以 F_0 为其稳定域. 显然有 $K \subsetneqq F \subsetneqq N$，且$[F_0:K]$不含素因子 q，因此 F_0 不含在 L 内. N 又是 L 上正规扩张，在 $\mathrm{Aut}(N/L)$ 中取子群 $S \cap \mathrm{Aut}(N/L)$，它的稳定域 F_i 处于 L 与 N 之间，并且$[F_i:L]$不含素因子 q. 但$[F_i:F_0]$是 q 的一个幂，故有$[F_i:F_0]=q^i$. 由此又可得出一串子域 $F_0 \subsetneqq F_1 \subsetneqq \cdots \subsetneqq F_i$，其中相邻的扩张 $F_{j-1} \subsetneqq F_j$，其扩张次数为 q，据引理 4.27，有$[F_j:F_{j-1}]=q=e(F_j/F_{j-1})f(F_j/F_{j-1})$. 另一方面，由 e，f 的可乘性，有

$$e(F_i/F_0)e(F_0/K)=e(F_i/L)e(L/K)$$
$$f(F_i/F_0)f(F_0/K)=f(F_i/L)f(L/K)$$

由于$[F_0:K]$与$[F_i:K]$都与 q 互素，从引理 4.27 可知 $e(F_0/K)f(F_0/K)$ 和 $e(F_i/F_0)f(F_i/L)$ 均与 q 互素，从而 $e(L/K)f(L/K)$ 所含 q 的幂等于 $e(F_i/F_0)f(F_i/F_0)=q^i$，这就证明了$[L:K]$中所含某一素数 $q \neq p$ 的幂等于 $e(L/K)f(L/K)$ 中所含该素数之幂. 因此，当 char $\overline{K}=p \neq 0$ 时，有 $d(L \mid K)=p^r$，即 ① 成立. 又在 $p=0$ 时，则有 $d(L \mid K)=1$，即 ② 成立，定理即告证明.

□

推论 设(L,w)是(K,v)上一个 Hensel 扩张，而且又是代数紧接扩张. 若有 char $\overline{K}=0$，则(L,w)是(K,v)的一个 Hensel 化.

证明 首先，据命题 4.12 的推论，L 中包含(K,v)的一个 Hensel 化，记以(K_H,v_H). 令 F 是 K_H 上任一有限扩张，并且 $K_H \subsetneqq F \subsetneqq L$. 由定理及推论的所设，应有$[F:K_H]=e(F/K_H)f(F/K_H)=1$，因此 $F=K_H$. 由于每个包含在 L 内的 K_H 上有限扩张均与 K_H 相同，故 $L=K_H$，即$(L,w)=(K_H,v_H)$是(K,v)的一个 Hensel 化. □

在(K,v)的剩余域 $\overline{K}$ 其特征数为 0 时，一个特别值得提及的特款是 $\overline{K}$ 成为实域的情形. 此时我们称 v 为 K 的实赋值，v 的赋值环 A 为实赋值环. 如果 v 又是 Hensel 赋值，则称它为实 Hensel 赋值. 从上述推论得知，当 v 为 K 的实赋值时，v 成为实 Hensel 赋值的充要条件是(K,v)除自身外无其他的紧接代数扩张.

关于实 Hensel 赋值今再给出如下的特征,但只作简约的证明[①].

命题 4.30 设(K,v)是个 Hensel 赋值域. v成为K的实 Hensel 赋值,当且仅当K是个实域.

证明 设K是个实域."$\geqslant$"是它的一个序. 又以"$<$"表v的值群Γ之序. 设$a,b\in K,a>0$以及$v(a)<v(b)$,因此$ba^{-1}\in\mathfrak{M}$. 对于$A[X]$中多项式

$$X^2+X+ba^{-1}\equiv X(X+1)(\mathrm{mod}\ \mathfrak{M})$$

从v是个 Hensel 赋值知有$c,d\in K$,使得

$$X^2+X+ba^{-1}=(X+c)(X+d)$$

由此可得$c+d=1,ba^{-1}=cd$,从而$(c-c^2)a=b$. 但由$a>0$可得

$$a(\frac{1}{2}-c)^2=a(\frac{1}{4}-c+c^2)=\frac{1}{4}a-b\geqslant 0$$

由此又有$a>\frac{1}{4}a\geqslant b$,这表明了"$\geqslant$"与$v$是相容的. 若以$P$记$K$中由"$\geqslant$"所定的正锥[②],从"$\geqslant$"与$v$的相容性$A\cap P$可给出$\overline{K}_v=A/\mathfrak{M}$上一个正锥$\overline{P}$,只须令$\bar{a}=a+\mathfrak{M}\in\overline{P}$当且仅当$a\in P$,这就给出$\overline{K}_v$的一个序,从而$\overline{K}_v$是个实域. 因此$v$就是个实 Hensel 赋值. 反之,由$\overline{K}$的正锥$\overline{P}$,令

$$P=K^2\cdot\{a\in A\mid\bar{a}\in\overline{P}\}$$

可以验知P成为K的一个正锥,从而K是个实域. 命题即告证明. □

4.5 Hensel 赋值在子域上所给出的赋值

在命题 4.4 中我们曾对 Hensel 赋值在子域上的所给出的赋值仍为 Hensel 赋值给出一个结论,但该结论是在一个较强的前设下得出的. 在本节书中将对此问题作进一步探讨. 以下对所考虑的域均在一代数闭域Ω内,又为方便计,将以赋值环A,B替代赋值v,w进行论证. 首先有下面的引理.

引理 4.31 设L/K是正规代数扩张,L不是Ω中的可分闭域. 设B是L的一个 Hensel 赋值环,$A=B\cap K$. 若B'是A在L上的另一拓展,则B'也是个 Hensel 赋值环.

证明 不妨设L/K是个可分扩张,因若不然,则可用K在L内由纯不可分

① 详尽的证明超出本书范围,见本章参考文献[13],[19].

② 正锥P是指K中子集$P=\{a\in k\mid a\geqslant 0\}$.

元生成的子域 K_{ins} 替代 K. 设 C 是 B 在 K 的可分闭包 Ω_S 上的唯一拓展，C' 是 B' 在 Ω_S 上的一个拓展. 由于 B 是 Hensel 赋值环，故 $K_Z(C \mid L)=L$. 又因为 C 与 C' 同为 A 在 Ω_S 上的两个拓展，故有 $\sigma \in \mathrm{Aut}(\Omega_S \mid L)$ 使得 $\sigma C = C'$，从而有

$$\begin{aligned} K_Z(C' \mid L) &= K_Z(C' \mid K) \cdot L = \sigma K_Z(C \mid K) \cdot \sigma L \\ &= \sigma(K_Z(C \mid K) \cdot L) = \sigma K_Z(C \mid L) \\ &= \sigma L = L \end{aligned}$$

这表明了 B' 也是 L 的 Hensel 赋值环. □

在 B 为一阶 Hensel 的赋值环时，有结论如下：

推论 1 在引理的前设下，若 B 是 L 的一个一阶 Hensel 赋值环，则 $A = K \cap B$ 是 K 的 Hensel 赋值环.

证明 由引理知，若 A 在 L 上另一个 Hensel 赋值环 B'，由于 B 与 B' 都是一阶的，故二者相互独立，即 L 上有两个独立的 Hensel 赋值，按定理 4.25，L 是个可分闭域，矛盾！因此 A 是 K 的 Hensel 赋值环. □

又在上述引理的前设下，若 A 不是 Hensel 赋值环，则显然有以下的结论成立：

推论 2 在引理的所设下，今以 C 为 A 在 Ω_S 上的一个拓展，又令 D 为 Ω_S 上由所有 σC 所组成的赋值环，σ 遍取 $\mathrm{Aut}(\Omega/K)$ 中所有的元. 若 $D \neq \Omega_S$，则 $D \cap L = B'$ 是个 Hensel 赋值环；$B' \supsetneqq B$，并且 $B' \cap K$ 也是 Hensel 赋值环.

□

定理 4.32 设 L/K 是个有限正规扩张，B 是 L 的一个 Hensel 赋值环. 若对于 B 中每个不为赋值理想 $\mathfrak{N}$ 的素理想 $\mathfrak{Q}$(包括 $\mathfrak{Q}=(0)$)，其剩余域 $B_{\mathfrak{Q}}/\mathfrak{Q}$ 都不是可分闭域，则 $A = K \cap B$ 是 K 的 Hensel 赋值环.

证明 若 A 不是 Hensel 赋值环，则 A 在 L 上另有一拓展 B'，$B' \neq B$. 据引理 4.31，B' 也是个 Hensel 赋值环. 若 B 与 B' 互为独立，则由定理 4.25 知 L 是个可分闭域. 但这与 $L = B_{(0)}/(0)$ 不是可分闭域的所设相矛盾. 因此 B 与 B' 不是互为独立的，但它们是不可序的. 今设 $D = B \cdot B'$，显然 $D \neq L$. 于是有 $D = B_{\mathfrak{Q}} = B'_{\mathfrak{Q}}$，$\mathfrak{Q}$ 是 B 与 B' 公有的最大素理想，且 $\mathfrak{Q} \neq (0)$，D 的剩余域为 $\overline{L}_D = B_{\mathfrak{Q}}/\mathfrak{Q} = B'_{\mathfrak{Q}}/\mathfrak{Q}$. 今以 φ 表由 D 到 $\overline{L}_D$ 的自然同态，于是 $\varphi(B) = B/\mathfrak{Q}$，$\varphi(B') = B'/\mathfrak{Q}$ 都是 $\overline{L}_D$ 中的 Hensel 赋值环. 它们的合成为 $B \cdot B'/\mathfrak{Q} = D/\mathfrak{Q} = \overline{L}_D$，这表明 $\varphi(B)$ 与 $\varphi(B')$ 是互为独立的 Hensel 赋值环，从而剩余域 $B_{\mathfrak{Q}}/\mathfrak{Q}$ 是个可分闭域而与所设矛盾！这就证明了 A 是 K 上的 Hensel 赋值环. □

定理前设中的“正规扩张”这一条件仅仅出于使用引理 4.31 的需要. 事实上改成“L/K 为有限扩张”也可导致定理的结论. 今陈述如下：首先，不妨就

L/K 为可分的情况处理. 设 N 为 K 上包含 L 最小正规扩张，于是有$[L:K]\leqslant[N:K]<\infty$. 若 N 为可分闭扩张，则由 Artin-Schreier 定理可知$[N:K]=2$[①]. 从而$[N:L]=[N:K][L:K]^{-1}\leqslant 1$. 这就是导致 $L=N$，而与 L 不为可分闭域的所设相悖. 因此 N 不是可分闭域. L 中的 Hensel 赋值环 B 在 N 上为拓展 C 也是个 Hensel 赋值环. 从而由上述定理得知 $C\cap K=B\cap K=A$ 为 K 上的 Hensel 赋值环[②].

基于此一事实，在以下命题中我们将免除"正规"这一要求.

命题 4.33 设 L/K 为有限扩张，B 为 L 上一个离散 Hensel 赋值环. B 或为有限阶，或者为无限价，但其中只有(0)为极限素理想. 于是，$A=B\cap K$ 是 K 的离散 Hensel 赋值环.

证明 首先，由于 B 是离散赋值环，L 不是可分闭域. 另外，$A=B\cap K$ 是 K 上的离散赋值环，且与 B 有相同的阶，此为易知的事实. 今设 $\mathfrak{Q}$ 为 B 中任一不为赋值理想及(0)的素理想，于是它有紧接前趋 $\mathfrak{Q}'\supsetneqq\mathfrak{Q}$. 令 $\bar{L}_{\mathfrak{Q}}=B_{\mathfrak{Q}}/\mathfrak{Q}$，于是$(B_{\mathfrak{Q}'}/\mathfrak{Q},\mathfrak{Q}'/\mathfrak{Q})$ 给出 $\bar{L}_{\mathfrak{Q}}$ 的一个赋值. 设 $\triangle,\triangle'$ 分别是与 $\mathfrak{Q},\mathfrak{Q}'$ 相应的孤立子群. 由于 $\mathfrak{Q}$ 与 $\mathfrak{Q}'$ 为紧相连，故 $\triangle$ 与 $\triangle'$ 是紧相连的；由$(B_{\mathfrak{Q}'}/\mathfrak{Q},\mathfrak{Q}'/\mathfrak{Q})$ 在 $\bar{L}_{\mathfrak{Q}}$ 上所定的赋值群为 $\triangle/\triangle'$. 由所设知 $\triangle/\triangle'\simeq\mathbf{Z}$，故该赋值是个一阶离散赋值，从而 $\bar{L}_{\mathfrak{Q}}$ 不是可分闭域. 于是按定理 4.32，A 就是 K 上的一离散 Hensel 赋值，证毕. □

上述命题是在每个剩余域 $B_{\mathfrak{Q}}/\mathfrak{Q}(\mathfrak{Q}\neq\mathfrak{N})$ 都不为可分闭域的情况下得出 $A=B\cap K$ 是 Hensel 赋值环这一结论的. 如果只要求 L 不是可分封闭，$A=B\cap K$ 未必就是 K 上的 Hensel 赋值环. 在此情况下，能否在 L 中求得一个包含 B 的 Hensel 赋值环 C，使得 $C\cap K$ 成为 K 上的 Hensel 赋值环？为达成此一目的，先给出如下结论：

引理 4.34[③] 设 K,Ω_S 如前，又设 C,C' 是 Ω_S 中二不可序的赋值环，于是有下列等式成立

$$G_Z(C\mid K)\cap G_Z(C'\mid K)=G_T(C\mid K)\cap G_T(C'\mid K)$$
$$=G_T(C\cdot C'\mid K)\tag{16}$$

证明 首先就 C,C' 为独立的情形进行证明. 此时

$$G_T(C\cdot C'\mid K)=G_T(\Omega_S\mid K)=(1)$$

---

① 见本章参考文献[8]，Lemma.

② 在本章参考文献[2]中对此有另一证明，见该文引理 3.

③ 见本章参考文献[10]，定理 2.2.

因此,若能证明

$$G_Z(C \mid K) \cap G_Z(C' \mid K) = (1)$$

等式即告成立.

设 L 为 $G_Z(C \mid K) \cap G_Z(C' \mid K)$ 的稳定域,又设

$$A = C \cap L, A' = C' \cap L$$

按 L 包含稳定域 $K_Z(C \mid K)$ 与 $K_Z(C' \mid K)$,因此 A 与 A' 都是 L 上的 Hensel 赋值环,从而 $A \cdot A'$ 也是 Hensel 赋值环. 今以 D 记 $A \cdot A'$ 在 Ω_S 上的唯一拓展. 由于 A, A' 均包含于 D,故 C, C' 也在 D 内. 按所设应有 $D = \Omega_S$,从而又有 $A \cdot A' = L$. 今进而证明 $L = \Omega_S$.

假若 $L \neq \Omega_S$,取 $x \in \Omega_S \backslash L$,又令

$$f(X) = X^n + a_{n-1}X^{n-1} + \cdots + a_0 \quad (n > 1, a_i \in L, i = 0, \cdots, n-1)$$

为 x 在 L 上的最小多项式. 另一方面,取 L 中 n 相异的非零元 $x_1, \cdots, x_n$,作

$$g(X) = (X - x_1)\cdots(X - x_n) = X^n + b_{n-1}X^{n-1} + \cdots + b_0$$

记 v, v' 分别表 L 上由 A, A' 所定的赋值,又以 Γ, Γ' 分别记其值群. 由于 $A \cdot A' = L$, v, v' 是相互独立的赋值. 据定理 2.47 对任意给定的 $\gamma \in \Gamma, \gamma' \in \Gamma'$,恒有 $c_i \in L$ 满足 $v(c_i - a_i) > \gamma, v'(c_i - b_i) > \gamma', i = 0, \cdots, n-1$. 令

$$h(X) = X^n + c_{n-1}X^{n-1} + \cdots + c_0$$

于是有

$$v^*(h - f) = \min_{0 \leqslant i \leqslant n-1} \{v(c_i - a_i)\} > \gamma$$

$$v'^*(h - g) = \min_{0 \leqslant i \leqslant n-1} \{v'(c_i - b_i)\} > \gamma'$$

只要取充分大的 γ, γ',据定理 4.23 即可使 $h(X)$ 分别与 $f(X)$ 和 $g(X)$ 在 L 上有相同的分解型,但据 $f(X)$ 和 $g(X)$ 的取法这显然是矛盾的,因此应有 $L = \Omega_S$,即 $G_Z(C \mid K) \cap G_Z(C' \mid K)$ 的稳定域为 Ω_S,从而有

$$G_Z(C \mid K) \cap G_Z(C' \mid K) = (1)$$

另一方面,由 3.6 节的论述知

$$\begin{aligned} G_Z(C \mid K) \cap G_Z(C' \mid K) &\supseteq G_T(C \mid K) \cap G_T(C' \mid K) \\ &\supseteq G_T(C \cdot C' \mid K) \end{aligned}$$

结合已得的 $G_T(C \cdot C' \mid K) = (1)$,即得式(16).

现在设 $C \cdot C' = D \neq \Omega_S$. 以 $\mathfrak{k}'$ 表 D 的剩余域,$\mathfrak{k}$ 表 $B = D \cap K$ 的剩余域,又以 Φ 记由 D 到 $\mathfrak{k}'$ 的自然同态 $\Phi: D \to \mathfrak{k}'$. 于是有 $\Phi(C) \cdot \Phi(C') = \mathfrak{k}'$,这表明 $\mathfrak{k}'$ 上的赋值环 $\Phi(C)$ 与 $\Phi(C')$ 是相互独立的. 按以上所证,可得

$$G_Z(\Phi(C) \mid \mathfrak{k}) \cap G_Z(\Phi(C') \mid \mathfrak{k}') = (1)$$

今以 ζ 记由 $G_Z(D\mid K)$ 到 $\mathrm{Aut}(\mathfrak{f}'/\mathfrak{f})$ 的自然同态命题 3.30 证明中所述，并满足 $\Phi\cdot\sigma=\zeta(\sigma)\cdot\Phi$，$\sigma$ 取自 $G_Z(D\mid K)$. 按

$$G_Z(C\mid K)\cap G_Z(C'\mid K)\subseteq G_Z(D\mid K)$$

故有

$$\zeta(G_Z(C\mid K)\cap G_Z(C'\mid K))\subsetneqq G_Z(\Phi(C)\mid\mathfrak{f})\cap G_Z(\Phi(C')\mid\mathfrak{f}')=(1)$$

从而有 $G_Z(C\mid K)\cap G_Z(C'\mid K)\subseteq G_T(D\mid K)$，后者是 ζ 的核. 但另一方面，又有

$$\begin{aligned}G_T(D\mid K)&\subseteq G_T(C\mid K)\cap G_T(C'\mid K)\\&\subseteq G_Z(C\mid K)\cap G_Z(C'\mid K)\end{aligned}$$

因此式(16) 成立，证毕. □

现在来证明本节最后一个结论.

定理 4.35[①] 设 L/K 是个正规可分扩张，且 L 不是可分闭域；又设 B 是 L 上一个 Hensel 赋值环，但 $A=B\cap K$ 不是 Hensel 赋值环. 于是 L 有一个 Hensel 赋值环 C，$C\supsetneqq B$，使得 $C\cap K$ 是 K 上的 Hensel 赋值环.

证明 为书写简便计，今以 G，G_L 分别记 $\mathrm{Aut}(\Omega_S/K)$，$\mathrm{Aut}(\Omega_S/L)$. 设 B' 是 B 在 Ω_S 上的唯一拓展，又以 $E=E(\Omega_S,A)$ 记 A 在 Ω_S 上所有拓展组成的集，对其中之任一元 D 皆可表如形式 $\sigma B'$，$\sigma\in G$. 据命题 3.25 有

$$G_Z(D\mid K)=G_Z(\sigma B'\mid K)=\sigma\cdot G_Z(B\mid K)\cdot\sigma^{-1}$$

按 L/K 为正规扩张，故 $\sigma\cdot G_L\cdot\sigma^{-1}=G_L$. 又以 B' 的唯一性知

$$G_L\subsetneqq G_Z(B'\mid L)=\sigma\cdot G_Z(B'\mid K)\cdot\sigma^{-1}=G_Z(D\mid K)$$

另一方面，由引理 4.34 可得

$$G_L\subsetneqq G_Z(B'\mid K)\cap G_Z(D\mid K)=G_T(B'\cdot D\mid K)$$

令 $C'=\bigcup_D D\cdot B'$，其中 $D=\sigma B'$，σ 遍取 G 的元. 这是 Ω_S 的一个赋值环. 今证明它是非浅显的. 由命题 3.25④ 可得

$$G_T(C'\mid K)=\bigcap_D G_T(DB'\mid K)$$

由于每个 $G_T(D\cdot B'\mid K)\supsetneqq G_L$，故 $G_T(C'\mid K\supsetneqq G_L\neq(1))$. 这就表明了 C' 是个非浅显赋值环. 再置 $C=C'\cap L$. 按 C' 的规定 C 是 L 上的 Hensel 赋值环，且 $C\supsetneqq B$；又有

$$C\cap K=C'\cap L\cap K=C'\cap K$$

是 K 上的一个 Hensel 赋值环，定理即告证明. □

---

① 见本章参考文献[10]，Theo. 3.3.

4.6 拓扑 Hensel 赋值

本节所论及的赋值概指非浅显赋值而言，将不再予指明. 前在 2.5 节中曾引入由域的赋值 v 所作出的拓扑域 K_v，并且证明当 K 的赋值 v, v' 为相依时，由它们据给出的拓扑域 K_v 与 $K_{v'}$ 是相同的. 由于这一事实，所以我们将相依的赋值称作是拓扑同等的. 从而作定义如下：

定义 4.36[①] 设 v 是域 K 的一个赋值. 若 v 在 K 的任一有限代数扩张上只有唯一拓展，或者有全为拓扑同等（相依）的拓展，则称 v 为 K 的一个拓扑 Hensel 赋值，v 的赋值环为拓扑 Hensel 赋值环，(K,v) 为拓扑 Hensel 赋值域.

当 v 为一阶赋值时，v 在 K 的任一代数扩张上不存在与它拓扑同等的拓展. 因此，拓扑 Hensel 赋值与 Hensel 赋值是一致的. 由此可见上述定义是 Hensel 赋值的一个自然的引申.

为对此种赋值作一初步探讨，今简要陈述若干涉及拓扑与某些有关的结论，但不予证明，仅指出有关文献. 首先，对拓扑域 K_v 可以作关于拓扑 $\mathfrak{I}_v$ 的完全化，所得的完全化集 $\widetilde{K}_v$ 是个域. 若有 $K_v = \widetilde{K}_v$，就称 K_v 是个拓扑完全域.

命题 4.37[②] 设 K_v 是个拓扑完全域，L/K_v 为有限代数扩张，于是有下列论断成立：

①v 在 L 上所有的拓展都是拓扑同等的；

②v 在 L 上的任一拓展 w 所给出的拓扑域 L_w 都是同一个（不计及拓扑同构）拓扑完全域.

结合上述定义即有下面的推论.

推论 设 K 的赋值 v 给出的拓扑域 K_v 是个拓扑完全域，于是 v 是 K 的拓扑 Hensel 赋值. □

今设 $w_i, i=1,\cdots,r$ 为 v 在 K 上有限代数扩张 L 上所有拓展. 从上述命题的证明中可以得到 $\widetilde{L}_{w_i} = \sigma_i(L_{w_i}) \cdot \widetilde{K}_v$，$\sigma_i$ 表由 L_{w_i} 到 $\widetilde{L}_{w_i}$ 内的 $\widetilde{K}_v$- 同构映射. 今以 $(\widetilde{K}_v)^*$ 记 $\widetilde{K}_v$ 的代数闭扩域，σ_i 在 L 上的限制是由 L 到 $(\widetilde{K}_v)^*$ 内的 $\widetilde{K}_v$- 同构，$i=1,\cdots,r$. 若在合成域 $\sigma_i(L)\cdot\widetilde{K}_v$ 与 $\sigma_j(L)\cdot\widetilde{K}_v$ 间存在一个 $\widetilde{K}_v$- 同构 μ，使得对每个 $\alpha\in L$，皆有 $\mu(\sigma_i(\alpha))=\sigma_j(\alpha)$ 成立，则称 σ_i 与 σ_j 为同等的，记以 $\sigma_i \sim \sigma_j$.

---

① 在本章参考文献[3]中，这种赋值曾被称为 Pre-Hensel 赋值.

② 见本章参考文献[15]，Lemma 2 and Corollary.

据此规定,可以将从 L/K 到 $(\widetilde{K}_v)^*$ 内的 $\widetilde{K}_v$—同构分成同等的类,并以 $\{\sigma_i\}$ 记所有与 σ_i 同等的同构所成的类,显然,属于同一类的同构映射是互为同等的.

引理 4.38[①] 在以上的符号意义上,以 $\{\sigma_i\}_i$ 表所有由 L/K 到 $(\widetilde{K}_v)^*$ 内的同等 $\widetilde{K}_v$- 同构所组成的类;又以 $\{w_j\}_j$ 表 v 在 L 上所有的拓展按拓扑同等(相依)关系所成的类. 于是在二者之间存在一一对应的关系.

证明 分三步进行. 设 σ_w 与 $\sigma_{w'}$ 同等,μ 为同等定义中所需的同构. 由

$$\widetilde{L}_w=\sigma_w(L_w)\cdot\widetilde{K}_v,\widetilde{L}_{w'}=\sigma'_{w'}(L_{w'})\cdot\widetilde{K}_v$$

知 μ 是 $\widetilde{L}_w$ 与 $\widetilde{L}_{w'}$ 间代数意义上的同构. 但由命题 4.37 知 $\widetilde{L}_w$ 是拓扑完全域,故 μ 又是拓扑同构. 因此,若不计及同构,则有 $\widetilde{L}_w=\widetilde{L}_{w'}$,即 w 与 w' 为拓扑同等.

反之,设 w 与 w' 为拓扑同等,于是 $\widetilde{L}_w=\widetilde{L}_{w'}$,从而有 $\sigma_w=\sigma_{w'}$.

现在设 σ 是由 L 到 $\widetilde{K}_v$ 的扩域内的一个同构. 令

$$L'=\sigma(L)\cdot\widetilde{K}_v$$

以 B' 记 v 在 L' 上一拓展 w' 的赋值环. 今考虑 $B'\cap\sigma(L)$ 以及 L 上赋值环 B,使满足 $\sigma(B)=B'\cap\sigma(L)$. 于是由 B 所定出的 L 上赋值 w 是 v 的一个拓展. w 给出一个由 L_w 到 $L'_{w'}$ 的同构 σ_w. 又按 σ 是 L_w 到 $L'_{w'}$ 内的一同构,由上述命题知 $L'_{w'}$ 是个拓扑完全域,故 σ 可以由拓扑连续性延展成一个从 $\widetilde{L}_w$ 到 $\widetilde{L}_{w'}$ 的 $\widetilde{K}_v$-同构 μ. 从它的构成可得 $\mu(\sigma_w(\alpha))=\sigma(\alpha)$,即 σ 与 σ_w 为同等,证毕. □

基于以上所论,今有下面的定理.

定理 4.39[②] 设 v 是域 K 的一个赋值. v 成为拓扑 Hensel 赋值的充分必要条件为 K 在 $\widetilde{K}_v$ 内是个可分代数闭子域.

证明 不失一般性,今就 L/K 为有限可扩张进行证明. 设 $f(X)\in K[X]$ 是 L/K 的生成多项式. 由于从 L/K 到 $(\widetilde{K}_v)^*$ 内的 $\widetilde{K}_v$—同构映射所成的同等类与 $f(X)$ 在 $\widetilde{K}_v$ 上的不可约因式是一一对应的,当 K 在 $\widetilde{K}_v$ 内为可分闭子域时,K 上的不可约可分多项式 $f(X)$ 在 $\widetilde{K}_v$ 上也同样是不可约的,故由引理 4.38,v 在 L 上的拓展都是拓扑同等(相依)的,由于 L 为 K 上任一有限可分扩张,故 v 是 K 的一个拓扑 Hensel 的赋值.

反之,若 K 在 $\widetilde{K}_v$ 内不是可分闭子域,则存在 $\widetilde{K}_v$ 中关于 K 的可分代数元 θ,但不属于 K. 此时 $L=K(\theta)$ 是 K 上有限可分扩张. 设 $f(X)\in K[X]$ 是 L 的生成多项式. 于是 $f(X)$ 在 $\widetilde{K}_v$ 上可约,从而 L/K 到 $(\widetilde{K}_v)^*$ 内的 $\widetilde{K}_v$—同构映射所

---

① 取自本章参考文献[15],Lemma 3.

② 首先于本章参考文献[3] 定理 1;又在参考文献[11],Theo. 2.17 与参考文献[15],Theo. 2 皆有类似的结论.

成的同等类的个数大于 1，即 v 在 L 上有互为独立的拓展. 因此 v 就不是拓扑 Hensel 赋值，证毕. □

与定理 4.7 相比较，可以得知若该定理要求 (K,v) 成为拓扑 Hensel 赋值域，则对 $(\widetilde{K},\tilde{v})$ 无需作任何限制，式(2) 的成立即为定理所需的充要条件.

当 v 为一阶赋值时，拓扑 Hensel 赋值就成为 Hensel 赋值. 此时拓扑完全化域 $\widetilde{K}_v$ 就是一阶赋值的完全域. 由此可以得出 Ostrowski 的一条定理(定理 4.6 的推论).

结合赋值成为拓扑同等的含义，可得下面的推论.

推论 1 若 v 是域 K 的一个拓扑 Hensel 赋值，则所有与 v 为拓扑同等(相依) 的赋值也都是拓扑 Hensel 赋值. □

推论 2 设 v,v' 是域 K 的两个互为独立的拓扑 Hensel 赋值，并且其赋值环中均有不为(0) 的最小素理想，于是 K 是个可分代数闭域.

证明 令以 A,A' 分别记 v,v' 的赋值环；$\mathfrak{P},\mathfrak{P}'$ 分别为 A,A' 中的非(0) 最小素理想. 据推论 1，$A_{\mathfrak{P}}$ 与 $A'_{\mathfrak{P}}$ 分别给出 K 中两个一阶的 Hensel 赋值. 由定理 4.25 即知 K 是个可分代数闭域. □

命题 4.40 设 v 是域 K 的一个拓扑 Hensel 赋值；L/K 为代数扩张，不必一定有限. 若 w 是 v 在 L 上的一个拓展，则 w 是 L 的拓扑 Hensel 赋值.

证明 设 w 在 L 的某个有限扩张 L' 上有两个不同的拓展 w'_1,w'_2，它们也都是 v 的拓展. 因此 w'_1,w'_2 在 K 的某个有限扩张 F 上给出两个不同的赋值. 令

$$v'_i=w'_i \mid F \quad (i=1,2)$$

作为 v 在 F 上的拓展，按所设 v'_1 与 v'_2 是拓扑同等的，即有某个 v' 满足 $v'<v'_i$，$i=1,2$. 于是由赋值的合成有

$$v'_i=v'\circ\bar{v}'_i \quad (i=1,2)$$

由于 w'_i 是 v'_i 的拓展，故应有 w'_i 的唯一合成

$$w'_i=w'\circ\bar{w}'_i \quad (i=1,2)$$

其中，w'_i 与 $\bar{w}'_i$ 分别是 v' 和 $\bar{v}'_i$ 的拓展①. 这表明了 $w'<w'_i$，$i=1,2$，即 w'_1 与 w'_2 是拓扑同等的，从而 w 是个拓扑 Hensel 赋值，证毕. □

命题 4.41 设 L 不为代数闭域，L/K 为有限代数扩张；又设 w 是 L 的一个拓扑 Hensel 赋值，并且它的赋值环中有一非(0) 的最小素理想. 于是 w 在 K 上

---

① 见本章参考文献[18]，55 页，Coro. 1.

的限定 v 是个拓扑 Hensel 赋值.

证明 不失一般性,不妨设 L 是 K 上的正规可分代数扩张. 如果 v 不是 K 的拓扑 Hensel 赋值,则在 K 的某个有限代数扩张 F 上 v 有两个互为独立的拓展 v'_1,v'_2. 从而在合成域 $L\cdot F$ 上,v'_1,v'_2 有互为独立的拓展,设 w'_1,w'_2 为其中之二. 此二赋值均为 v 在 $L\cdot F$ 上的拓展,设它们在 L 上的限定为 w_1,w_2. 由于 L/K 的正规可分性,w_1 和 w_2 都是与 w 相共轭的赋值,从而 w_1 和 w_2 的赋值环中也都有非(0)的最小素理想. 与前面推论 2 的证明同样,由此可得出 L 中互为独立的两个一阶 Hensel 赋值,从而导致 L 为可分代数闭域. 今以 K^* 表 K 的纯不可分闭包,于是 $L\cdot K^*$ 就成为代数闭域,而 $L\cdot K^*/K^*$ 是个有限代数扩张,据 Artin-Schreier 的一条定理,K^* 应为实闭域,因此有特征数 0. 这就导致 $K=K^*$,以及 L 为代数闭域,而与所设矛盾. 因此 v 应为 K 上一个拓扑 Hensel 赋值,证毕. □

作为本节的结束,现在来提及一个与 Hensel 赋值相类似的概念,即对于域的任一赋值也可以给出它的拓扑 Hensel 赋值化. 设 v 为域 K 的一赋值,$\mathfrak{I}_v$ 为 v 在 K 中所定的拓扑. 作 K 关于 $\mathfrak{I}_v$ 的完全化 $\widetilde{K}$. 前已提及 $\widetilde{K}$ 是个域. $\widetilde{K}$ 有唯一的赋值 $\tilde{v}$,它给出 $\widetilde{K}$ 的拓扑而且是 v 在 $\widetilde{K}$ 上唯一的拓展,从而 $\widetilde{K}$ 成为关于 $\tilde{v}$ 的完全域.[①]据命题 4.37 的推论,$\tilde{v}$ 是 $\widetilde{K}$ 的拓扑 Hensel 赋值. $\tilde{v}$ 与 v 有相同的值群和同构的剩余域. 因此 $(\widetilde{K},\tilde{v})$ 是 (K,v) 的一个紧接扩张. 若 $(A,\mathfrak{M})$ 为 v 的赋值时,则 $\tilde{v}$ 的赋值对为 $(\widetilde{A},\widetilde{\mathfrak{M}})$,其中 $\widetilde{A}$ 与 $\widetilde{\mathfrak{M}}$ 分别为 A 与 $\mathfrak{M}$ 在 $\widetilde{K}$ 内的闭包. 今以 K_S 记 K 在 $\widetilde{K}$ 内的可分闭子域,v_S 表 $\tilde{v}$ 在 K_S 上的限制. 显然,v_S 是 v 在 K_S 上的拓展,且 $\widetilde{K}$ 也可作为 K_S 关于 v_S 的拓扑完全化. 于是,据定理 4.39,v_S 就是 K_S 的一个拓扑 Hensel 赋值. 因此,我们可以将 (K_S,v_S) 作为 (K,v) 的拓扑 Hensel 化. 由于 $(\widetilde{K},\tilde{v})$ 是 (K,v) 的紧接扩张,(K_S,v_S) 自然也是 (K,v) 的要分紧接扩张.

第 4 章参考文献

[1] BOURBAKI N. Algèbre commutative, chap. 6[M]. Paris: Hermann, 1964.

[2] 陈炳辉,漆芝南. 关于 Hensel 赋值环[J]. 科学通报,1981,19:1161-1163.

① 见本章参考文献[1],Chap. 6 § 5, No. 3, Prop. 5;或参考文献[17],§ 20, Theo. 20.19.

[3] 戴执中. 域的 pre-Hensel 赋值[J]. 江西大学学报,1965,3:1-4.

[4] 戴执中. 关于多重赋值完全域[J]. 数学进展,1966,9(4):401-406.

[5] 戴执中. 赋值论概要[M]. 北京:高等教育出版社,1981.

[6] ENDLER O. Valuation theory[M]. New York: Springer-Verlag,1972.

[7] ENDLER O. Finite separable field extensions with prescribed extensions of valuations. Ⅱ[J]. Manus. Math. ,1975,17:383-408.

[8] ENDLER O, ENGLER A J. Fields with henselian valuation rings[J]. Math. Z. ,1977,152:191-193.

[9] ENDLER O, ENGLER A J. Fields with henselian valuation rings[J]. Math. Z. ,1977,152:191-193.

[10] ENGLER A J. Fields with two incomparable henselian valuation rings [J]. Manus. Math. ,1978,23:373-385.

[11] ENGLER A J. The relative separable closures of valued field in its completion[J]. Manus. Math. ,1978,24:83-95.

[12] OSTROWSKI A. Untersuchungen zur arithmetischen theorie der körper [J]. Math. Z. ,1935,39:269-404.

[13] PRESTEL A. Letures on formally real fields[M]. New York: Springer-Verlag,1984.

[14] RIBENBOIM P. Théorie des valuations[M]. Montreal: Les Presses de L'Univ. de Montreal,1965.

[15] ROQUETTE P. On the prolongation of valuations[J]. Amer. Math. Soc. Trans. ,1958,88:42-56.

[16] WARNER S. Finite extensions of valued fields[J]. Canad. Math. Bull. ,1986,29:64-69.

[17] WARNER S. Topological fields[M]. New York: Elsevier Sci. Pub. Co. Inc. ,1989.

[18] ZARISKI O, SAMUEL P. Commutative algebra, vol. 2[M]. New York: Springer-Verlag,1960.

[19] 曾广兴. 实域论[M]. 北京:科学出版社,2003.

极大赋值域与完全赋值域

第5章

5.1 似收敛列与紧接扩张

首先介绍一个来自 A. Ostrowski 的概念.

定义 5.1 设$\{a_r\}_{\tau\in T}$是赋值域(K,v)中一个无最后元的良序列.若自某个标号τ_0起,对T中任何一组标号$\tau_0<\tau<\sigma<\rho$,恒有

$$v(a_\sigma-a_\tau)<v(a_\rho-a_\sigma)$$

成立,则称$\{a_\tau\}_{\tau\in T}$为(K,v)中一似收敛列.

从定义即知,当$\sigma>\tau+1$时,有

$$\begin{aligned}v(a_\sigma-a_\tau)&=v(a_\sigma-a_{\tau+1}+a_{\tau+1}-a_\tau)\\&=\min\{v(a_\sigma-a_{\tau+1}),v(a_{\tau+1}-a_\tau)\}\\&=v(a_{\tau+1}-a_\tau)\end{aligned}$$

此一事实表明,就一个似收敛列$\{a_\tau\}_\tau$而论,自某个标号τ_0起,当$\tau_0<\tau<\tau+1\leqslant\sigma$时,$v(a_\sigma-a_\tau)$在值群$\Gamma$中是一个只与$a_\tau$有关的元,而与$\sigma>\tau$的取择无关.今记以

$$v(a_\sigma-a_\tau)=\gamma_\tau\quad(\tau_0<\tau<\sigma)\tag{1}$$

据此事实,由此得出的Γ中元素列$\{\gamma_\tau\}_\tau$自某一标号τ_0起,是一递增列,且无最后元.今称$\{\gamma_\tau\}_{\tau_0<\tau\in T}$为属于$\{a_\tau\}_{\tau\in T}$的值元素列.

定义 5.2 设$\{a_\tau\}_{\tau\in T}$是(K,v)中一个似收敛列，$\{\gamma_\tau\}_{\tau_0<\tau}$是属于它的值元素列. 若有 $c\in K$ 满足

$$v(c-a_\tau)=\gamma_\tau \quad (\forall\,\tau\in T,\tau_0<\tau) \tag{2}$$

则称 c 是$\{a_\tau\}_\tau$的一个似极限.

此一定义并不将似极限这一概念局限在 K 内. 设(L,w)是(K,v)的赋值扩张，$\{a_\tau\}_\tau$与$\{\gamma_\tau\}_\tau$的意义同前. 若有 $\alpha\in L$，满足 $w(\alpha-a_\tau)=\gamma_\tau$，$\forall\,\tau\in T$，$\tau_0<\tau$，则 α 自然也是$\{a_\tau\}_\tau$的一个似极限，虽然它不属于 K. 在以下的论述中将会遇到这种情形.

在(K,v)为一阶赋值域时，从一个收敛列$\{a_n\}_{n\in N}$不难得出一个与它共尾的子列$\{a_m\}_{m\in N}$，后者是个似收敛列，并且它的似极限也正是$\{a_n\}_n$的极限. 由此可知似收敛列是收敛列的一种推广. 不过似收敛列若有似极限时，它的似极限可能不是唯一的. 设$\{\gamma_\tau\}_\tau$是从属于似收敛列$\{a_\tau\}_\tau$的值元素列. K 中子集

$$I=\{x\in A\mid v(x)>\gamma_\tau,\forall\,\tau\in T,\tau_0<\tau\} \tag{3}$$

显然是 A 中理想，A 是 v 的赋值环. 今称这个 I 为$\{a_\tau\}_\tau$的幅度. 设 $c\in K$ 是$\{a_\tau\}_\tau$的一个似极限，$r\in I$ 为任一元. 易知 $c+\tau$ 同样是$\{a_\tau\}_\tau$的似极限. 又从$\{\gamma_\tau\}_{\tau_0<\tau}$为递增列这一事实可知似收敛列的幅度不会是 v 的赋值理想 $\mathfrak{M}$，但可以是(0). 只有在$\{a_\tau\}_\tau$的幅度为(0)时，$\{a_\tau\}_\tau$的似极限才是唯一的.

对于似收敛列$\{a_\tau\}_\tau$中的元 a_τ，其赋值 $v(a_\tau)$ 具有如下两种可能：

引理 5.3 设$\{a_\tau\}_{\tau\in T}$是(K,v)中一似收敛列，于是必有以下二论断之一成立：

① 自某一标号 τ_0 起，$\{v(a_\tau)\}_{\tau_0<\tau\in T}$为一递增列；

② 自某一标号 τ_0 起，所有的 $v(a_\tau)$ 全相等，$\tau_0<\tau\in T$.

证明 设论断 ① 不成立，即对所有的 $\tau_0<\tau<\sigma$，总会出现

$$v(a_{\tau_0})\geqslant v(a_\tau)\geqslant v(a_\sigma)$$

于是应有

$$v(a_{\tau_0})=v(a_\tau)=v(a_\sigma)$$

因若不然，则有

$$v(a_\tau)\geqslant v(a_\sigma-a_\tau)>v(a_\tau-a_{\tau_0})\geqslant v(a_\tau)$$

矛盾，故论断 ② 成立. □

在第 3 章中曾规定赋值域的紧接扩张. 现在要以似收敛来对赋值的紧接扩张给一个刻画. 首先有以下的命题.

命题 5.4 设$\{a_\tau\}_{\tau\in T}$是(K,v)中一似收敛列，它以 K 中元 $c\neq 0$ 为其似极限. 于是自某个标号 τ_0 起，有 $v(c)=v(a_\sigma)$，$\forall\,\sigma>\tau_0$.

证明 由于 c 是$\{a_\tau\}_\tau$ 的似极限,故有 $v(c-a_\sigma)=\gamma_\sigma$. 按

$$v(c-a_\sigma)\geqslant \min\{v(c),v(a_\sigma)\}$$

若$\{v(a_\tau)\}_\tau$ 自 τ_0 起为递增列,则有 $v(c-a_\sigma)=v(c)$,矛盾. 因此据引理 5.3,自某一 τ_0 起,$v(a_\sigma)$ 全相等.

由 $v(c-a_\sigma)=\gamma_\sigma$ 以及$\{\gamma_\tau\}_\tau$ 为递增列,今取 $\rho>\sigma$,使有 $\gamma_\rho>v(a_p)=v(a_\sigma)$,于是

$$v(c)=v(c-a_p+a_p)=\min\{v(c-a_p),v(a_p)\}=v(a_p)=v(a_\sigma)$$

故结论成立. □

定理 5.5 设(L,w)是(K,v)的赋值扩张. (L,w)成为(K,v)的紧接扩张的充要条件对于任一 $t\in L\backslash K$,有(K,v)中一似收敛列以 t 为其似极限,且该似收敛列在 K 中无似极限.

证明 必要性. 以 Γ 记 v 与 w 共有的值群;$(A,\mathfrak{M})$ 与$(B,\mathfrak{N})$ 分别为 v 和 w 的赋值时. 任取 $0\neq a_0\in A$,令

$$w(t-a_0)=\gamma_0,\text{以及 } c\in K,v(c)=\gamma_0$$

于是有 $d\in A$ 使得 $\bar{d}=d\bmod \mathfrak{M},\bar{d}\neq\bar{0}$ 满足

$$\bar{d}=\overline{(t-a_0)}\,\bar{c}^{-1}\in \bar{L}=B/\mathfrak{N}$$

从而 $w(t-a_0-cd)>v(c)=\gamma_0$,令 $a_1=a_0+cd$,即有

$$w(t-a_1)=\gamma_1>\gamma_0=w(t-a_0)$$

继续此一构作可得 K 中一无最后元的列$\{a_\tau\}_{\tau\in T}$.

对于标号 $\tau<\sigma<\rho$,恒有

$$w(t-a_\tau)<w(t-a_\sigma)<w(t-a_p)$$

于是又有

$$\begin{aligned}v(a_0-a_\tau)&=w(t+a_\sigma-t-a_\tau)\\&=\min\{w(t-a_\tau),w(t-a_\sigma)\}\\&=w(t-a_\tau)=\gamma_\tau\end{aligned}$$

由此得知 $v(a_0-a_\tau)<v(a_p-a_\sigma)$. 这表明了$\{a_\tau\}_\tau$ 是个似收敛列,以$\{\gamma_\tau\}_\tau$ 为其值元素列,t 是它的似极限.

如果$\{a_\tau\}_\tau$ 在 K 中又有似极限 c,则自某个标号 τ_0 起,皆有

$$w(t-c)>\gamma_\sigma\quad(\sigma>\tau_0)$$

这表明 $t-c$ 属于$\{a_\tau\}_\tau$ 的幅度 I,I 是 A 中理想,从而 $t\in c+I\subset K$,矛盾! 必要性即告成立.

充分性. 据所设,对 $L\backslash K$ 中任一元 t 皆有 K 中一似收敛列$\{a_\tau\}_\tau$ 以 t 为其似

极限.按(L,w)是(K,v)的赋值扩张.由命题5.4可得

$$w(t)=v(a_\sigma)\quad(\sigma>\tau_0)$$

从t的任意性即知w与v共有的值群.

设u是(L,w)的一个赋值单位,即$w(u)=0$;又设$\{e_\tau\}_\tau$是(K,v)中以u为似极限的似收敛列,$\{\gamma_\tau\}_\tau$为其值元素列.由以上所证知有

$$0=w(u)=v(e_\sigma)=v(e_\rho)\quad(\tau_0<\sigma<\rho)$$

于是$w(u-e_\sigma)\geqslant 0$,由于$\{\gamma_\tau\}_\tau$是递增的,故有

$$w(u-e_\rho)>w(u-e_\sigma)\geqslant 0$$

即u与e_ρ属于$\overline{L}=B/\mathfrak{N}$的同一旁集.另一方面,除同构不计外

$$\overline{L}=B/\mathfrak{N}\supseteq\overline{K}=A/\mathfrak{M}$$

故由以上事实应有$\overline{L}=\overline{K}$,即$(L,w)$与$(K,v)$有相同的剩余域.这就证明了$(L,w)$是$(K,v)$的一个紧接扩张.定理证毕. □

对于赋值域中一个给定的似收敛列,如果它在该域中无似极限,如何做出一个紧接扩张使得所给的似收敛列在其中具有似极限,这是我们要讨论的问题.为此,先做以下的准备:

引理5.6 设$\{a_\tau\}_\tau$是(K,v)中一似收敛列,$\{\gamma_\tau\}_\tau$是从属于它的值元素列.又设$c\in K$.于是以下诸论断等价:

①c是$\{a_\tau\}_\tau$的一个似极限;

②$v(c-a_\tau)\geqslant\gamma_\tau$对所有$\tau_0<\tau$成立;

③$v(c-a_\tau)<v(c-a_\sigma)$对所有$\tau_0<\tau<\sigma$成立.

证明 ①↔②,②→③显然成立.今往证③→②.由于

$$\begin{aligned}v(c-a_\tau)&=v(c-a_\sigma+a_\sigma-a_\tau)\\&\geqslant\min\{v(c-a_\sigma),v(a_\sigma-a_\tau)\}\end{aligned}$$

由论断③可得$v(c-a_\tau)\geqslant\gamma_\tau$,即论断②成立. □

推论 设$\{\gamma_\tau\}_{\tau\in T}$是$(K,v)$的值群$\Gamma$中一个自某一标号$\tau_0$起的递增良序列,且无最后元;又设$c\in K$,并且对每个$\tau\in T,\tau>\tau_0$,有$a_\tau\in K$,使得有

$$v(c-a_\tau)=\gamma_\tau$$

成立.于是$\{a_\tau\}_{\tau\in T}$是(K,v)中一个似收敛列,以c为其似极限. □

借助上述引理,可推广引理5.3如下:

引理5.7 设$\{a_\tau\}_{\tau\in T}$是(K,v)中一个似收敛列;$\{\gamma_\tau\}_{\tau\in T}$是从属于它的值元素列;又设$f(X)\in K[X]$为任一次数$>0$的多项式.于是必有下列二论断之一成立:

① 自某一标号 τ_0 起，$\{v(f(a_\tau))\}_{\tau\in T}$ 为一递增列；

② 自某一标号 τ_0 起，所有的 $v(f(a_\tau))$ 全相等.

证明 $\deg f(X)=1$ 的情形结论已由引理 5.3 给出. 今设 $\deg f(X)\geqslant 2$，并且在 $f(X)$ 的分裂域 L 中可表如 $f(X)=c_0\prod_{i=1}^{n}(X-c_i)$. 令 w 为 v 在 L 上的一个拓展. 对于 $f(X)=0$ 在 L 中的 n 个零点 $c_1,\cdots,c_n$ 有两种可能：若 c_i 是 $\{a_\tau\}_{\tau\in T}$ 在 (L,w) 中的一个似极限，则由引理 5.6，自某个标号 τ_0 起，$\{w(c_i-a_\tau)\}_{\tau\in T}$ 是个递增的良序列. 反之，若 c_i 不是 $\{a_\tau\}_{\tau\in T}$ 的似极限，则对于某个标号 τ_1 有 $w(c_i-a_{\tau_1})<\gamma_{\tau_1}$，从而对任何 $\tau>\tau_1$ 皆有

$$
\begin{aligned}
w(c_i-a_\tau)&=w(c_i-a_\tau+a_{\tau_1}-a_{\tau_1})\\
&=\min\{w(c_i-a_{\tau_1}),w(a_\tau-a_{\tau_1})\}
\end{aligned}
$$

由 $\gamma_{\tau_1}=w(a_{\tau_1}-a_\tau)>w(c_i-a_{\tau_1})$ 可得 $w(c_i-a_\tau)=w(c_i-a_{\tau_1})$. 再由

$$v(f(a_\tau))=w(c_0)+\sum_{i=1}^{n}w(a_\tau-c_i)$$

即知引理中的 ① 或 ② 必有一个成立. 证毕. □

从以上的推论得知，对于任一次数 >0 的多项式 $f(X)$，$\{vf(a_\tau)\}_{\tau\in T}$ 自某一标号起成为递增列的充要条件是 $f(X)=0$ 至少有一个零点为 $\{a_\tau\}_{\tau\in T}$ 的似极限. 根据上述引理今作定义如下：

定义 5.8[①] 设 $\{a_\tau\}_{\tau\in T}$ 是 (K,v) 中的似收敛列. 若对于 K 上任一非零多项式 $f(X)$ 皆有引理 5.7 中的 ② 成立，则称 $\{a_\tau\}_{\tau\in T}$ 为超越型的似收敛列；否则，至少有某个 $f(X)$，$\deg f(X)\geqslant 2$ 有引理 5.7 中的 ① 成立，则称 $\{a_\tau\}_{\tau\in T}$ 为代数型的似收敛列.

定理 5.9(Kaplansky) 设 $\{a_\tau\}_{\tau\in T}$ 是 (K,v) 中一个超越型的似收敛列，且在 K 中无似极限. 于是存在 K 的一个纯超越扩张 $L=K(z)$，以及 v 在 L 上的一个拓展 w，使得 (L,w) 成为 (K,v) 的紧接扩张，并且 $\{a_\tau\}_{\tau\in T}$ 在 L 中有似极限.

证明 以 $(A,\mathfrak{M})$ 记 v 的赋值对. 不妨设 $\{a_\tau\}_\tau\subset A$. 据所设，对任一 $f(z)\in K[z]$ 总有一个与它相应的标号 τ_0，使得当 $\tau\geqslant\tau_0$ 恒有

$$v(f(a_\tau))=v(f(a_{\tau_0}))$$

于是规定

$$w(f(z))=v(f(a_{\tau_0}))\tag{4}$$

对于 L 中的元 $f(z)/g(z)$，$f(z)\cdot g(z)$，$f_1(z)+f_2(z)$，分别规定如下

---

① 此定义及定理 5.9 来自 L. Kaplansky，见参考文献[5]，证明又可参考文献[17]的定理 3.

$$w(f(z)/g(z))=w(f(z))-w(g(z))$$
$$w(f(z)g(z))=w(f(z))+w(g(z)) \tag{5}$$
$$w(f_1(z)+f_2(z))\geqslant \min\{w(f_1(z)),w(f_2(z))\}$$

故 w 是 v 在 L 上的拓展,它们有共同的值群. 记 w 的赋值对为 (B,N). 设 $f(z)$ 为 B 中一单位,即 $w(f(z))=0$. 于是有 $v(f(a_\tau))=0,\tau\geqslant\tau_0$. 由于从 τ_0 起恒有 $v(a_\tau)=v(a_{\tau_0})$,故 $a_\tau=a_{\tau_0}+b$,其中 $b\in A,v(b)>0$. 今对 $f(a_\tau)=f(a_{\tau_0}+b)$ 取一个适当大的 τ_0,并在 a_{τ_0} 处作 $f(a_{\tau_0}+b)$ 的 Taylor 展式如下

$$f(a_\tau)=f(a_{\tau_0})+\sum_{j=1}^{n}f_j(a_{\tau_0})b^j$$

其中 $f_j(a_{\tau_0})=\dfrac{1}{j!}f^{(j)}(a_{\tau_0})$,于是

$$v(f(a_\tau)-f(a_{\tau_0}))=v\Big(f\sum_{j=1}^{n}f_j(a_{\tau_0})b^j\Big)\geqslant v(b)>0$$

从而 $w(f(z)-f(a_{\tau_0}))>0$. 即 $f(z)\equiv f(a_{\tau_0})(\bmod N)$. 这表明 L 关于 $-w$ 的剩余域 $\overline{L}$ 与 K 关于 v 的剩余域 $\overline{K}$ 是等同的. 从而 (L,w) 就是 (K,v) 的一个紧接扩张.

最后考虑 $\{w(z-a_\sigma)\}_{\sigma>\tau_0}$. 由于 $\{a_\tau\}_\tau$ 是个似收敛列,以 $\{\gamma_\tau\}_\tau$ 为其值元素列,故取充分大的 τ_0 时,对于 $\tau_0<\sigma<\rho$ 恒有

$$w(z-a_\sigma)=v(a_\rho-a_\sigma)=\gamma_\sigma \tag{6}$$

这表明了 z 就是 $\{a_\tau\}_\tau$ 的一个似极限. 证毕. □

现在我们来对代数型的似收敛列证明一个与上述定理类同的结论.

定理 5.10(Kaplansky) 设 $\{a_\tau\}_{\tau\in T}$ 是 (K,v) 中一个代数型的似收敛列,且在 K 中无似极限. 于是存在 K 的一个代数扩张 L,以及 v 在 L 上的一个拓展 w,使得 (L,w) 成为 (K,v) 的紧接扩张,并且 $\{a_\tau\}_\tau$ 在 L 中有似极限.

证明 由所设知 K 上有次数 $\geqslant 2$ 的多项式 $h(X)$,使得 $h(a_\tau)$ 自某个标号 τ_0 起,$\{v(h(a_\tau))\}_{\tau\geqslant\tau_0}$ 在值群 Γ 中是一个递增列. 今在具有此性质之多项式中取次数 n 为可能最低的一个,设为 $f(X)$. 不妨令 $f(X)\in A[X]$,并且是一本原多项式,A 为 v 的赋值环. 首先,$f(X)$ 在 K 上是不可约的. 因若 $f(X)=f_1(X)\cdot f_2(X)$,$f_1(X)$,$f_2(X)$ 都是 $A[X]$ 中本原多项式,但不是一次式. 因为,若有 $f_1(X)=X-c$,则 $\{v(a_\tau-c)\}_\tau$ 自某个 τ_0 起是递增的,从而 c 就是 $\{a_\tau\}_\tau$ 在 K 中的似极限,而与所设矛盾. 因此 $f_1(X)$ 与 $f_2(X)$ 的次数均 $\geqslant 2$,且 $<n$ 按所设,$v(f(a_\tau))=v(f_1(a_\tau)\cdot f_2(a_\tau))$ 自某一标号起为递增列. 因此 $v(f_1(a_\tau))$ 与 $v(f_2(a_\tau))$ 二者必有一个自某个标号起为递增列. 但二者的次数均小于 n,而与

$f(X)$ 的选取相悖. 这就表明了 $f(X)$ 在 K 上是不可约的. 今取 $f(X)=0$ 的任一零点 θ,作扩域 $L=K(\theta)$,其中元素均可表如 $g(\theta)$,$g(X)$ 是 K 上次数 $\leqslant n-1$ 的多项式. 按所设 $\{v(g(a_\tau))\}_\tau$ 自某一标号 τ_0 起,$v(g(a_\tau))$ 均取同一值,设为 $v(g(a_{\tau_1}))$. 今规定 $w(g(\theta))=v(g(a_{\tau_1}))$. 对于 $w(g_1(\theta)/g_2(\theta))$,$w(g_1(\theta)\cdot g_2(\theta))$,以及 $w(g_1(\theta)+g_2(\theta))$ 均可仿照式(5)的方式作同样处理. w 显然能满足定义 2.6 的条件 ①② 现在来对 $w(g_1(\theta)\cdot g_2(\theta))=w(g_1(\theta)+g_2(\theta))$ 进行验证. 不妨设 $g_1(X)$,$g_2(X)$ 都是 $A[X]$ 中的本原多项式;又设

$$g_1(X)\cdot g_2(X)=f(X)q(X)+r(X),\deg r(X)\leqslant n-1$$

今 $v(q(a_\tau))$,$v(r(a_\tau))$ 以及 $v(g_1(a_\tau))$,$v(g_2(v_\tau))$ 自某一标号 $\tau\geqslant\tau_0$ 起均取同值. 但 $v(f(a_\tau))+v(q(a_\tau))\geqslant v(f(a_\tau))$ 为 Γ 中递增列. 因此只能有

$$w(g_1(a_\tau)\cdot g_2(a_\tau))=v(r(a_\tau))$$

从而有 $w(g_1(\theta)\cdot g_2(\theta))=w(g_1(\theta)+g_2(\theta))$ 如所欲证. 与定理 5.9 的证明同样,可以证得 (L,w) 是 (K,v) 的一个紧接扩张. 最后要证明的是 θ 为 $\{a_\tau\}_\tau$ 的一个似极限. 今在 $L[X]$ 中取一次式 $X-\theta$. 又令 $b_\tau=a_\tau-\theta$. 于是有

$$w(b_\sigma-b_\tau)=v(a_\sigma-a_\tau)<v(a_\rho-a_\sigma)=w(b_\rho-b_\sigma)$$

其中 $\tau_0<\tau<\sigma<\rho$. 上式表明 $\{b_\tau\}_\tau$ 是 (L,w) 中的一个似收敛列. 由于 $\{v(a_\tau)\}_\tau$ 自某项起为递增列,故 $\{b_\tau\}_\tau$ 同样是 (L,w) 中的递增列,且以 0 为其似极限. 因此 θ 就是 $\{a_\tau\}_\tau$ 在 L 中的似极限. 证毕. □

从上述二定理可以得知,对于 (K,v) 中的任一似收敛列,若在 K 中无似极限,总可以构作 (K,v) 的一个紧接扩张 (L,w),使该似收敛列在其中有一似极限.

5.2 极大赋值域

在第 4 章,我们曾对赋值域定义"代表极大域"这一概念(定义 4.19),今将对赋值域给出一个更为一般的概念如下:

定义 5.11 设 (K,v) 是个无真紧接扩张[①]的赋值域,就称 (K,v) 为极大赋值域,或称 v 为 K 的一个极大赋值,也可径称 (K,v) 为极大域. 若 (L,w) 是 (K,v) 的一个紧接扩张,同时又是极大域,则称 (L,w) 是 (K,v) 的一个极大紧扩

① 指 (K,v) 的紧接扩张,但不等于 (K,v).

张，也可以简称作极大扩张.

由定义即知，(K,v) 成为极大赋值域，当且仅当对于 K 的任一扩域 L，v 在其上的拓展 w，必至少有 $e(w/v)>1$ 或 $f(w/v)>1$ 二者之一成立.

今将证明，任何一个非浅显赋值域均有极大紧扩张存在，除非它本身是个极大域. 为此，先有引理如下：

引理 5.12(Krull)　设赋值域(K,v) 的值群 $\Gamma\neq(0)$，剩余域为 $\overline{K}$，今作 $\overline{K}^{\Gamma}$，即由 Γ 到 $\overline{K}$ 上由所有的映射组成的集；K 与 $\overline{K}^{\Gamma}$ 的基数分别记作 $|K|$，$|\overline{K}^{\Gamma}|$. 于是有 $|K|\leqslant|\overline{K}^{\Gamma}|$ 成立.

证明(Gravett)[①]　现在对每个 $\gamma\in\Gamma$ 来规定 K 中几个子集如下，首先有

$$A_{\gamma}=\{x\in K\mid v(x)\geqslant\gamma\}$$

显然，它是加法群 K^{+} 的一个子群. 其次，令 B_{γ} 为加法群 K^{+} 中在关于 A_{γ} 的每个旁集内取定一元所成的集. 于是有

$$K^{+}/A_{\gamma}=\{b+A_{\gamma}\mid b+B_{\gamma}\}$$

另外，对每个 $\gamma\in\Gamma$，任意取定一个 $c_{\gamma}\in K$，使有 $v(c_{\gamma})=\gamma$. 由此得出的子集记作 $C=\{c_{\gamma}\}_{\gamma\in\Gamma}$. 对于每个 $x\in K$，以及每个 $\gamma\in\Gamma$，令 $b_{\gamma,x}$ 为 B_{γ} 中使得有

$$x+A_{\gamma}=b_{\gamma,x}+A_{\gamma}\tag{7}$$

成立的唯一元. 于是有 $v(x-b_{\gamma,x})\geqslant\gamma$ 以及 $c_{\gamma}^{-1}(x-b_{\gamma,x})\in A$，$A$ 是 v 的赋值环；$c_{\gamma}\in C$. 从而对每个 $x\in K$ 以及每个 $\gamma\in\Gamma$ 可定出一个从 Γ 到 $\overline{K}$ 的映射如下

$$\begin{gathered}\Gamma\to\overline{K}\\ \gamma\to c_{\gamma}^{-1}(x-b_{\gamma,x})+\mathfrak{M}\end{gathered}\tag{8}$$

今证明 $x\to\varphi_x$ 是由 K 到 $\overline{K}^{\Gamma}$ 的一个单一映射. 设 $x,y\in K$，$x\neq y$. 令

$$v(x-y)=\delta$$

于是有

$$b_{\delta,x}+A_{\delta}=x+A_{\delta}=y+A_{\delta}=b_{\delta,y}+A_{\delta}$$

从而 $b_{\delta,x}=b_{\delta,y}$，由此导致

$$v(c_{\delta}^{-1}(x-b_{\delta,x})-c_{\delta}^{-1}(y-b_{\delta,\gamma}))=v(c_{\delta}^{-1}(x-y))=0$$

于是有 $\varphi_s(\delta)\neq\varphi_{\gamma}(\delta)$. 因此式(8) 给出一个从 K 到 $\overline{K}^{\Gamma}$ 的单一映射，从而有 $|K|\leqslant|\overline{K}^{\Gamma}|$，证毕. □

① 见本章参考文献[11]，此处取用参考文献[18]，31，23 的证法.

定理 5.13(Krull)[①] 任何一个非浅显赋值域(K,v),若非极大域,必有极大紧扩张存在.

证明[②] 设(K,v)不是极大赋值域,其值群与剩余域分别记为Γ和$\overline{K}$. 据上述引理,作为元素集而论,K包含在一个基数不大于$|\overline{K}^{\Gamma}|$的有界集M内. 今以$\mathscr{L}$记(K,v)的所有紧接扩张所成的集. 由所设$\mathscr{L}=\varnothing$;若$(L,w)\in\mathscr{L}$,作为元素集,应有$L\subseteq M$. 今对$\mathscr{L}$规定一个序关系"$\leqslant$"如次:令$(L_1,w_1)\leqslant(L_2,w_2)$当且仅当$(L_2,w_2)$是$(L_1,w_1)$的紧接扩张,自然也是$(K,v)$的紧接扩. 由于$\mathscr{L}$中每个域的元素集其基数都不超过$M$的基数$|M|$,故$(\mathscr{L},\leqslant)$是个归纳集. 令$(L,w)$是其中一个极大元. 今往证$(L,w)$是$(K,v)$的一个极大扩张. 设若不然,则有$(L,w)$的某个紧接扩张$(L',w')$. 据上述引理,$|L'|\leqslant|M|$,即$L'$的元也含在$M$内,因此存在一个以$L'$到$M$内某个子集$L_1$的单一对应$f$,使得对于$x\in L$,有$f(x)=x$. 由于$f$可使$L_1$成为一个域,这个域仍记作$L_1$. 此时$f$成为域同构. 从$f$的规定知$L_1$是$L$的扩域. 再令$w_1=w'\cdot f^{-1}$,于是$w_1$成为$L_1$的赋值,并且有$(L,w)\leqslant(L_1,w_1)$. 按$(L',w')$是$(L,w)$的紧接扩张,故$(L_1,w_1)$也是$(L,w)$的紧接扩张,并且$(L_1,w_1)\in\mathscr{L}$. 但$(L,w)$是$(\mathscr{L},\leqslant)$中的极大元,故应有$L=L_1,w=w_1$,从而得到$(L,w)=(L',w')$. 定理即告证明. □

上述定理表明了任一赋值域均有极大紧扩张的存在. 现在先考虑如何判别极大赋值域. 对此,我们使用似收敛列从反方向来作出刻画. 首先有下面的定理.

定理 5.14 设(K,v)不是极大赋值域. 于是(K,v)中必有某个似收敛列,它在K内无似极限.

证明 由定理 5.13 知(K,v)有极大扩张,设(L,w)为其一. 任取$x\in L\backslash K$,令

$$\Lambda=\{w(x-a)\mid\forall a\in K\}$$

这是v与w共有的值群Γ中之一子集. 今往证Λ中无最大元. 设若不然,令$\gamma\in\Lambda$是其中最大元,以及$\gamma=w(x-b),b\in K$;又取$c\in K$,使有$v(c)=\gamma$,从而$w\left(\frac{x-b}{c}\right)=0$. 按$v$与$w$有相同的剩余域,故可取$d\in K$,使得

$$w\left(\frac{x-b}{c}-d\right)>0$$

---

① 见本章参考文献[7],Satz 24.

② 取自参考文献[18],Theo,31,24.

从而 $w(x-b-cd)>w(c)=v(c)=\gamma$，但 $b+cd\in K$，这与 b 的取法矛盾. 因此 Λ 无最大元. 今在 Λ 中任取一个与 Λ 共尾的递增良序列 $\{\gamma_\tau\}_{\tau\in T}$；再对每个 $\tau\in T$ 取 $a_\tau\in K$，使有 $w(x-a_\tau)=\gamma_\tau$. 据引理 5.6 的推论，$\{a_\tau\}_{\tau\in\Gamma}$ 是 (L,w) 的一个似收敛列，并且以 x 为其似极限. 但另一方面，有 $\{a_\tau\}_\tau\subsetneqq K$. 今断言，$\{a_\tau\}_\tau$ 在 K 中无似极限. 因若 $a\in K$ 是它的一个似极限，则

$$
\begin{aligned}
w(x-a)&=w(x-a_\sigma+a_\sigma-a)\\
&\geqslant\min\{w(x-a_\sigma),w(a-a_\sigma)\}\\
&\geqslant\gamma_\sigma
\end{aligned}
$$

对每个 $\sigma\in T$，$\sigma\in\tau_0$ 成立. 由于 $\{\gamma_\tau\}_{\tau\in T}$ 与 Λ 共尾，故 $w(x-a)$ 就成了 Λ 的最大元，矛盾！定理即告成立. □

现在来证明上述定理的逆定理.

定理 5.15 若赋值域 (K,v) 中存在一个在 K 内无似极限的似收敛列，则 (K,v) 不是极大赋值域.

证明 设 $\{a_\tau\}_{\tau\in\Gamma}$ 是个超越型的似收敛列，它在 K 内无似极限. 作 K 上超越扩张 $L=K(t)$. 据引理 5.7. 对于 L 中每个多项式 $f(t)$，必有某个标号 τ_0，使得对 $\tau>\tau_0$，所有 $v(f(a_\tau))$ 全相等. 因此，今规定

$$
w(f(t))=v(f(a_\tau))\quad(\tau>\tau_0) \tag{9}
$$

对于 L 中有理函数 $f(t)/g(t)$，则定义

$$
w(f(t)/g(t))=w(f(t))-w(g(t))
$$

不难验证，w 是 v 在 L 上的一个拓展，它与 v 有同一值群. 此外，若 $w(f(t))=0$，则有

$$
w(f(t)-f(a_\sigma))=v(f(a_\rho-a_\sigma))>v(f(a_\sigma-a_\tau))\geqslant 0
$$

其中 $\tau_0<\tau<\sigma<\rho$. 因此 $f(t)$ 与 $f(a_\sigma)\in K$ 属于同一剩余类，这就表明 w 与 v 有同一剩余域，从而 (L,w) 是 (K,v) 的一个紧接扩张. 但 $L\neq K$，所以 (K,v) 不是极大赋值域.

其次考虑 $\{a_\tau\}_{\tau\in\Gamma}$ 是代数型的情形. 在所有满足引理 5.7 条件 ① 的多项式中，取一个有最低次数的多项式 $q(X)$，首先要求 $\deg q(X)\geqslant 2$. 因若 $q(X)=X-c$，则 $\{a_\tau-c\}_{\tau\in\Gamma}$ 是个似收敛列. 据所设，自某个标号 τ_0 起，恒有

$$
v(a_\tau-c)<v(a_\sigma-c)\quad(\tau<\sigma)
$$

由此导致对所有 $\tau>\tau_0$ 皆有 $v(a_\tau-c)=\gamma_\tau$，即 $c\in K$ 成为 $\{a_\tau\}_\tau$ 的似极限，而与所设相悖. 其次，$q(X)$ 在 K 上是不可约的. 今取 $q(X)=0$ 在其分裂域中的一个零点 θ，并令 $L=K(\theta)$. 于是 L 的元皆可表如 $f(\theta)$

$$
\deg f<\deg q
$$

今规定

$$w(f(\theta))=v(f(a_\tau)) \quad (\tau>\tau_0) \tag{10}$$

此一规定是有效的.因为由 $q(X)$ 的取法知 $f(a_\tau)$ 自 τ_0 以后所有的 $v(f(a_\tau))$ 全相等.欲证由式(10)所规定的 w 是 L 的赋值,只须验证

$$w(f_1(\theta)\cdot f_2(\theta))=w(f_1(\theta))+w(f_2(\theta))$$

设

$$f_1(X)\cdot f_2(X)=h(X)q(X)+r(X)$$

其中 $\deg f_1$,$\deg f_2$,$\deg r$ 均小于 $\deg q$.由于自某个 τ_0 起所有的 $v(f_1(a_\tau))$,$v(f_2(a_\tau))$,$v(r(a_\tau))$ 分别各取定值,而 $v(q(a_\tau))$ 则递增,故应有

$$v(f_1(a_\tau)f_2(a_\tau))=v(f_1(a_\tau))+v(f_2(a_\tau))=v(r(a_\tau))$$

这就证明了 $w(f_1(\theta)f_2(\theta))=w(f_1(\theta))+w(f_2(\theta))$.至于$(L,w)$是$(K,v)$的紧接扩张.证明同于上段.由于$[L:K]\geqslant 2$,故$(K,v)$不是极大赋值域,证毕.

□

由定理 5.14 和 5.15 即得如下的结论:

定理 5.16(Kaplansky)[①] 赋值域(K,v)成为极大赋值域的充分必要条件是它的每个似收敛列在 K 中有似极限. □

对于(K,v)中似收敛列$\{a_\tau\}_{\tau\in\Gamma}$只须乘以一个适当的元$c\in K$,即可使自某一标号起,每个 ca_τ 均属于 v 的赋值环 A;同时$\{ca_\tau\}_{\tau\geqslant\tau_0}$也是似收敛列,如果它有似极限在 K 中,则应属于 A.因此有下面的推论.

推论 (K,v)成为极大赋值域,当且仅当 v 的赋值环 A 中每个似收敛列均在 A 中有似极限. □

以上是用似收敛列来判断赋值域(K,v)是否成为极大赋值域.现在我们要用另一种方法来考虑这一问题.为此,先引述一些必要的概念如下:

设 R 是交换环,M 是 R-模;M_r 都是 M 的子模,$r\in I$.若由旁集所成的族$\{a_r+M_r\}_{r\in I}$其中任意有限多个的交不是空集时,就称$\{a_r+M_r\}_{r\in I}$满足有限交条件.若 M 中每个满足有限交条件的旁集族$\{a_r+M_r\}_{r\in I}$都有非空的交,即 $\bigcap\limits_r(a_r+M_r)\neq\varnothing$,则称 M 为线性列紧的 R-模,或称 M 在 R 上是线性列紧的.这个概念又可表述如下:

若同余方程组

$$x\equiv a_r \pmod{M_r} \quad (r\in I)$$

① 见本章参考文献[5].

其中任意两个有解，则该方程组有公共解.

若环 R 作为 R 一模是线性列紧的，就称 R 为线性列紧环. 当 M 为线性列紧 R 一模时，M 的子模显然也是线性列紧的 R 一模. 今有下面的引理.

引理 5.17 设 M 是个线性列紧 R 一模. $\varphi: M \to N$ 是个满射的 R 一同态，于是 N 也是个线性列紧 R 一模.

证明 设 $\{y_r + N_r\}_{r\in I}$ 是 N 中一个子模的旁集族，满足有限交条件. 对于每个 $r \in I$，任取 $x_r = \varphi^{-1}(y_r)$. 易知 $\{x_r + \varphi^{-1}(N_r)\}_{r\in I}$ 满足有限交条件. 若有 $z \in \bigcap\limits_r (x_r + \varphi^{-1}(N_r))$，则 $\varphi(z) \in \bigcap\limits_r (y_r + N_r)$ 引理即告成立. □

引理 5.18 设 M_1, M_2 是 R 一模 M 的二子模，满足 $M_1 \supsetneqq M_2$. 若它们的旁集 $a_1 + M_1$ 与 $a_2 + M_2$ 有非空的交，则 $a_1 + M_1 \supsetneqq a_2 + M_2$.

证明 设 $z \in (a_1 + M_1) \cap (a_2 + M_2)$. 于是有

$$z = a_1 + m_1 = a_2 + m_2 \quad (m_1 \in M_1, m_2 \in M_2)$$

从而 $a_2 = z - m_2 = a_1 + m_1 - m_2 \in a_1 + M_1$，故 $a_2 + M_2 \subsetneqq a_1 + M_1$. □

以下的论述将局限于赋值环上的模. 今有下面的命题.

命题 5.19 设 A 是赋值域(K, v) 的赋值环，于是下列二论断等价：

①K 是个线性列紧的 A 一模；

②A 是个线性列紧环.

证明 ① → ②. 由于 A 是 A 一模 K 的子模，前已指出，A 本身是个线性列紧环.

② → ①. 设$\{a_r + M_r\}_{r\in I}$ 是 K 中一 A 一子模族，满足有限交条件；其标号集 I 是个无最后元的良序集. 前在定理 2.13 证明之后已经指出，K 的任意二子模间必有包含关系. 因此可选取一个与$\{M_r\}_{r\in I}$ 共尾的子族$\{M_r\}_{r\in I'}$，使得当 $\tau < \sigma$ 时，有 $M_\tau \supsetneqq M_\sigma$. 在满足有限的条件下，据引理5.18，有 $a_\tau + M_\tau \supsetneqq a_\sigma + M_\sigma$ 成立. 若 τ_0 为 I' 的初始标号，则$\{a_\tau + M_\tau\}_{r\in I'}$ 可排成一递减列

$$a_{\tau_0} + M_{\tau_0} \supsetneqq \cdots \supsetneqq a_\tau + M_\tau \supsetneqq \cdots$$

任选 $c \notin M_{\tau_0}, c \mid a_{\tau_0}$ 于是$\frac{a_{\tau_0}}{c} = \frac{M_{\tau_0}}{c} \subsetneqq A$. 从而$\left(\frac{a_\tau}{c} + \frac{M_\tau}{c}\right)_{\tau\in I'}$ 是 A 中一满足有限交条件的旁集族. 据所设，有 $b \in \bigcap\limits_\tau \left(\frac{a_\tau}{c} + \frac{M_\tau}{c}\right)$. 从而

$$bc \in \bigcap_\tau (a_\tau + M_\tau) = \bigcap_{r\in I} (a_\tau + M_\tau)$$

即论断 ① 成立. □

当 A 为线性列紧环时，素理想 $p \subsetneqq A$ 作为 A 一模自然是线性列紧的. 易知 A/p 不但是线性列紧的 A 一模(引理 5.17)，而且还是线性列紧环. 今有下面的

推论.

推论　设 p 是(K,v) 的赋值环 A 中一素理想，若有上述中的论断 ① 或论断 ② 成立，则可得出以下的结论：

①K 是线性列紧的 A_p — 模；

②$\overline{K}_p = A_p/p$ 是线性列紧的 A/p — 模.

证明　① 由于 K 的 A_p — 子模自然又是 A — 子模，结合命题的论断 ① 即得.

②A/p 是域 $\overline{K}_p$ 的赋值环，从 A/p 的线性列紧性即知 $\overline{K}_p$ 应为线性列紧的 A/p — 模. □

为了讨论线性列紧与极大赋值域的关系，今先就线性列紧性与似收敛列间的关系进行探讨. 设 $F=\{a_\tau + M_\tau\}_{\tau\in I}$ 为(K,v) 中由 A — 子模的旁集所成的族，且满足有限交条件. 如命题 5.19 的证明所示，不妨设标号集 T 为无最后元的良序集. 对于 $\tau<\sigma$，有 $a_\tau + M_\tau \supsetneqq a_\sigma + M_\sigma$.

引理 5.20　设符号意义如上. 于是，对任何 $\tau,\sigma\in T$，$\tau<\sigma$ 有 $a_\tau - a_\sigma \in M_\tau\backslash M_\sigma$.

证明　由于 T 是良序集，故 $a_\tau + M_\tau$ 有紧接后续 $a_{\tau+1}M_{\tau+1}$，此处

$$M_\tau \supsetneqq M_{\tau+1} \supsetneqq M_\sigma$$

从而有 $a_{\tau+1} - a_\tau \in M_{\tau+1}$. 若 $a_\tau - a_\sigma \in M_\sigma$，则有

$$\begin{aligned} a_\tau &= a_{\tau+1} + (a_\tau - a_\sigma) + (a_\sigma - a_{\tau+1}) \in a_{\tau+1} + M_\sigma + M_{\tau+1} \\ &= a_{\tau+1} + M_{\tau+1} \end{aligned}$$

但 $a_{\tau+1}+M_{\tau+1}$ 是 $a_\tau+M_\tau$ 的紧接后续，$a_\tau - a_{\tau+1}\in M_\tau\backslash M_{\tau+1}$，故上式不可能成立，即应有 $a_\tau - a_\sigma \in M_\tau\backslash M_\sigma$. 证毕. □

对于赋值域而论，似收敛列与线性列紧环是密切相关的. 今有结论如下：

定理 5.21　设 A 是赋值域(K,v) 的赋值环. 于是下列诸论断等价：

①(K,v) 中每个似收敛列在 K 中有似极限；

②K 是个线性列紧的 A — 模；

③A 是个线性列紧环.

证明　论断 ② 与 ③ 的等价性已由命题 5.19 给出. 今证论断 ① → ②. 设 $F=\{a_\tau + M_\tau\}_{\tau\in T}$ 是 K 中由 A — 子模的旁集所成的族，T 是个无最后元的良序标号集. 对于 $\tau,\sigma\in T$，$\tau<\sigma$ 有 $a_\tau+M_\tau \supsetneqq a_\sigma + M_\sigma$. 因此 F 满足有限交条件. 今证明$\{a_\tau\}_{\tau\in T}$ 是 K 中似收敛列. 令 $\gamma_\tau = v(a_\tau - a_{\tau+1})$，$\tau\in T$. 设 $\tau,\sigma,\rho\in T$，且 $\tau<\sigma<\rho$. 若

$$v(a_\tau - a_\sigma) \geqslant v(a_\sigma - a_\rho)$$

则有$(a_\tau - a_\sigma)(a_\sigma - a_\rho)^{-1} \in A$,从而

$$a_\tau - a_\sigma \in A(a_\sigma - a_\rho) \subseteq AM_\sigma = M_\sigma$$

而与引理 5.20 相矛盾.因此应有

$$v(a_\tau - a_\sigma) < v(a_\sigma - a_\rho)$$

即$\{a_\tau\}_{\tau\in T}$是个似收敛列.此时$\{\gamma_\tau\}_{\tau\in T}$是从属于$\{a_\tau\}_{\tau\in T}$的值元素列.在论断①的所设下,有 $a \in K$,使得 $v(a - a_\tau) = \gamma_\tau, \forall \tau \in T$.按

$$v(a - a_\tau) = \gamma_\tau = v(a_\tau - a_{\tau+1})$$

有 $a_\tau - a_{\tau+1} \in M_\tau \backslash M_{\tau+1}$,故$a - a_\tau \in M_\tau$,即$a \in a_\tau + M_\tau, \forall \tau \in T$.这证明了 $\bigcap F \neq \varnothing$,即论断②成立.

论断②→①.设$\{a_\tau\}_{\tau\in T}$是(K,v)中一个似收敛列,$\{\gamma_\tau\}_{\tau\in T}$是从属于它的值元素列.令

$$M_\tau = \{x \in K \mid v(x) \geqslant \gamma_\tau\} \quad (\forall \tau \in T)$$

由 $v(a_\tau - a_\sigma) = \gamma_\tau, \tau < \sigma$,有 $a_\sigma \in a_\tau + M_\tau$,从而对所有 $\tau < \sigma$,有 $a_\tau + M_\tau \supsetneqq a_\sigma + M_\sigma$,因此子模的旁集族$F = \{a_\tau + M_\tau\}_{\tau\in T}$满足有限交条件.按所设 $\bigcap F \neq \varnothing$,故有某个 $a \in K$,使得 $a \in a_\tau + M_\tau$ 对所有的 $\tau \in T$ 皆成立.换言之

$$v(a - a_\tau) \geqslant \gamma \quad (\forall \tau \in T)$$

按引理 5.6,$a \in K$ 就是$\{a_\tau\}_{\tau\in T}$的一个似极限,故论断①成立. □

结合定理 5.16,5.21 及命题 5.19 即有下面的推论.

推论 1 对于赋值域(K,v),以下诸论断等价:

①(K,v)是极大赋值域;

②(K,v)的赋值环 A 是线性列紧环;

③K 作为 A-模是线性列紧的. □

又结合命题 5.19 的推论可得下面的推论.

推论 2 设(K,v)为极大赋值域,A 为其赋值环;又记 A_p 为赋值 v_p 的赋值环;$\overline{K}_p = A_p/p$ 为 v_p 的剩余域.于是有以下诸论断成立:

①(K,v_p)为极大赋值域;

②$(\overline{K}_p,\overline{v}_p)$为极大赋值域,$\overline{v}_p$ 是 $\overline{K}_p$ 上由$(A/p,\mathfrak{M}/p)$所定的赋值;

③ 对于 A 中素理想$(0) \subseteq p \subseteq p'$,设 $\overline{v}_{p,p'}$ 是 $\overline{K}_p$ 上以 $A_{p'}/p$ 为赋值环的赋值.于是$(\overline{K}_p,\overline{v}_{p,p'})$也是极大赋值域. □

推论 2 的逆理也能成立.为证明计,先作如下的引理:

引理 5.22 设 N 是R-模 M 的一个子模.若 N 与M/N 都是线性列紧的R-模,则 M 也同样是线性列紧的 R-模.

证明 设$\{a_\tau+M_\tau\}_{\tau\in T}$是$M$的一个子模旁集族,满足有限交条件;又设$\pi$:$M\to M/N$是正规同态,此时$(\pi(a_\tau)+\pi(M_\tau))_\tau$同样满足有限条件.据所设,有$b\in\bigcap_\tau(\pi(a_\tau)+\pi(M_\tau))$,$b=c+N$,$c\in M$;以及$N\cap(a_\tau-c+M_\tau)\neq\varnothing$,$\tau\in T$.由于$\{a_\tau+M_\tau\}_{\tau\in T}$满足有限交条件,从而应有$a\in\bigcap_\tau(N\cap(a_\tau-c+M_\tau))$,故得$a+c\in\bigcap_\tau(a_\tau+M_\tau)$,引理即告成立. □

定理 5.23 设p是(K,v)的赋值环A中一素理想;A_p,v_p,$\overline{K}_p$以及$\overline{v}_p$的意义均同前.于是(K,v)成为极大赋值域,当且仅当以下二条件成立:

①(K,v_p)为极大赋值域;

②$(\overline{K}_p,\overline{v}_p)$为极大赋值域.

证明 必要性已由定理5.21的推论2给出.今设条件①②成立.不失一般性,不妨设p不为(0)和$\mathfrak{M}$.首先,由定理5.21的推论1,结合命题5.19知p作为A_p的理想是线性列紧的,但p是A中素理想,故p在A中也是线性列紧的.按条件②及定理5.21的推论1,A/p是个线性列紧环,从而也是线性列紧A—模.再由引理5.22,A应为线性列紧环.定理的充分性由定理5.21的推论1即得.证毕. □

以上所论是关于极大赋值域的几种判别法则.现在来考虑它的代数扩张.为此,先有引理如下:

引理 5.24 设$\{\gamma_\tau\}_{\tau\in T}$是赋值域$(K,v)$的值群$\Gamma$中一个自某一标号$\tau_0$起的递增良序列,且无最后元;$\{a_\tau\}_{\tau\in T}$是$K$中一元素列,满足下列条件:

① 对任何$\tau,\sigma\in T$,当$\tau_0<\tau<\sigma$时,有$v(a_\tau-a_\sigma)\geqslant\gamma_\tau$;

② 对任何$\tau\in T$,$\tau>\tau_0$,有$\sigma\in T$,$\sigma>\tau$使得有$v(a_\tau-a_\sigma)<\gamma_\sigma$.

于是有T的一个共尾子集T',使得$\{a_\tau\}_{\tau\in T'}$成一似收敛列.

证明 设$\mathscr{L}$是T中具有以下性质的子集U所组成的族:设$\tau,\sigma,\rho\in U$,$\tau_0<\tau<\sigma<\rho$,满足

$$\gamma_\tau\leqslant v(a_\tau-a_\rho)<\gamma_\rho$$

上式左边由条件①可知,右边由

$$\gamma_\tau\leqslant v(a_\tau-a_\sigma+a_\sigma-a_\rho)=v(a_\tau-a_\rho)<\gamma_\sigma<\gamma_\rho$$

即得.由于对任何$\tau\in T$由②知有$\sigma\in T$使得$\tau<\sigma$,并且$v(a_\tau-a_\sigma)<\gamma_\sigma$,从而$(\tau,\sigma)\in\mathscr{L}$,故$\mathscr{L}\neq\varnothing$.继续作此推考可得到具有上述性质的子集.对于这个子集族$\mathscr{L}$,以包含关系为序即成一半序集,而且是个归纳集,令T'是其中一个极大元.今往证以下二事实:

①T'无最后元.因若不然,设τ'为其最后元.按引理的条件②,有$\tau''\in T$满

足 $\tau' < \tau''$，以及 $v(a_{\tau'} - a_{\tau''}) < \gamma_{\tau''}$. 此时应有 $T' \cup \{\tau''\} \in \mathscr{L}$. 于是对于 $\sigma \in T'$，由 $\tau_0 < \sigma < \tau' < \tau''$，有

$$\gamma_\sigma \leqslant v(a_\sigma - a_{\tau''}) = v(a_\sigma - a_{\tau'} + a_{\tau'} - a_{\tau''})$$
$$= v(a_\sigma - a_{\tau'}) < \gamma_{\tau'} < \gamma_{\tau''}$$

但这与 T' 为 $\mathscr{L}$ 中极大元的所设相悖！

②T' 与 T 共尾. 设若不然，则有 $\lambda \in T \backslash T'$，且对每个 $\sigma \in T'$ 均有 $\sigma < \lambda$. 但 $T' \cup \{\lambda\} \notin \mathscr{L}$，即对某个 $\tau \in T'$ 有 $v(a_\tau - a_\lambda) \geqslant \gamma_\lambda$. 由于 T' 中无最后元，即有 $\tau' \in T'$，$\tau < \tau'$. 但由

$$\gamma_\lambda \leqslant v(a_\tau - a_\lambda) = v(a_\tau - a_{\tau'} + a_{\tau'} - a_\lambda)$$
$$= v(a_\tau - a_{\tau'}) < \gamma_{\tau'} < \gamma_\tau$$

矛盾！因此条件 ② 成立.

从以上所得的条件 ①② 的证明了 T' 是一个与 T 共尾的子集，对其中任何 $\tau_0 < \tau < \sigma < \rho$ 皆有 $v(a_\tau - a_\sigma) < \gamma_\sigma \leqslant v(a_\sigma - a_\rho)$，从而得知 $\{a_\tau\}_{\tau \in T'}$ 是 (K, v) 中一个似收敛列. 证毕. □

现在我们来证明本节最后的一个定理：

定理 5.25 设 (K, v) 为一极大赋值域；L 是 K 上有限扩张，$[L:K] = n$. 于是有下列论断成立：

①v 在 L 上有唯一的拓展 w，满足 $n = ef$，此处 $e = e(w/v)$，$f = f(w/v)$；

②(L, w) 是极大赋值域.

证明 设 w 是 v 在 L 上的一个拓展；$(A, \mathfrak{M})$，$(B, \mathfrak{N})$ 分别是 v, w 的赋值对，又以 Γ, Γ' 记它们的值群；$\overline{K} = A/\mathfrak{M}$，$\overline{L} = B/\mathfrak{N}$ 分别是 v, w 的剩余域. 取 $b_1, \cdots, b_e \in B$，使得 $w(b_i) \in \Gamma'$，$i = 1, \cdots, e$ 属于 Γ 的 e 个不同的旁集；又取 $c_1, \cdots, c_f \in B$，使得 $\bar{c}_j \in \overline{L}$，$j = 1, \cdots, f$ 关于 $\overline{K}$ 是代数无关元. 今以 L_0 记由 $\{b_i c_j \mid i = 1, \cdots, e, j = 2, \cdots, f\}$ 在 K 上生成的线性空间. 首先要证明 $L_0 = L$. 设有 $y \in L \backslash L_0$. 令 $\Lambda = \{w(y - x) \mid \forall x \in L_0\}$. 如定理 5.14 的证明所示，可以得知 Λ 作为 Γ' 的子集无最大元. 在 Λ 中取一个与它共尾的递增良序列 $\{\beta_\tau\}_{\tau \in T}$，并令 $\beta_\tau = w(y - d_\tau)$，$d_\tau \in L_0$，$\tau \in T$. 这表明 $\{d_\tau\}_{\tau \in T}$ 是 L_0 中一个以 y 为似极限的似收敛列. 但 $\{d_\tau\}_{\tau \in T}$ 在 L_0 中不能有似极限. 因若 $d \in L_0$ 是它的一个似极限，则 $w(y - d)$ 将大于 Λ 中每个元，而与 Λ 中无最大元的事实相矛盾. 令

$$d_\tau = \sum_{i=1}^{e} \sum_{j=1}^{f} a_{ij}^\tau b_i c_j \quad (a_{ij}^\tau \in K, \tau \in T) \tag{11}$$

于是 $w(d_\tau - d_{\tau'}) = w(\sum_{j=1}^{f} (\sum_{i=1}^{e} a_{ij}^\tau - a_{ij}^{\tau'}) b_i) c_j$. 由 $c_j \in B \backslash \mathfrak{N}$ 知 $w(c_j) = 0$，$j =$

$1,\cdots,f$；又按每个 $w(b_i)\in\Gamma'$ 属于关于 Γ 的不同旁集，故

$$w(d_\tau-d_{\tau'})=\min\{w(\sum_{i=1}^{e}(a_{ij}^{\tau}-a_{ij}^{\tau'})b_i)\}_{j=1,\cdots,f}$$

不妨设其最小值为 $v(\sum_{i}^{a}(a_{ij}^{\tau}-a_{ij}^{\tau'}))+w(b_j)$. 因此对某一组 (i,j)，当 $\tau<\tau'$，τ，$\tau'\in T$ 时，有

$$v(a_{ij}^{\tau}-a_{ij}^{\tau'})+w(b_i)\geqslant w(d_\tau-d_{\tau'})=\gamma_\tau$$

从而 $v(a_{ij}^{\tau}-a_{ij}^{\tau'})\geqslant\gamma_\tau-w(b_j)$. 由于 $w(b_j)$ 与 τ,τ' 无关，故 $\{\gamma_\tau-w(b_j)\}_{\tau\in T}$ 是 Γ' 中一递增列. 另一方面，由于 $\{\gamma_\tau\}_\tau$ 是递增的，故有某个标号 $\sigma>\tau$，使得

$$\gamma_\sigma-w(b_j)>w(d_\tau-d_\sigma)=v(a_{ij}^{\tau}-a_{ij}^{\tau'})$$

据引理 5.24，存在 T 的共尾子列 T_0，使得 $\{a_{ij}^{\tau}\}_{\tau\in T_0}$ 成为 (K,v) 中一似收敛列. 鉴于 (i,j) 只有 ef 个不同的组合，反复使用这一过程，经有限次后可获得 T 的一个共尾子列 T'，使得对任何一组 (i,j)，$\{a_{ij}^{\tau}\}_{\tau\in T'}$ 均为似收敛列. 由于 (K,v) 是极大赋值域，每组 $\{a_{ij}^{\tau}\}_{\tau\in T'}$，在 K 中均有似极限，设为 t_{ij}，$i=1,\cdots,e$，$j=1,\cdots,f$. 于是 $\sum_{j=1}^{f}\sum_{i=1}^{e}t_{ij}b_ic_j\in L_0$ 就成为 $\{d_\tau\}_{\tau\in T'}$ 的似极限. 因此应有 $L_0=L$，故 $ef\geqslant n$. 但按定理 3.11，有 $n\geqslant ef$. 从而 $n=ef$，并且 w 是 v 在 L 上唯一的拓展. 这就证明了论断 ①.

从以上的证明同时又可得知，对于 (L,w) 中任何一个似收敛列 $\{d_\tau\}_{\tau\in T'}$，由式(11) 可得出 (K,v) 中一组似收敛列 $\{a_{ij}^{\tau}\}_{\tau\in T'}$，$i=1,\cdots,e$，$j=1,\cdots,f$. 从而导致 $\{d_\tau\}_{\tau\in T'}$ 在 L 中有似极限. 由于 T' 是 T 的共尾子列，故后者也是似收敛列 $\{d_\tau\}_{\tau\in T}$ 的似极限. 据定理 5.16 知 (L,w) 是个极大赋值域，故论断 ② 成立. 证毕. □

5.3　广义形式幂级数域

在讨论了极大赋值域的一些特征后，在本节中我们将做出一个极大赋值域，它具有事先给定的序加群 Γ 为其值群，以及一个给定域 k 作为剩余域. k^Γ 的意义已在引理 5.12 中规定. 对于 $f\in k^\Gamma$，规定 $f(\gamma)=f_\gamma\in k$，$\gamma\in\Gamma$. 令 X 是域 k 上一个未定元. 由 f 可作一形式幂项 $f_\gamma X^\gamma$，对于 $\gamma=0$，则规定 $X^0=1$，1 是 k 中的乘法单位元. 从 f 做出的全部形式幂项记以 $\{f_\gamma X^\gamma\}_{\gamma\in\Gamma}$. 为需要计，今再给 k^Γ 规定下列二元：

$0:\gamma \to 0$，对所有的 $\gamma \in \Gamma$，0 为域 k 中的零元；

$$1:\begin{cases}\gamma \to 1 \in k, \text{当 } \gamma = 0 \\ \gamma \to 0 \in k, \text{当 } \gamma \neq 0\end{cases}.$$

所规定的 0 与 1 分别称作 k^{Γ} 的零元与单位元. 现在记

$$\begin{aligned} \operatorname{supp}(f) &= \{\gamma \in \Gamma \mid f_{\gamma} \neq 0\} \\ \mathscr{Q} &= \{f \in k^{\Gamma} \mid \operatorname{supp}(f) \text{ 为 } \Gamma \text{ 中良好序子集}\} \cup \{0\} \end{aligned} \tag{12}$$

由此一规定可将 $f \in \mathscr{Q}$ 表如形式

$$f = \sum_{\gamma \in \Lambda} f_{\gamma} X^{\gamma} \tag{13}$$

其中 $\Lambda \subsetneq \Gamma$ 是个良序子集，f 的项按 Λ 的序由小到大依次排列. 今称 f 为一广义形式幂级数. 如果 $0 \in \Lambda$，则 f 的项 f_0 是 k 中元. 若 $\operatorname{supp}(f) = 0$，则 f 唯一的项是 k 中非零元. 为了确定这种幂级数的运算，先对 $\mathscr{Q}$ 中元的加法乘法作如下规定

$$\begin{aligned} (f+g)(\gamma) &= f(\gamma) + g(\gamma) \\ (fg)(\gamma) &= \sum_{\gamma \in \Lambda} \Big(\sum_{i}^{\alpha_i + \beta_i = r} f(\alpha_i) g(\beta_i) \Big) \end{aligned} \tag{14}$$

其中，$\alpha_i, \beta_i \in \Lambda$. 加法定义的有效性是显然的. 为验证乘法的有效性，今有引理如下：

引理 5.26 设 Γ 为序加群，$\gamma \in \Gamma$；又设 S 与 T 为 Γ 中的非空良序子集，于是

$$U = \{\alpha \in S \mid \text{对某个 } \beta \in T, \text{有 } \alpha + \beta = \gamma\}$$

是个有限子集.

证明 令 $\alpha_1 = \inf U$，以及 $\alpha_{m+1} = \inf(U \setminus \{\alpha_1, \cdots, \alpha_m\})$. 如果经有限次后有 $U = \{\alpha_1, \cdots, \alpha_n\}$，则结论已告成立；否则，对 α_i 的取法将无穷无尽地继续下去. 但由 $\alpha_1 < \alpha_2 < \cdots$ 以及由 α_i 可得 T 中相应的 β_i，满足 $\alpha_i + \beta_i = \gamma$. 因此又有 $\beta_1 > \beta_2 > \cdots$，但 $\{\beta_i\}_i \subsetneq T$，后者是个良序集，故这个递减列不可能是无限的. 这就证明了 $\{\alpha_i\}_i$ 和 $\{\beta_i\}_i$ 都是有限的，从而 U 也是个有限集. □

在上述引理中可以令

$$S = \operatorname{supp}(f) \cup \{0\}, T = \operatorname{supp}(g) \cup \{0\} \quad (f, g \in \mathscr{Q})$$

S 与 T 都是 Γ 中良序子集，故出现在规定(14) 的第二式中之和是有限的，这就表明了乘法的规定也有效.

命题 5.27 在上述符号的意义上，$\mathscr{Q}$ 成为一个整环.

证明 主要在于证明 $\mathscr{Q}$ 关于由规定(14) 所定义的加法与乘法都是封闭

的. 首先,$f+g$ 的定义为有效已如上述. 由于 $\mathrm{supp}(f+g)$ 是 Γ 中一个良序子集,故 $f+g\in\mathscr{Q}$. 今往证 $\mathrm{supp}(f\cdot g)$ 也是良序子集. 设 $\triangle$ 是 $\mathrm{supp}(f\cdot g)$ 的任一子集. 作

$$H=\{\tau\in\Gamma\mid\delta>\tau\text{ 对所有 }\delta\in\triangle\text{ 成立}\}$$

H 显然不是空集. 再次取

$$S=\mathrm{supp}(f)\cup\{0\},T=\mathrm{supp}(g)\cup\{0\}$$

作子集

$$U=\{\alpha+\beta\mid\alpha\in S,\beta\in T,\alpha+\beta>\tau,\text{对所有 }\tau\in H\}$$

由于 S,T 均为良序集,故 U 是个良序子集,从而有 $\inf U\in U$,又由于 $\triangle\subsetneq\mathrm{supp}(f\cdot g)$,故 $\triangle\subsetneq U$. 若 $\inf U\notin\triangle$,则有某个 $\tau\in H$,使得 $\inf U\not>\tau$,而与 U 的取法矛盾. 因此 $\inf U=\inf\triangle$,即 $\triangle$ 是良序的,这就证明了 $f\cdot g\in\mathscr{Q}$.

以上证明了 $\mathscr{Q}$ 关于由规定(14) 所定义的加法乘法是封闭的. 还可以验知加法与乘法能满足有关运算律,今从略. 这表明了 $\mathscr{Q}$ 是个环. 至于它还是个整环,是不难验证的. 命题的结论即告成立. □

今取 $\mathscr{Q}$ 中子集

$$R=\{f\in\mathscr{Q}\mid\mathrm{supp}(f)\in\Gamma^+\cup\{0\}\}\tag{15}$$

不难验知 R 是 $\mathscr{Q}$ 的子环,当 $f\neq0$,与对待通常的幂级数一样,可以做出 f 的逆元 $f^{-1}\in R$,此时 f 在 R 中个单位. 至于任一 $g\in\mathscr{Q}$,皆可表如 $X^{\gamma_1}f$ 的形式,其中 $0\in\mathrm{supp}(f)$,从而也有逆元 $X^{-\gamma_1}f^{-1}$. 因此 $\mathscr{Q}$ 是整环 R 的商域,称作关于 k 和 Γ 的广义形式幂级数域,记作 $k\langle\langle\Gamma\rangle\rangle$,它的元由已由式(13) 表出.

现在来对域 $K=k\langle\langle\Gamma\rangle\rangle$ 定义一个赋值,使得它以 Γ 为其值群;以 k 为其剩余域(不计及同构). 今规定

$$v(f)=\inf\{\mathrm{supp}(f)\}\quad(f\in K\text{ 且 }f\neq0)\tag{16}$$

以及 $v(0)=\infty$. 不难验知:

①v 是 k 的一个赋值,其赋值环是由式(15) 所定的 R,值群为 Γ;

②v 的剩余域 $\overline{K}$ 与 k 为同构.

今有定理如下:

定理 5.28 设 K 是关于域 k 与序加群 Γ 的广义形式幂级数域 $k\langle\langle\Gamma\rangle\rangle$,$v$ 是由式(16) 所定的赋值. 于是 (K,v) 是个极大赋值域.

证明 设 $\{f^\tau\}_{\tau\in T}$ 是 (K,v) 中一个似收敛列,其中 $f^\tau=\sum\limits_{\delta\in\Lambda}f_\delta^\tau X^\delta$. 于是自某个标号 τ_0 起总有

$$v(f^\sigma-f^\tau)<v(f^\rho-f^\sigma)\quad(\tau_0<\tau<\sigma<\rho)$$

令 $\gamma_\tau = v(f^\sigma - f^\tau)$，$\tau < \sigma$. 此时$\{\gamma^\tau\}_{\tau\in T}$ 自 τ_0 以后为 Γ 中一无限递增列. 今将证明在 K 中可做出一元使它成为$\{f^\tau\}_{\tau\in\Gamma}$ 的似极限. 设 $\delta \in \Gamma$，对某个 $\tau \in T$ 有 $\delta < \gamma_\tau$，$\tau < \sigma$，于是 $f^\sigma - f^\tau = \sum_\delta (f^\sigma_\delta - f^\tau_\delta) X^\delta$. 由 $v(f^\sigma - f^\tau) = \gamma_\tau > \delta$，可令 $f^*_\delta = f^\tau_\delta$. 如果 $\delta \in \Gamma$ 使得 $\delta > \gamma_\tau$ 对所有的 $\tau \in T$ 皆成立，则令 $f^*_\delta = 0$. 按此方式进行，对每个 $\gamma \in \Gamma$ 都确定 f^*_γ，从而得到

$$f^* = \sum_{\gamma\in\Gamma} f^*_\gamma X^\delta$$

欲证 $f^* \in K$，只须验证 $\mathrm{supp}(f^*)$ 为一良序子集. 设 $\triangle \subsetneq \mathrm{supp}(f^*)$ 为一非空子集，$\delta_1 = \triangle$. 于是对某个 $\tau \in T$，有 $f^*_{\delta_1} = f^\tau_{\delta_1}$. 当 $\delta_2 < \delta_1$ 时，同样可得 $f^*_{\delta_2} = f^\tau_{\delta_2}$. 即 $\delta_1, \delta_2 \in \mathrm{sup}(f^\tau)$ 但后者是 Γ 中一良序子集. 这表明了 $\triangle$ 中有 $\inf \triangle$ 存在. 按 $\triangle$ 在 $\mathrm{supp}(f^*)$ 中的任意性，故 $\mathrm{supp}(f^*)$ 是个良序集. 因此 $f^* \in K$. 又由 f^* 的做法知 $v(f^* - f^\tau) \geqslant \gamma_\tau$ 对所有 $\tau \geqslant \tau_0$ 成立. 据引理 5.6. f^* 是$\{f^\tau\}_{\tau\in T}$ 的一个似极限. 再据定理 5.16 即知(K, v) 为一极大赋值域. 证毕. □

5.4 完全赋值域

为了对任意阶的赋值引入完全性的定义，首先应介绍两个有关概念. 其一是在2.3和1.2节曾经述及的，今再作一简略概括. 设 A 为赋值域(K, v) 的赋值环，Γ 为 v 的值群. 任取 A 中二紧相连的素理想 $p \subsetneq p'$，以 $\triangle \supsetneq \triangle'$ 表 Γ 中与它们相对应的孤立子群. 此时 $\triangle/\triangle'$ 为一阶序群. 令 $\overline{K}p$ 的意义同前，此时 $A_{p'}/p$ 在 $\overline{K}p$ 上定出赋值 $\bar{v}_{p,p'}$，它以 $\triangle/\triangle'$ 为值群. 如果按此方式定出的每个一阶赋值域$(\overline{K}p, \bar{v}_{p,p'})$ 都是 1.2 节意义下的完全域，就称(K, v) 是逐段完全的[①].

另一个有关的概念是：设$\{a_\tau\}_{\tau\in T}$ 是 A 中一无限良序列；$\{I_\tau\}_{\tau\in T}$ 是 A 中理想组成无最后项的良序列，满足如下条件：对任何二标号 $\sigma, \rho \in T$，当 $\sigma < \rho$ 时，有 $I_\sigma \supsetneq I_\rho$. 若对任何一对 $\sigma < \rho$ 均有

$$a_\sigma \equiv a_\rho \pmod{I_\sigma}$$

则称$\{a_\tau\}_{\tau\in T}$ 为关于$\{I_\tau\}_{\tau\in T}$ 的协调同余集；又称

$$\{x \equiv a_\tau \pmod{I_\tau}\}_{\tau\in T}$$

为关于$\{I_\tau\}_{\tau\in T}$ 的一个协调同余方程组. 今有定义如次：

---

① 见本章参考文献[7].

定义 5.29(Krull)[①] 设(K,v)是个赋值域,A为其赋值环.若条件:

①(K,v)是逐段完全的;

② 对A中每个由素理想组成无最后项的良序列$\{p_\tau\}_{\tau\in T}$满足$p_\sigma \supsetneqq p_\rho$,$\sigma,\rho \in T$,$\sigma<\rho$凡关于$\{p_\tau\}_{\tau\in T}$的协调同余方程组$\{x\equiv a_\tau(\bmod\ \rho_\tau)\}_{\tau\in T}$均在$A$中有解均成立,则称$(K,v)$是完全的,或称$(K,v)$为一完全赋值域.

据此定义,凡有限价赋值或赋值环中无极限素理想的情形,条件 ② 均不存在,只须满足条件 ① 即为完全赋值域.在对完全赋值域做出刻画之前,需先对似收敛列与协调同余式组之间建立一简单关系.设$\{a_\tau\}_{\tau\in T}$是(K,v)的赋值环A中一似收敛列;$\{\gamma_\tau\}_{\tau\in T}$是从属于它的值元素列.每个$\gamma_\tau$确定$v$的值群$\Gamma$中一个上截段,从而对应于$A$中一理想$I_\tau$.由$\gamma_\sigma<\gamma_\rho$可得$I_\sigma\supsetneqq I_\rho$.对于以$\{\gamma_\tau\}_{\tau\in T}$为所有值元素列的似收敛列$\{a_\tau\}_{\tau\in T}$,由$v(a_\sigma-a_\rho)=\gamma_\sigma$,即有

$$a_\sigma\equiv a_\rho(\bmod\ I_\sigma)\quad(\sigma<\rho)$$

故$\{x\equiv a_\tau(\bmod\ I_\sigma)\}_{\tau\in T}$是关于$\{I_\tau\}_{\tau\in T}$的一个协调同余方程组.

今给出完全赋值域的一个特征如下:

定理 5.30 设(K,v)为一完全赋值域,于是K中每个幅度为素理想[②]的似收敛列在K中必有似极限.

证明 设A为(K,v)的赋值环,在定理5.16之后曾经指出,可以仅就A中的似收敛列进行考虑.今分两种情形讨论.

① 设似收敛列$\{a_\tau\}_{\tau\in T}$的幅度p不是极限素理想.首先,每个a_τ均可作为$\overline{K}p=A_p/p$中的代表元,以$\overline{a}_\tau$记a_τ所代表的剩余类.不同的元代表不同的类.由于p不是极限素理想,令p'为其紧接前趋,于是$A_{p'}/p$是$\overline{K}p$的一个赋值环,它所定的赋值记以$\overline{v}$.今以$\triangle$,$\triangle'$分别表Γ中与p,p'相对应的孤立子群,从$p\subsetneqq p'$有$\triangle\supsetneqq\triangle'$,且$\triangle/\triangle'$是个一阶序群.又由$\{a_\tau\}_{\tau\in T}$的幅度为$p$知$v(a_\sigma-a_\rho)\in\triangle$,且自某一标号起恒有

$$v(a_\tau-a_\sigma)\notin\triangle'\quad(\tau_0\leqslant\tau<\sigma<\rho)$$

以及

$$\overline{v}(\overline{a}_\tau-\overline{a}_\sigma)<\overline{v}(\overline{a}_\sigma-\overline{a}_\rho)$$

这表明$\overline{K}p$中的列$\{\overline{a}_\tau\}_{\tau\in T}$是个关于$\overline{v}$的似收敛列.$\{\overline{a}_\tau\}_{\tau\in T}$的幅度应为赋值环$A_{p'}/p$中的零理想.因若不然,则$\{a_\tau\}_{\tau\in T}$的幅度就是介于$p$与$p'$间的某个素理

---

① 见本章参考文献[7].

② 前已指出,对于似收敛列而言,其幅度不可能是v的极大理想$\mathfrak{M}$.

想，而与所设不符. 另一方面，由于$\bar{v}$是一阶赋值，故幅度为(0)的似收敛列必同时为收敛列. 按完全性的条件 ①，$\{\bar{a}_\tau\}_{\tau\in T}$ 在 $A_{p'}/p$ 中有极限. 它显然又是 $\{\bar{a}_\tau\}_{\tau\in T}$ 的似极限. 令这个极限为 $\bar{b}$，于是它在 A 中的代表元 b 就能满足

$$v(a_\tau - b) = \gamma_\tau \quad (\tau_0 \leqslant \tau \leqslant T)$$

这就证明了在$\{a_\tau\}_{\tau\in T}$ 的幅度 p 不为极限素理想时定理的结论成立.

② 极限素理想的情形. 设似收敛列$\{a_\tau\}_{\tau\in T}$ 的幅度 p 是个极限素理想，又设从属于$\{a_\tau\}_{\tau\in T}$ 的值元素列$\{\gamma_\tau\}_{\tau\in T}$ 对于每个γ_τ 在A 中可以确定一个主理想I_τ，根据定理之前所作陈述的事实，可以从所给的似收敛列 $\{a_\tau\}_{\tau\in T}$ 做出关于 $\{I_\tau\}_{\tau\in T}$ 的一个协调同余方程组

$$\{x \equiv a_\tau (\bmod I_\tau)\}_{\tau\in T} \tag{17}$$

令 p_τ 是包含 I_τ 的最小素理想，于是得到一个由素理想组成无最后项的良序列 $\{p_\tau\}_{\tau\in T}$. 显然有 $\bigcap\limits_\tau p_\tau \supseteq p$. 由于 p 是极限素理想，故应有 $\bigcap\limits_\tau p_\tau = p$. 去掉$\{p_\tau\}_\tau$ 中相等的 p_τ 后，仍然得到一个与$\{p_\tau\}_{\tau\in T}$ 共尾的素理想列，它的交仍然是 p. 今以$\{p_\tau\}_{\tau\in T'}$ 记这个无相同元的递降素理想列. 又令Δ_τ 为Γ 中与p_τ 相应的孤立子群. 当$\sigma,\rho\in T'$，$\sigma<\rho$时，有 $p_\sigma \supsetneqq p_\rho$，$\Delta_\sigma \subsetneqq \Delta_\rho$. 从式(17) 又可得到关于$\{p_\tau\}_{\tau\in T}$ 的协调同余方程组

$$\{x \equiv a_\tau (\bmod p_\tau)\}_{\tau\in T'} \tag{18}$$

据完全性的条件 ②，式(18) 在 A 中有解，设为 c. 又当$\sigma<\rho$，有 $c-a_\sigma \in p_\sigma \backslash p_\rho$. 因此 $v(c-a_\sigma) \notin \Delta_\sigma$，以及 $v(c-a_\sigma) \in \Delta_\rho$，但 $v(c-a_\rho) \notin \Delta_\rho$. 由此得知

$$v(c-a_\sigma) < v(c-a_\rho)$$

另一方面

$$\begin{aligned}\gamma_\sigma &= v(a_\sigma - a_p) = v((c-a_p)-(c-a_\sigma)) \\ &= \min\{v((c-a_p),(c-a_\sigma))\} \\ &= v(c-a_\sigma)\end{aligned}$$

这表明对每个 $\tau\in T'$ 均有 $\gamma_\tau = v(c-a_\tau)$，即 c 是$\{a_\tau\}_{\tau\in T'}$ 的一个似极限，从而也是似收敛列$\{a_\tau\}_{\tau\in T}$ 的一个似极限. 定理即告证明. □

现在来证明上述定理的逆命题：

定理 5.31 设赋值域(K,v) 中每个幅度为素理想的似收敛列在 K 中均有似极限，于是(K,v) 是个完全赋值域.

证明 如在定理 5.16 的推论中所指出，只须就(K,v) 的赋值环 A 中之似收敛列来证明定义 5.29 的条件 ①②.

① 设 $p \subsetneqq p'$ 是A 中紧相连的二素理想；值群 Γ 中与之相对应的孤立子群

为 $\triangle,\triangle',\triangle \supsetneqq \triangle'$，且 $\triangle/\triangle'$ 为一阶序群.

令 $\overline{K}p=A_p/p$. 赋值对 $(A_{p'}/p,p'/p)$ 给出 $\overline{K}p$ 的一个 $\triangle/\triangle'$ 为值群的一个赋值 $\bar{v}_{p,p'}$，今简记作 $\bar{v}$. 设 $\{\bar{a}_n\}_{n\in N}$ 为 A/p 中一个 $\bar{v}$－收敛列，且其中无相同的元及 $\bar{0}$. 令 $\gamma'_n=\bar{v}(\bar{a}_r-\bar{a}_n)$，$r>n$，于是 $\{\gamma'_n\}_{n\in N}$ 是个递增且与 $\triangle/\triangle'$ 共尾的列. 在 A 中取 a_n 作为 $\bar{a}_n$ 的代表元，$\forall n\in N$. 按 $\bar{a}_n\neq\bar{0}$ 以及 $\bar{a}_n\neq\bar{a}_r$，故 $a_n\notin p$，$a_n-a_r\notin p$. 今设 $v(a_r-a_n)=\gamma_n\in\triangle$，$r>n$. 取自然同态 $\theta:\triangle\to\triangle/\triangle'$，它又是保序的. 今有

$$\theta\cdot v(a_n-a_r)=\bar{v}(\bar{a}_n-\bar{a}_r)=\gamma'_n$$

因此 $\{\gamma_n\}_{n\in N}$ 是个递增且与 $\triangle$ 共尾的值元素列，从而 $\{a_n\}_{n\in N}$ 是个以 p 为幅度的似收敛列. 由所设，它有似极限 $c\in A$. 今断言 c 在 A/p 中的剩余类 $\bar{c}$ 即为 $\{\bar{a}_n\}_n$ 的极限. 为此，分两种情形来看：若 $c\in p$，$\bar{c}=\bar{0}$，于是

$$v(c-a_n)=\min\{v(c),v(a_n)\}=v(a_n)=\gamma_n$$

又由

$$\begin{aligned}\gamma'_n&=\bar{v}(\bar{a}_n-\bar{a}_r)=\theta\cdot v((c-a_r)-(c-a_n))\\&=\theta\cdot v(c-a_n)=\bar{v}(\bar{a}_n)\end{aligned}$$

知 $\bar{0}$ 为收敛列 $\{\bar{a}_n\}_{n\in N}$ 的极限，其次，若 $c\notin p$，令 $\bar{c}$ 为 c 所在的剩余类. 于是有

$$\bar{v}(c-\bar{a}_n)=\theta\cdot v(c-a_n)=\theta\cdot\gamma_n=\gamma'n\quad(\forall n\in N)$$

这证明了 $\bar{c}$ 是 $\{\bar{a}_n\}_n$ 的极限，故定义 5.29 的条件 ① 成立.

② 设 $\{p_\tau\}_{\tau\in T}$ 是 A 中由素理想所组成的无最后项的递降列

$$\{x\equiv a_\tau(\mathrm{mod}\ p_\tau)\}_{\tau\in T}$$

是 A 中关于 $\{p_\tau\}_{\tau\in T}$ 的一个协调同余方程组. 今取 $\{a_\tau\}_{\tau\in T}$ 的一共尾子列 $\{a_\tau\}_{\tau\in T'}$，使得对任一 $\sigma<\rho$，皆有 $a_\sigma-a_p\in p_\sigma\backslash p_\rho$，以 $\triangle_\sigma,\triangle_\rho$ 分别表与 p_σ,p_ρ 相对应的孤立子群，于是有 $v(a_\sigma-a_p)\in\triangle_\rho\backslash\triangle_\sigma$. 对于 $\tau<\sigma<\rho$，则有

$$v(a_\tau-a_\sigma)<v(a_\sigma-a_p)$$

即 $\{a_\tau\}_{\tau\in T'}$ 是 (K,v) 中一似收敛列，它幅度为极限素理想 $p=\bigcap\limits_\tau p_\tau$. 据所设，$\{a_\tau\}_{\tau\in T'}$ 在 A 中有似极限，设为 c. 若以 $\{\gamma_\tau\}_{\tau\in T'}$ 为从属于 $\{a_\tau\}_{\tau\in T'}$ 的值元素列，则有

$$\gamma_\tau=v(c-a_\tau)=v(a_\tau-a_\sigma)\in\triangle_\sigma\backslash\triangle_\tau\quad(\tau<\sigma)$$

故同余式组

$$c\equiv a_\sigma(\mathrm{mod}\ p_\sigma)$$

对所有 $\sigma\in T'$ 皆成立. 再按对 T' 的取法即知有

$$c \equiv a_\tau (\mathrm{mod}\ p_\tau) \quad (\forall \tau \in T)$$

成立.这就证明了定义 5.29 的条件 ②.因此(K,v)是个完全赋值域,证毕. □

结合定理 5.30 即得下面的定理.

定理 5.32[①] 赋值域(K,v)成为完全赋值域的充要条件是(K,v)的赋值环 A 中每个幅度为素理想[②]的似收敛列在 A 中都有似极限. □

结合定理 5.16 又有下面的推论.

推论 极大赋值域必然是完全赋值域.

鉴于此一事实,极大赋值域又被称作极大完全域.

按(K,v)的极大扩域是它的紧接扩张,故由定理的推论得知对任一赋值域(K,v)必存在一个紧接的完全赋值域,但它并非唯一的.

对于一阶的完全赋值域,我们曾经证明过一条重要定理,即 Hensel 引理(定理 1.17).在本节中,首先要对任意阶的完全赋值域证明此一结论,然后再推导出一些相关的定理.

今以 S_τ 记 v 的赋值环 A 中由素理想组成的一个递降良序列$\{p_\sigma\}_{\sigma<\tau}$,其中 $p_0=\mathfrak{M}$,后者为 v 的赋值理想;τ 是任一取定的序数,但不超过 v 的阶.设 $f(X)\in A[X]$ 为一本原多项式,其次数 $\deg f(X)=s>1$.首先有下面的引理.

引理 5.33 设(K,v)为完全赋值域,$(A,\mathfrak{M})$为其赋值对,S_τ 与 $f(X)$ 意义如上.设对于每个 $\sigma<\tau$,有 $A[X]$ 中 mod p_σ 为互素的多项式 $g_\sigma(X)$ 与 $h_\sigma(X)$,其中 $g_\sigma(X)$ 为本原多项式

$$\deg g_\sigma(X)=r \quad (0<r<s)$$

又对于 $\sigma_1<\sigma_2<\tau$,有

$$g_{\sigma_1}(X)\equiv g_{\sigma_2}(X)(\mathrm{mod}\ p_{\sigma_1})$$

以及

$$h_{\sigma_1}(X)\equiv h_{\sigma_2}(X)(\mathrm{mod}\ p_{\sigma_1})$$

并且满足

$$f(X)\equiv g_\sigma(X)h_\sigma(X)(\mathrm{mod}\ p_\sigma)$$

若 S_τ 不含理想(0),则 S_τ 可延伸为

$$S_{\tau+1}=\{p_0,\cdots,p_\sigma,\cdots,p_\tau\}$$

且有 $A[X]$ 中关于 mod p_τ 为互素的多项式 $g_\tau(X)$,$h_\tau(X)$ 满足

$$f(X)\equiv g_\tau(X)h_\tau(X)(\mathrm{mod}\ p_\tau)$$

---

① 见本章参考文献[1],定理 3;参考文献[12]Theo. 3;又见参考文献[14],106 页,Theo. 3.

② 幅度素理想 $p\neq A$ 中极大理想 $\mathfrak{M}$.

其中 $g_\tau(X)$ 为本原多项式，$\deg g_\tau(X)=r$.

证明 ① 设 τ 是个极限数. 令 $p_\tau=\bigcap_{\sigma<\tau}p_\sigma$，显然 p_τ 是个素理想. 对于已有的两组多项式 $\{g_\sigma(X)\}_{\sigma<\tau}$，$\{h_\sigma(X)\}_{\sigma<\tau}$，今以 $\{a_i^{(\sigma)}\}_{\sigma<\tau}, i=r,r-1,\cdots,0$ 与 $\{b_j^{(\sigma)}\}_{\sigma<\tau}, j=s-r,\cdots,1,0$ 分别记它们的系数所成的列. 据所设，它们都是关于 $\{p_\sigma\}_{\sigma<\tau}$ 的协调同余式组. 从 (K,v) 的完全性知由它们所定出的同余方程组

$$\{X\equiv a_i^{(\sigma)}(\bmod p_\sigma)\}_{\sigma<\tau}\quad(i=r,r-1,\cdots,0)$$

$$\{X\equiv b_j^{(\sigma)}(\bmod p_\sigma)\}_{\sigma<\tau}\quad(j=s-r,s-r-1,\cdots,0)$$

均在 A 中有解，分别记作 $a_\tau^{(\tau)},\cdots,a_0^{(\tau)}$ 与 $b_{s-\tau}^{(\tau)},\cdots,b_0^{(\tau)}$. 由此做出 $A[X]$ 中的多项式 $g_\tau(X)=a_\tau^{(\tau)}X^\tau+\cdots+a_0^{(\tau)}$ 与 $h_\tau(X)=b_{s-\tau}^{(\tau)}X^{s-\tau}+\cdots+b_0^{(\tau)}$ 即能满足引理的要求，这使得 S_τ 得以延伸为 $S_{\tau+1}$.

② 设 S_τ 有最小素理想 $p_{\tau-1}$，按所设，有 $A[X]$ 中多项式 $a(X), b(X)$ 满足

$$a(X)g_{r-1}(X)+b(X)h_{r-1}(X)-1\in p_{r-1}[X]$$

以及

$$f(X)-g_{r-1}(X)h_{r-1}(X)\in p_{r-1}[X]$$

令

$$\gamma=\min\{v^*(f(X)-g_{r-1}(X)h_{r-1}(X)),\\ v^*(a(X)g_{r-1}(X)+b(X)h_{r-1}(X)-1)\}$$

取 $e\in A$，使有 $v(e)=\gamma$. 于是主理想 $I=eA\subsetneq p_{r-1}$. 不失一般性，不妨设 I 不是素理想，显然又有 $I\neq I^2$. 令 p 是包含 I 的最小素理想，于是有 $p=p_{r-1}$ 或者 $p\subsetneq p_{r-1}$. 今对此两种情形分别讨论如下：设 $p=p_{r-1}$. 此时 $\bigcap_{n=1}^{\infty}I^n$ 是包含在 I 中的最大素理想. 于是 $\bigcap_{n=1}^{\infty}I^n$ 与 p_{r-1} 是紧相连的. 因此可令 $p_r=\bigcap_{n=1}^{\infty}I^n$. 又从 (K,v) 的完全性知 $A_{p_{r-1}}/p_r$ 给出 $\overline{K}_r=A_{p_r}/p_r$ 的一个一阶完全赋值，它的剩余域除同构不计外，等于 $A_{p_{r-1}}/p_{r-1}=\overline{K}_{r-1}$. 同余式

$$f(X)\equiv g_{r-1}(X)h_{r-1}(X)(\bmod p_{r-1})$$

可视为 $\overline{f}(X)$ 在 $\overline{K}_{r-1}$ 上的分解，由此又导致 $\overline{f}(X)$ 在 $A_{p_{r-1}}/p_r$ 上的分解，也就是存在 $g_r(X), h_r(X)$ 使得有

$$f(X)\equiv g_r(X)h_r(X)(\bmod p_r)$$

以及

$$g_r(X)\equiv g_{r-1}(X)(\bmod p_{r-1})$$

$$h_r(X)\equiv h_{r-1}(X)(\bmod p_{r-1})$$

其中 $g_r(X)$ 为本原多项式，$\deg g_r(X)=r$. 至此，已经得到满足引理要求的 p，

以及多项式 $g_r(X)$,$h_r(X)$ 故在这一情况下,S_r 能够延伸成 $S_{r+1}=\{p_0,\cdots,p_{r-1},p_r\}$.

其次考虑 $p\neq p_{r-1}$ 的情形.此时可令 $p_r=p$,又令

$$g_r(X)=g_{r-1}(X),h_r(X)=h_{r-1}(X)$$

据 $I=eA$ 知有

$$f(X)\equiv g_r(X)h_r(X)(\mathrm{mod}\ I)$$

从而得到

$$f(X)\equiv g_r(X)h_r(X)(\mathrm{mod}\ P_r)$$

这就证明了在 $p\neq p_{r-1}$ 的情形也能将 S_r 延伸于 S_{r+1}.引理的证明即告完成. □

由上述引理不难证得下面的定理.

定理 5.34(Hensel 引理) 设(K,v) 是个完全赋值域,以$(A,\mathfrak{M})$,$\overline{K}$ 分别记 v 的赋值对与剩余域.又设 $f(X)\in A[X]$ 为一本原多项式,$\deg f(X)=s>1$.若 $f(X)$ 在 $\overline{K}[X]$ 的同态象 $\overline{f}(X)$ 在 $\overline{K}$ 上分解为

$$\overline{f}(X)=g_0(X)h_0(X)$$

其中 $g_0(X)$ 为本原多项式,$\deg g_0(X)=r$,$0<r<s$,并且 $g_0(X)$ 与 $h_0(X)$ 在 $\overline{K}$ 上互素.于是有以下诸论断成立:

① 存在 $g(X)$,$h(X)\in A[X]$,使得有 $f(X)=g(X)h(X)$;

② $\overline{g}(X)=g_0(X)$,$\overline{h}_0(X)=h_0(X)$;

③ $\deg g(X)=\deg g_0(X)$.

证明 在引理 5.33 中,若 S_r 已包含(0),则定理已告成立.否则,通过超限归纳步骤,将 S_r 延伸于 S_{r+1}.由于 S_r 所含素理想的个数不超过 v 的阶,因此必能达到一个最终为(0) 的 S_r,从而使定理成立,证毕. □

凡使上述定理成立的赋值域可称为 Hensel 赋值域.因此,完全赋值域是个 Hensel 赋值域,又可简称作 Hensel 域.

结合定理 4.25 即有下面的命题.

命题 5.35[①] 设(K,v) 是个完全赋值域,v' 是 K 的一个与 v 互为独立的 Hensel 赋值.于是 K 是个代表闭域. □

推论 1 关于两个独立的赋值均为完全的域必然是代数闭域. □

结合定理 4.38 的推论 2 又有下面的推论.

---

① 见本章参考文献[4]定理 2.

推论 2 设(K,v)是个完全赋值域,v'是个与v独立的拓扑 Hensel 赋值,且其赋值环中有不为(0)的最小素理想. 于是K是一代数闭域. □

现在回到完全赋值域的讨论上来,首先有下面的命题.

命题 5.36 设(K,v)为完全赋值域,p为v的赋值环A中一素理想,但$\neq (0)$与$\mathfrak{M}$,又以v_p记由A_p所定的赋值. 于是(K,v_p)也是完全赋值域.

证明 v_p的赋值环为(A_p,p). 由于$pA_p=p$,故对于$p'\subsetneqq p$有$p'A_p=p'$. 今设素理想$p_1\subsetneqq p_2\subsetneqq p$. 不难验知$(A_p)_{p_i}=A_{p_i}, i=1,2$. 于是$\overline{K}_1=(A_p)_{p_1}/p_1=A_{p_1}/p_1$. 令$(A_{p_2}/p_1,p_2/p_1)$在$\overline{K}_1$上所定的赋值为$\overline{v}_{p_1,p_2}$. 在$p_1$与$p_2$为紧招连的素理想时,$\overline{v}_{p_1,p_1}$为一阶赋值. 由所设,$(\overline{K}_1,\overline{v}_{p_1,p_1})$是完全赋值域,即$v_p$满足定义 5.29 的条件 ①.

现在来考虑定义中的条件 ②. 设$\{p_\tau\}_{\tau\in T}$是包含在p内由素理想所组成的逆降良序列:$\{a_\tau\}_{\tau\in T}$是A_p中关于$\{p_\tau\}_{\tau\in T}$的协调同余集,故有$v_p(a_\tau)\geqslant 0$, $\forall \tau\in T$. 若对某个a_τ有$v(a_\tau)<0$,从$\tau<\sigma\in T$,有$a_\tau\equiv a_\sigma(\bmod\ p_\tau)$,即$a_\tau-a_\sigma\in p_\tau\subsetneqq A$,从而$v(a_\tau-a_\sigma)\geqslant 0$. 于是$v(a_\sigma)=v(a_\tau)<0$. 这表明自$a_\tau$以后所有的$a_\sigma$均在$A_p\backslash A$内,故可取一适当的$a\notin p$,使得自某个标号$\tau_0$起皆有

$$v(aa_\tau)\geqslant 0$$

即$\{aa_\tau\}_{\tau_0<\tau\in T}$是$A$中关于$\{p_\tau\}_{\tau_0<\tau\in T}$的协调同余集. 按$(K,v)$的完全性,同余方程组

$$x\equiv aa_\tau(\bmod\ p_\tau)\quad(\tau_0<\tau\in T)$$

在A中有解,设c为一个解,于是$a^{-1}c$就是同余方程组

$$x\equiv a_\tau(\bmod\ p_\tau)$$

在A_p中的一解,这就表明了(K,v_p)满足完全性定义中的条件 ②. 命题即告成立. □

从定理 2.17 其后的陈述得知,对于K中较赋值v为弱的赋值v'(记以$v'<v$)常可表如v_p,其中p是v的赋值环A中一素理想,而v_p的赋值环则为A_p. 因此从上述命题又有如下的推论.

推论 设(K,v)为完全赋值域,v'是K中的一个弱于v的赋值,于是(K,v')也是完全赋值域. □

命题 5.37 设(K,v)为完全赋值域,$p\neq(0)$为v的赋值环A中一素理想. 令$\overline{K}p=Ap/p$,$\overline{v}_p$为$\overline{K}/p$中由$(A/p,\mathfrak{M}/p)$所定的赋值. 于是$(\overline{K}p,\overline{v}_p)$是个完全赋值域.

证明 先来考虑完全性定义中的条件 ①. 设p_1,p_2是A中二素理想,满足

$p \subsetneqq p_1 \subsetneqq p_2$；又设 p_1 与 p_2 是紧相连的. 置 $\overline{A}=A/p$，$\overline{p_1}=p_1/p$，$\overline{p_2}=p_2/p$. 今以 $\overline{v}_{p_1,p_2}$ 记 $\overline{A}_{\overline{p}_1}/\overline{p_1}$ 中由 $(\overline{A}_{\overline{p}_1}/\overline{p_1},\overline{p_2}/\overline{p_1})$ 所定的赋值. 按 $\overline{p_1} \subsetneqq \overline{p_2}$ 为紧相连的素理想，故 $\overline{v}_{p_1,p_2}$ 是个一阶赋值. 另一方面，从 $\overline{A}_{\overline{p}_1}/\overline{p_1} \simeq A_{p_1}/p_1$，$\overline{A}_{\overline{p}_2}/\overline{p_1} \simeq A_{p_2}/p_1$，以及 A_{p_1}/p_1 中由 $(A_{p_2}/p_1,p_2/p_1)$ 所给出的 v_{p_1,p_2} 为一阶赋值. 由 (K,v) 的完全性得知 $(A_{p_1}/p_1,v_{p_1,p_2})$ 是个一阶完全赋值域，从而 $(\overline{A}_{\overline{p}_1}/\overline{p_1},\overline{v}_{p_1,p_2})$ 也是完全的. 这表明了 $(\overline{K}p,\overline{v}_p)$ 满足完全性定义的条件 ①.

设 $\{p_\tau\}_{\tau\in T}$ 是 A 中一个递降的良序素理想列，其中每个 p_τ 均满足 $p_\tau \supsetneqq p$，从而 $\{p_\tau/p\}_{\tau\in T}$ 就是 $\overline{A}$ 中的递降良序素理想列. 今置 $\overline{p}_\tau=p_\tau/p$，$\tau\in T$；又设 $\{\overline{a}_\tau\}_{\tau\in T}$ 是 $\overline{A}$ 中关于 $\{\overline{p}_\tau\}_{\tau\in T}$ 的协调同余集，其中 $\overline{a}_\tau=a_\tau(\mathrm{mod}\ p_\tau)$，$a_\tau\in A$. 从 (K,v) 的完全性知同余方程组

$$x\equiv a_\tau(\mathrm{mod}\ p_\tau),\tau\in T \tag{19}$$

在 A 中有解，设为 a，即 $a\equiv a_\tau(\mathrm{mod}\ p_\tau)$，$\forall\,\tau\in T$. 这就证明了 $(\overline{K}p,\overline{v}_p)$ 满足完全性定义中的条件 ②；从而 $(\overline{K}p,\overline{v}_p)$ 是个完全赋值域，命题即告成立. □

命题 5.38 设 (K,v) 为一赋值域，$p\neq(0)$ 为 v 的赋值环 A 中一素理想；v_p，$\overline{K}p$，以及 $\overline{v}_p$ 的意义如前，若 (K,v_p) 与 $(\overline{K}p,\overline{v}_p)$ 均为完全赋值域，则 (K,v) 是个完全赋值域.

证明 先考虑 A 中素理想 $p_1,p_2\subsetneqq p$ 的情形. 设 $p_1\subsetneqq p_2$ 是紧相连的二素理想. 按

$$(A_p)_{p_1}/p_1\simeq A_{p_1}/p_1,(A_p)_{p_2}/p_1\simeq A_{p_2}/p_1$$

故由 (K,v_p) 的完全性得知 A_{p_1}/p_1 关于由 A_{p_2}/p_1 所定的一阶赋值是完全的.

其次考虑 $p\subsetneqq p_1\subsetneqq p_2$ 的情形；此处 $p_1\subsetneqq p_2$ 是紧相连的二素理想. 用命题 5.37 证明中使用记法与论证以及 $(\overline{K}p,\overline{v}_p)$ 的完全性，即知 A_{p_1}/p_1 关于由 A_{p_2}/p_1 所定的一阶赋值 $\overline{v}_{p_1,p_2}$ 是完全的.

从以上的论证知无论属哪种情形，(K,v) 皆能满足完全性定义中的条件 ①.

现在设 p 是命题中所给的素理想；$\{p_\tau\}_{\tau\in T}$ 是 A 中一递降的良素理想列；$\{a_\tau\}_{\tau\in T}$，$a_\tau\in A$，是关于 $\{p_\tau\}_{\tau\in T}$ 的协调同余集. 若每个 $p_\tau\subsetneqq p$，此时同余方程组

$$x\equiv a_\tau(\mathrm{mod}\ p_\tau)\quad(\forall\,\tau\in T)$$

据 (K,v_p) 的完全性在 A_p 中有解，设 a 为其一解.

若有某个 $p_\sigma\supsetneqq p$，则

$$x - a_\sigma = (x - a_\tau) + (a_\tau - a_\sigma) \in p_\tau + p_\sigma = p_\sigma \quad (\sigma > \tau)$$

故 a 同样是 $x - a_\sigma (\mathrm{mod}\ p_\sigma)$ 的解. 按 $a_\tau \in A$，以及 $p_\sigma \subsetneqq A$，$p_\tau \subsetneqq A$，故应有 $a \in A$.

若所有 $\tau \in T$ 皆有 $p_\tau \supsetneqq p$，可令 $\overline{p}_\tau = p_\tau / p$，$\overline{a}_\tau = a_\tau (\mathrm{mod}\ p)$. 此时 $\overline{a}_\tau \in A/p$，$[\overline{p}_\tau]_{\tau \in T}$ 是 A/p 中一个递降的良序素理想列，且 $\{\overline{a}_\tau\}_{\tau \in T}$ 是关于 $\{\overline{p}_\tau\}_{\tau \in T}$ 的协调同余集. 按 $(\overline{K}p, \overline{v}_p)$ 的完全性，同余方程组

$$\overline{x} \equiv \overline{a}_\tau (\mathrm{mod}\ \overline{p}_\tau) \quad (\forall \tau \in T)$$

在 A/p 中有解，设 $\overline{a}$ 为其一解，于是 $\overline{a}$ 的代表元 $a \in A$ 即为同余方程组(19) 的解.

结合上段所论即知无论属于哪种情形，赋值域 (K, v) 均能满足完全性定义与定义 5.29 中的条件 ②. 因此，命题成立. □

上述命题结合命题 5.36 与 5.37 可以得到一个与定理 4.7 及定理 5.28 相类似的结论：

定理 5.39 设 $p \neq (0)$ 是 (K, v) 的赋值环 A 中一个素理想，v_p 是 A_p 在 K 上所定的赋值. 又设 $\overline{K}p$ 与 $\overline{v}_p$ 的意义如前. 于是，(K, v) 成为完全赋值域的充分必要条件是有下列二论断成立：

①(K, v_p) 是完全赋值域；

②$(\overline{K}p, \overline{v}_p)$ 是完全赋值域. □

对于一阶的完全赋值域，我们曾经推导出一个关于域的结论(定理 1.25). 今利用上述定理将该结论推广于任意阶的完全赋值域.

命题 5.40 设 (K, v) 是个完全赋值域，同时 K 又可分代数闭域，于是 K 是个代数闭域.

证明 只须对 K 的特征数为 $p (\neq 0)$ 的情形进行论证. 设 $X^p - a$ 是 K 上一纯不可分多项式. 不失一般性，设 $v(a) \geqslant 0$. 今在 K 中取元素列 $\{c_\tau\}_{\tau \in T}$，标号集 T 是个无最后元的良序集，并且满足条件：自某个标号 τ_0 起，对 $\tau_0 \leqslant \tau \leqslant \sigma$，恒有 $v(c_\rho) > \gamma, \sigma < \rho$. 在这一所设下，可得

$$v(c_\tau) = v(c_\sigma - c_\tau) < v(c_\rho - c_\sigma) \quad (\tau_0 \leqslant \tau < \sigma < \rho)$$

这表明 $\{c_\tau\}_{\tau \in T}$ 是 K 中一似收敛列，其幅度为(0). 令对每个 $c_\tau (\tau_0 \leqslant \tau)$ 作如下的多项式

$$g_\tau(X) = X^p - c_\tau X - a$$

显然这是 K 上的可分多项式. 按所设，它的零点在 K 中. 由于 $v(a) \geqslant 0$，故它必有一零点 α_τ，使得 $v(\alpha_\tau) \geqslant 0$；又当 $\tau < \sigma$ 时，可以要求 $v(\alpha_\tau) \leqslant v(\alpha_\sigma)$. 此处 α_σ 是

多项式 $g_\sigma(X)=X^p-c_\sigma X-a$ 的一个零点. 于是 $\{c_\tau\alpha_\tau\}_{\tau\in T}$ 同样是 K 中的似收敛列. 它所从属的值元素列为 $\{\gamma_\tau\}_{\tau\in T}$,其中 $\gamma_\tau=v(c_\tau)+v(\alpha_\tau)$. 易知 $\{c_\tau\alpha_\tau+a\}_{\tau\in T}$ 也是似收敛列,且它的值元素列同为 $\{\gamma_\tau\}_{\tau\in T}$,但 $\{c_\tau\alpha_\tau+a\}_\tau$,又等同于 $\{\alpha_\tau^p\}_\tau$,于是有

$$v(\alpha_\tau^p-a)=\gamma_\tau$$

这表明 a 是 $\{a_\tau^p\}_{\tau\in T}$ 的一个似极限. 又因为 $\{c_\tau\alpha_\tau+a\}_\tau$ 的幅度为(0),故 a 是唯一的似极限. 另一方面,从 $v(a_\tau^p-\alpha_\tau^p)=v((\alpha_\tau-\alpha_\sigma)^p)$ 知 $\{\alpha_\tau\}_{\tau\in T}$ 也是个似收敛列. 设 α 是它在 K 中的一个似极限,于是有 $\alpha^p=a$ 成立. 这证明了多项式 $X^p-\alpha$ 在 K 中有零点,从而 K 是个代数闭域. 命题即告成立. □

在第 2 章中曾定义任意阶的离散赋值(定义 2.21). 今证明下述结论:

定理 5.41 设 (K,v) 是个任意阶的离散赋值域. 如果 (K,v) 是个完全赋值域,则它同时又是极大赋值域.

证明 首先就一阶的特款作一考查,就一阶离散赋值域 (K,v) 而论,由于其中任一似收敛列 $\{a_\tau\}_\tau$ 的幅度只能是赋值环 A 中的理想(0),故定理的结论自然成立.

今设 (K,v) 为任意阶离散赋值的完全域;$\{a_\tau\}_{\tau\in T}$ 为赋值环 A 中任一似收敛列,其幅度为 I. 据定理 2.19,A 中有紧相连的素理想 p,p' 使得 $p\subsetneqq I\subsetneqq p'$. 今以 $\triangle,\triangle'$ 分别记 v 的值群 Γ 与 p,p' 相应的孤立子群. 于是可取适当的标号 τ_0,使得对 $\tau_0\leqslant\tau<\sigma$ 有

$$\gamma_\tau=v(a_\sigma-a_\tau)\in\triangle/\triangle'$$

这又表明 $\{a_\tau\}_{\tau_0\leqslant\tau\in T}\in p'\backslash p$. 令 $\overline{K}_p=A_p/p$. 由赋值对 $(A_{p'}/p,p'/p)$ 给出 $\overline{K}_p$ 的一个以 $\triangle/\triangle'$ 为值群的一阶离散赋值 $\overline{v}=\overline{v}_{p,p'}$. 据定理 5.39,$(\overline{K}_p,\overline{v})$ 是个完全赋值域. 令 $\varphi_p:A_p\to\overline{K}_p$ 为自然同态. 又记 $\overline{a}_\tau=\varphi_p(a_\tau)$. 于是有

$$\overline{v}(\overline{a}_\tau-\overline{a}_\sigma)=\overline{\gamma}_\tau\in\triangle/\triangle'$$

由于 $\{\overline{a}_\tau\}_{\tau_0\leqslant\tau\in T}$ 是一阶离散完全赋值域中的似收敛列,据上述事实,它在 $\overline{K}_p$ 中有似极限,设 $\overline{a}$ 为其一. 令 $a=\varphi_p^{-1}(\overline{a})$,于是 a 就是 $\{a_\tau\}_{\tau\in T}$ 的一个似极限. 按 $\{a_\tau\}_\tau$ 为 (K,v) 中任一似收敛列,故由定理 5.16 知 (K,v) 又是极大赋值域,证毕. □

5.5 完全赋值域的代数扩张

在本节中,我们将对完全赋值域的代数扩张作一讨论. 首先有以下的引理.

引理 5.42 设(K,v)是个完全赋值域，L是K上代数扩张，$[L:K]<\infty$；w为v在L上的唯一拓展，并以A,B分别记v,w的赋值环. 又设(0)为A中极限素理想，有$(0)=\bigcap_{\tau}\mathfrak{P}_{\tau}$，$\{\mathfrak{P}_{\tau}\}_{\tau\in T}$是$A$中递降的良序素理想列；又以$\{\mathfrak{Q}_{\tau}\}_{\tau\in T}$为$B$中相应的素理想列，$\mathfrak{P}_{\tau}=A\cap\mathfrak{Q}_{\tau}$，$\tau\in T$. 令$\overline{K}_{\tau}=A_{\mathfrak{P}_{\tau}}/\mathfrak{P}_{\tau}$，$\overline{L}=B_{\mathfrak{Q}_{\tau}}/\mathfrak{Q}_{\tau}$，于是有

$$[L:K]=\max_{\tau}\{[\overline{L}_{\tau}:\overline{K}_{\tau}]\mid\tau\in T\}$$

证明[①] 设$m=[\overline{L}_{\tau_1}:\overline{K}_{\tau_1}]=\max_{\tau}\{[\overline{L}_{\tau}:\overline{K}_{\tau}]\mid\tau\in T\}$；又以$\{\beta_{\tau_1,1},\cdots,\beta_{\tau_1,m}\}$记$\overline{L}_{\tau_1}$中关于$\overline{K}_{\tau_1}$的一组基. 不妨设$B_{\tau_1,i}\in B/\mathfrak{Q}_{\tau_1}$，$i=1,\cdots,m$. 令

$$b_i\in B,b_i\bmod\mathfrak{Q}_{\tau_1}=\beta_{\tau_1,i}\quad(i=1,\cdots,m)$$

由$[\overline{L}_{\tau_1}:\overline{K}_{\tau_1}]=m$，知对于$\mathfrak{P}_{\tau}\subsetneqq\mathfrak{P}_{\tau_1}$也有$[\overline{L}_{\tau}:\overline{K}_{\tau}]=m$，于是$\{b_1,\cdots,b_m\}$在$K$上是线性独立的. 若$[L:K]>m$，则有$c\in B$使得$\{c,b_1,\cdots,b_m\}$在$K$上线性独立. 对每个满足$\mathfrak{P}_{\tau}\subsetneqq\mathfrak{P}_{\tau_1}$的$\mathfrak{P}_{\tau}$，令$\gamma_{\tau}=c\bmod\mathfrak{Q}_{\tau}$，于是有$\gamma_{\tau}=\sum_{i=1}^{m}\alpha_{\tau i}\beta_{\tau i}\in\overline{K}$，$\beta_{\tau i}\in B/\mathfrak{Q}_i$，并且又有$\beta_{\tau i}\bmod(\mathfrak{Q}_{\tau_1}/\mathfrak{Q}_{\tau})=\beta_{\tau_1 i}$，$i=1,\cdots,m$，故$\{\beta_{\tau_1},\cdots,\beta_{\tau_m}\}$在$\overline{K}_{\tau}$上也是线性独立的. 对于每个$\mathfrak{P}_{\tau}$取$c_{\tau i}\in A$，使得$\alpha_{\tau i}=c_{\tau i}\bmod\mathfrak{P}_{\tau}$，于是有$c_{\tau i}\equiv c_{\tau' i}(\bmod\mathfrak{P}_{\tau})$，此处$\mathfrak{P}_{\tau'}\subsetneqq\mathfrak{P}_{\tau}$，$i=1,\cdots,m$. 这表明每个$\{c_{\tau i}\}_{\tau\in T}$，$i=1,\cdots,m$都是关于$\{\mathfrak{P}_{\tau}\}_{\tau\in T}$的协调同余集. 按$(K,v)$的完全性知有$c_i\in A$，使得

$$c_i\equiv c_{\tau i}(\bmod\mathfrak{P}_{\tau})\quad(i=1,\cdots,m)$$

从而$c\equiv\sum_{i=1}^{m}c_ib_i(\bmod\mathfrak{P}_{\tau})$，$\forall\tau\in T$. 由$(0)=\bigcap_{\tau}\mathfrak{P}_{\tau}$有$(0)=\bigcap_{\tau}\mathfrak{Q}_{\tau}$，因此应有$c=\sum_{i=1}^{m}c_ib_i$与所设矛盾！这就证明了$[L:K]=m$. □

为证明完全赋值域上的有限代数扩张关于拓展赋值的完全性，今分别可分扩张与纯不可分扩张两种情形进行论证.

命题 5.43 设(K,v)是个完全赋值域，L为K上有限纯不可分扩张，于是L关于v的唯一拓展w也是完全赋值域.

证明 令K的特征数为$p\neq0$. 不失一般性，不妨设$L=K(\alpha)$，其中$\alpha^{p^l}-a=0$，$a\in K$；今以A,B分别记v与w的赋值环. 若A中不含极限素理想，则B也同样无极限素理想. 此时定义 5.29 的条件 ② 自然成立. 至于该定义的条件①. 已在定理 1.20 证明之后指出它能成立. 因此，就此一特款而论，(L,w)是完

① 见本章参考文献[13]，Lemma 6.

全赋值域.

今先就 A 及 B 中仅有(0)为极限素理想的情形进行论证. 设$\{\mathfrak{P}_\tau\}_{\tau\in T}$是 A 中由素理想组成无最后元的良序递降列,并且 $\bigcap_\tau \mathfrak{P}_\tau=(0)$. 由$(K,v)$的完全性,据引理 5.42 有

$$m=[L:K]=\max_\tau\{[\overline{L}_\tau:\overline{K}_\tau]\mid \tau\in T\}$$

今设 $m=[\overline{L}_{\tau_1}:\overline{K}_{\tau_1}]$. 令$\{\mathfrak{P}_\tau\}_{\tau\in T}$为 B 中与$\{\mathfrak{P}_\tau\}_{\tau\in T}$相应的良序素理想列,满足 $\bigcap_\tau \mathfrak{Q}_\tau=(0)$, $\mathfrak{Q}_\tau\cap A=\mathfrak{P}_\tau$;又设$\{\alpha_\tau\}_{\tau\in T}$为 B 中关于$\{\mathfrak{Q}_\tau\}_{\tau\in T}$的协调同余集. 今假设同余方程组

$$x\equiv\alpha_\tau(\bmod\ \mathfrak{Q}_\tau)\quad(\forall\tau\in T)\tag{20}$$

在 L 中无解,但从(K,v)的完全性据定理 5.16 不难得知 $K^{p^{-l}}$ 关于 v 的拓展也是完全的,且 $L\subseteq K^{p^{-l}}$. 由于 L/K 为纯不可分扩张,故上述同余方程组在 $K^{p^{-l}}$ 中有解,设为 β,于是 $L'=L(\beta)=K(\alpha,\beta)$ 是 K 上的一代数扩张. 据引理 5.42 可得$[L':K]=[\overline{L}'_{\tau_1}:\overline{K}_{\tau_1}]$, τ_1 是某个标号. $\overline{L}'_{\tau_1}$ 是 $\overline{L}_{\tau_1}$ 添加 β 的剩余类 $\overline{\beta}$ 而得,同时 $\overline{\beta}$ 应为 $\overline{L}_{\tau_1}$ 中关于$\{\overline{\mathfrak{Q}}_\tau\}_{\tau\in T}$的同余方程组

$$x\equiv\overline{\alpha}_\tau(\bmod\ \mathfrak{Q}_\tau)\quad(\forall\tau\in T)\tag{21}$$

的一个解,此处 $\overline{\mathfrak{Q}}_\tau=\mathfrak{Q}_\tau/\mathfrak{Q}_{\tau_1}$. 由于 $\mathfrak{Q}_{\tau_1}$ 不是极限素理想,从命题 5.37 可知$(\overline{K}_{\mathfrak{P}_\tau},\overline{v}_{\mathfrak{P}_{\tau_1}},\mathfrak{P}_\tau)$也是完全的,即 $\overline{\beta}\in\overline{L}_{\tau_1}$ 为同余方程组(21)的唯一解. 但这与 $\beta\in L'\backslash L$ 相矛盾. 因此 β 应为式(20)在 L 中的唯一解,满足定理 5.29 的条件 ②. 从而在所设的情况下,(L,w)是完全赋值域.

其次,再就 B 中存在不为(0)的极限素理想的情形进行论证. 设 $\bigcap_\tau \mathfrak{Q}_\tau=\mathfrak{Q}_0\neq(0)$,以及 A 中与它相应的 $\bigcap_\tau \mathfrak{P}_\tau=\mathfrak{P}_0\neq(0)$. 若$\{\mathfrak{Q}_\tau\}_\tau$中尚有某个极限素理想,则可除去该理想之前趋而不致影响同余方程组之可解性,因此不妨设$\{\mathfrak{Q}_\tau\}_\tau$中不含极限素理想. 令 $\overline{L}_0=B_{\mathfrak{Q}_0}/\mathfrak{Q}_0$, $\overline{K}_0=A_{\mathfrak{P}_0}/\mathfrak{P}_0$. $\overline{L}_0$ 显然是 $\overline{K}_0$ 上有限扩张,而且还应当是纯不可分的. v 大 $\overline{K}_0$ 上给出由$(A/\mathfrak{P}_0,\mathfrak{M}/\mathfrak{P}_0)$据定的赋值 $\overline{v}_{p_0}$. 据定理 5.39, $(\overline{K}_0,\overline{v}_{p_0})$是个完全赋值域. 由$(B/\mathfrak{Q}_0,\mathfrak{N}/\mathfrak{Q}_0)$在 $\overline{L}_0$ 上所定的赋值 $\overline{w}_{\mathfrak{Q}_0}$ 乃是 $\overline{v}_{P_0}$ 的拓展. 若$\{\alpha_\tau\}_\tau$是 B 中关于$\{\mathfrak{Q}_\tau\}_\tau$的协调同余集,则经正规同态 $B\to B/\mathfrak{Q}_0$ 得出 $B/\mathfrak{Q}_0$ 中的集$\{\overline{\alpha}_\tau\}_{\tau\in T}$是关于$\{\mathfrak{Q}_\tau/\mathfrak{Q}_0\}_{\tau\in T}$的协调同余集. 按 $B/\mathfrak{Q}_0$ 中素理想列$\{\mathfrak{Q}_\tau/\mathfrak{Q}_0\}_{\tau\in T}$的交 $\bigcap_\tau \mathfrak{Q}_\tau/\mathfrak{Q}_0=(\overline{0})$. 这就演化为上面所讨论的情形,故同余方程组

$$\overline{x}\equiv\overline{\alpha}_\tau(\bmod\ \mathfrak{Q}_\tau/\mathfrak{Q}_0)\quad(\forall\tau\in T)$$

在 $B/\mathfrak{Q}_0$ 中有唯一的解 $\overline{\gamma}$. 若 $\gamma \in B$ 是 $\overline{\gamma}$ 的一个代表元,则 γ 就是同余方程组

$$x \equiv \alpha_\tau (\bmod \mathfrak{Q}_\tau) \quad (\forall \tau \in T)$$

的解,定义 5.29 的条件 ② 即告成立. 证毕. □

对于有限可分扩张也有类同的结论:

命题 5.44 设(K,v)为一完全赋值域,L 是 K 上有限可分扩张,于是 L 关于 v 的唯一拓展 w 也是完全赋值域.

证明 对于 v 为一阶、有限阶赋值,或者不含极限素理想的情形,皆如命题 5.43 证明的第一部分所述,命题的结论成立.

今先就 v 的赋值环 A 中仅有(0)为极限素理想的情形进行论证. 对此,只须验证定义 5.29 中的条件 ②. 设 $L=K(\alpha)$,α 关于 K 的次数为 $n>1$,$\{1,\alpha,\cdots,\alpha^{n-1}\}$ 是 L/K 的一个基. 又设$\{\mathfrak{P}_\tau\}_{\tau\in T}$ 为 A 中由素理想组成无最后元的递降良序列,且有 $\bigcap\limits_\tau \mathfrak{P}_\tau=(0)$. 与前一命题的证明一样,在 w 的赋值环 B 中有相应的素理想列$\{\mathfrak{Q}_\tau\}_{\tau\in T}$,满足 $\mathfrak{Q}_\tau \cap A=\mathfrak{P}_\tau$,以及 $\bigcap\limits_\tau \mathfrak{Q}_\tau=(0)$;(0) 是 B 中仅有的极限素理想,今设$\{\alpha_\tau\}_{\tau\in T}$ 是 B 中关于$\{\mathfrak{Q}_\tau\}_\tau$ 的协调同余集,其中

$$\alpha_\tau = a_{\tau,n-1}\alpha^{n-1}+\cdots+a_{\tau,0} \quad (\forall \tau \in T) \tag{22}$$

系数 $a_{\tau,i}\in K$,$i=0,\cdots,n-1$. 但由于 L/K 是可分的,判别式 $D=D(1,\alpha,\cdots,\alpha^{n-1})\neq 0$,并且 $Da_{\tau,i}\in A$,对所有 $\tau\in T$ 及 $i=0,\cdots,n-1$ 成立. 同余方程组

$$x \equiv \alpha_\tau (\bmod \mathfrak{Q}_\tau) \quad (\forall \tau \in T)$$

与

$$x \equiv D\alpha_\tau (\bmod \mathfrak{Q}_\tau) \quad (\forall \tau \in T)$$

在 B 中同时有解或否,故不妨假定式(22) 中全部系数 $a_{\tau,i}(\tau\in T,i=0,\cdots,n-1)$ 均在 A 中. 今证明 n 个序列$\{a_{\tau,0}\}_{\tau\in T},\cdots,\{a_{\tau,n-1}\}_{\tau\in T}$ 关于$\{\mathfrak{P}_\tau\}_{\tau\in T}$ 都是协调同余集. 即对于 $\tau<\sigma$,$\mathfrak{P}_\tau \supsetneqq \mathfrak{P}_\sigma$,有

$$a_{\tau,i}\equiv a_{\sigma,i}(\bmod \mathfrak{P}_\tau) \quad (\forall \tau\in T,i=0,\cdots,n-1) \tag{23}$$

用归纳法. 设当每个 α_τ 仅由 $1,\alpha,\cdots,\alpha^{j-1}$ 表出时结论成立,$j\leqslant n-1$. 今往证当$\{\alpha_\tau\}_\tau$ 中每个 α_τ 均由 $1,\alpha,\cdots,\alpha^j$ 表出时结论也成立. 令

$$\alpha_\tau = a_{\tau,j}\alpha^j+\cdots+a_{\tau,0}$$

若$\{a_{\tau,j}\}_\tau$ 不是关于$\{\mathfrak{P}_\tau\}_\tau$ 的协调同余集,则有某个 $\delta\in\Gamma$,对每个 τ 都存在一个标号 m_τ,使得

$$v(a_{\tau+m_\tau,j}-a_{\tau,j})<\delta$$

设

$$\beta_\tau=\frac{\alpha_{\tau+m_\tau,j}-\alpha_\tau}{a_{\tau+m_\tau,j}-a_{\tau,j}}$$

于是$\{\beta_\tau\}_\tau$中每个元的最高项系数均为 1. 令 $c \in A$,有 $v(c)=\delta$. 于是有

$$w(c\beta_\tau)=\delta+w(\beta_\tau)>\delta+w(\alpha_{\tau+m_\tau,j}-a_\tau)-\delta$$
$$=w(\alpha_{\tau+m_\tau,j}-a_\tau)$$

故$\{c\beta_\tau\}_\tau$为关于$\{\mathfrak{Q}_\tau\}_\tau$的协调同余集,并且

$$c\beta_\tau \equiv 0(\bmod \mathfrak{Q}_\tau) \quad (\forall \tau \in T)$$

因此 0 就是同余方程组

$$x \equiv c\beta_\tau(\bmod \mathfrak{Q}_\tau) \quad (\forall \tau \in T) \tag{24}$$

的唯一解. 但 $c \neq 0$,并且$\{c\beta_\tau - c\alpha^j\}_\tau$也是关于$\{\mathfrak{Q}_\tau\}_\tau$的协调同余集,该列中的每个元都只由 $1,\alpha,\cdots,\alpha^{j-1}$ 表出. 据归纳法所设,其系数所成的序列在 A 中关于$\{\mathfrak{P}_\tau\}_\tau$的协调同余集. 从$(K,v)$的完全性知这 j 个良序列所给出的同余方程组

$$x \equiv a_{\tau,i}(\bmod \mathfrak{P}_\tau) \quad (\forall \tau \in T, i=0,1,\cdots,j-1)$$

在 A 中有解,设为 $a_0,\cdots,a_{j-1}$,从而

$$a_0+a_1\alpha+\cdots+a_{j-1}\alpha_{j-1}+c\alpha_j$$

就是方程组(24)在 B 中的解,由于方程组(24)只有唯一的解 0,于是有

$$a_0+a_1\alpha+\cdots+a_{j-1}\alpha_{j-1}+c\alpha_j=0$$

按 $j \leqslant n-1$,故此为不可能. 命题在此一情况下即告成立.

与命题 5.43 一样,可以将非零极限素理想的情形转化到上述的特款上,故不重复此一论证. 但需指出,尽管 L/K 是可分扩张,有限扩张 $\overline{L}_0/\overline{K}_0$ 并不必然是可分的. 但在命题 5.43 成立的情况下,即使 $\overline{L}_0/\overline{K}_0$ 不为可分扩张,论证仍可照旧进行. 命题即告成立. □

结合以上二命题可得如下结论.

定理 5.45 设(K,v)是个完全赋值域,L/K 为有限扩张,于是(L,w)也是完全赋值域,其中 w 是 v 在 L 上的唯一拓展. □

对于离散赋值,上述定理结合命题 3.6,定理 5.18 及定理 5.41 可得推论如下:

推论 设(K,v)是个完全赋值域,v 为离散赋值,L/K 为有限扩张,$[L:K]=n$,于是有下列论断成立:

①v 在 L 上的唯一拓展 w 是个离散赋值,且(L,w)为极大赋值域;

②$n=e(w/v)f(w/v)$. □

在第 1 章中,我们对一阶的完全赋值域曾经证明过一个结论,即该赋值域上的无限代数扩张关于其上的拓展赋值不是完全的(命题 1.23,1.24). 此一事实对于任意阶的完全赋值域也同样成立. 以下我们将对此给出证明.

定理 5.46 设(K,v)为完全赋值域，L/K是个无限可分扩张，w是v在L上的唯一拓展，于是(L,w)不是完全赋值域.

证明 已知在v为一阶时结论成立. 设v为有限价，或者，在v的赋值环A中(0)不为极限素理想. 此时(0)有一紧接前趋$\mathfrak{P}$，从而K有一个由$A_{\mathfrak{P}}$所定的一阶赋值v_P. 据命题5.36，K关于v_P也是完全的. 但L关于v_P的拓展$w_{\mathfrak{Q}}$由一阶时的结论为非完全的，故(L,w)不能满足定义5.29中的条件①，因此(L,w)不是完全赋值域. 定理在此种情形下成立.

如上所述，今只须就(0)为赋值环A中的极限素理想这一情形进行证明. 设B为w的赋值环. B与A有相同的阶，故(0)在B中也是极限素理想. 令$\{\mathfrak{Q}_\tau\}_\tau$为$B$中一递降的良序素理想列，满足$\bigcap\limits_\tau \mathfrak{Q}_\tau=(0)$.

为证明计，设Ω为L的可分闭包. w'是v在Ω上的唯一拓展；B'，Γ'分别为w'的赋值环和值群.

任取$\alpha_1\in B\backslash K$，$f_1(x)\in K[X]$为$\alpha_1$的最小多项式，$\deg f_1(x)=n_1$，令

$$\lambda'_1=\max\{w'(\alpha_i-\alpha_j)\mid i,j=1,\cdots,n_1,i\neq j\}$$

其中，$\alpha_1,\cdots,\alpha_{n_1}$为$f_1(x)$在$\Omega$中的全部零点. 在$\Gamma'$中取包含$\lambda'_1$的最小孤立子群$\triangle'_1$，以及$B'$中与$\triangle'_1$相应的素理想$\mathfrak{P}'_1$. 令$\mathfrak{Q}'_1=\mathfrak{P}'_1\cap B$，再从$\{\mathfrak{Q}_\tau\}_\tau$中取包含在$\mathfrak{Q}'_1$内的第一个(即最大的)素理想，记以$\mathfrak{Q}_1$. 又令$K_1=K(\alpha_1)$，显然有$[L:K_1]=\infty$. 取$\alpha_2\in\mathfrak{Q}_1\backslash K_1$. 设$f_2(x)\in K[X]$为$\alpha_2$的最小多项式，$\deg f_2(x)=n_2$. 设$\alpha''_1(=\alpha_2)$，$\alpha''_2$，$\cdots$，$\alpha''_{n_2}$为$f_2(x)$的全部零点，以及

$$\lambda'_2=\max\{w'(\alpha''_i-\alpha''_j)\mid i,j=1,\cdots,n_2,i\neq j\}$$

从α_2的取法知有$\lambda'_2>\lambda'_1$. 于是在Γ'中取包含λ'_2的最小孤立子群$\triangle'_2$，以及在B'中取与它相应的素理想$\mathfrak{P}'_2$. 从$\triangle'_2\supsetneqq\triangle'_1$有$\mathfrak{P}'_1\supsetneqq\mathfrak{P}'_2$，以及$\mathfrak{Q}'_1\supsetneqq\mathfrak{P}'_2=\mathfrak{P}'_2\cap B$. 与此前相同，可在$\{\mathfrak{Q}_\tau\}_\tau$中取第一个包含在$\mathfrak{Q}'_2$内的素理想，记作$\mathfrak{Q}_2$. 如此继续下去可得到一个与$\{\mathfrak{Q}_\tau\}_\tau$共尾、序型为$w$的素理想子列$\{\mathfrak{Q}_i\}_{i\in N}$，满足$\bigcap\limits_i\mathfrak{Q}_i=(0)$；以及$B$中一个元素列$\{\alpha_i\}_{i\in N}$. 现在令

$$\begin{gathered}s_1=\alpha_1\\ s_2=\alpha_1+\alpha_2\\ \vdots\\ s_n=\alpha_1+\alpha_2+\cdots+\alpha_n\\ \vdots\end{gathered}$$

按α_i的取法知序列$\{s_i\}_{i\in N}$满足条件

$$s_j\equiv s_i(\bmod\ \mathfrak{Q}_i)\quad(j>i)$$

由此得到一个关于$\{\mathfrak{Q}_i\}_i$的协调同余方程组

$$x \equiv s_i (\bmod \mathfrak{Q}_i) \quad (\forall i \in T) \tag{25}$$

此方程组有唯一的解 $s = \alpha_1 + \alpha_2 + \cdots + s_n + \cdots$. 现在要证明 s 不是 K 上的代数元. 从而 $s \notin L$. 为证明此一结论,需要用到与Hensel引理等价的Krasner引理,但不是定理4.6中所用的形式,而是定理1.22的表达形式. 今陈述如下,但略去证明:

引理 5.47(Krasner)　设(K,v)为完全赋值域,$f(X) \in K[X]$为一可分不可约多项式,其零点为$\alpha_1,\cdots,\alpha_n$;又设β为K上的一代数元,$K_1 = K(\beta)$. 令v在$K_1(\alpha_1,\cdots,\alpha_n)$上的唯一拓展为$w$,以及

$$\lambda = \max\{w(\alpha_i - \alpha_j) \mid i,j = 1,\cdots,n_1, i \neq j\}$$

于是有如次论断成立:若对某个α_i有$w(\alpha_i - \beta) > \lambda$,则$\alpha_i$是$f(X)=0$在$K_1$中唯一的零点,显然有$K(\alpha_i) \subset K(\beta)$. □

现在设方程组(25)的解s是K上的代数元. 令$L_1 = K(s)$;v在L_1上的唯一拓展为v_1,于是有

$$v_1(s - s_n) > \lambda'_n$$

对所有的n都成立. 当$n=1$时,$\alpha_1 \in L_1$. 今设$\alpha_1,\cdots,\alpha_{n-1}$都属于$L_1$,于是有

$$\beta = s - s_{n-1} \in L_1$$

但$s - s_n = \beta - \alpha_n$,故有$v_1(\beta - \alpha_n) = v_1(s - s_n) > \lambda'_n$. 由上述引理可得$\alpha_n \in L_1$,从而$\{\alpha_i\}_{i\in N}$中所有的元均在有限扩张$L_1$内. 但据以上关于$\alpha_i$的取法,这是不可能的,从而导致矛盾. 因此$s$不是$K$上的代数元,即$s \notin L$. 方程组(25)$B$内无解. 即$(L,w)$不满足定义5.29的条件②,从而$(L,w)$不是完全赋值域. □

结合命题5.44与定理5.45即得下面的定理.

定理 5.48①　设(K,v)为一完全赋值域,L是K上的可分代数扩张,w为v在L上的唯一拓展. 于是,(L,w)成为完全赋值域的充要条件为$[L:K] < \infty$. □

对于纯不可分扩张,今有如下结论:

命题 5.49　设(K,v)为完全赋值域,L是K上一纯不可分扩张,w为v在L上的唯一拓展. 若L关于K的不可分指数非有限数,则(L,w)不是完全赋值域.

证明　当v为一阶、有限阶或(0)不为极限素理想的情形,由定理1.25即

① 就v为一阶赋值而言,此一结论为A. Ostrowski在其关于赋值理论的论文中所证得. 见本章参考文献[9].

知(L,w)不能满足定义5.29的条件①，因此(L,w)不是完全赋值域．与定理5.45的证明一样，只须就(0)为极限素理想的情形进行论证．

设K的特征数为$p\neq 0$，w的赋值环和值群分别为B，Γ'．又令$\{\mathfrak{Q}_\tau\}_\tau$是$B$中一递降的良序素理想列，满足$\bigcap\limits_{\tau}\mathfrak{Q}_\tau=(0)$．

在L中取元t_1，设其指数为l_1，即t_1满足K上方程

$$X^{p^{l_1}}-a_1=0\quad(l_1>0,a_1\in K)$$

但$t_1,\cdots,t_1^{p^{l_1-1}}$都不属于$K$，因此每个$w(t_1^{p^{l_j}}-a_1)<\infty$，$0\leqslant l_j\leqslant l_1-1$．当$a$遍取$K$中元时，值

$$w(t_1-a),w(t_1^p-a),\cdots,w(t_1^{p^{l_1-1}}-a)$$

的每一组都有一个小于∞的上确界．因为，若某个$w(t_1^{p^j}-a)$的上确界为∞，由于(K,v)是完全赋值域，$t_1^{p^j}$即成为A中一协调同余方程组的解，从而$t_1^{p^j}\in K$，$j\leqslant l_1-1$，而与所设相矛盾．

今以λ'_1记这l_1个上确界的最大值，并在Γ'中取包含它的最小孤立子群$\triangle'_1$，以及B中与$\triangle'_1$相应的素理想$\mathfrak{Q}'_1$．其次，在$\{\mathfrak{Q}_\tau\}_\tau$中选取第一个包含在$\mathfrak{Q}'_1$内的素理想，记作$\mathfrak{Q}_1$．与定理5.45的证明相类似，今在$\mathfrak{Q}_1$中取元$t_2$，要求其指数$l_2>l_1$．对$t_2$同样定出一个$\lambda'_2$及$\mathfrak{Q}_2$．按这种方式做出$\{\mathfrak{Q}_\tau\}_\tau$的一个与之共尾的可数无限子序列$\{\mathfrak{Q}_i\}_{i\in N}$，满足$\bigcap\limits_{i}\mathfrak{Q}_i=(0)$，以及$B$中的元素列$\{t_i\}_{i\in N}$．该元素列中的元具有无限增大的指数$l_1<l_2<\cdots<l_n<\cdots$．从$\{t_i\}_i$又做出一序列$\{s_i\}_i$，其中$s_n=t_1+\cdots+t_n$，它适合$s_j\equiv s_i(\bmod\ \mathfrak{Q}_i)$，$j>i$，而且协调同余方程组

$$x\equiv s_i(\bmod\ \mathfrak{Q}_i)\quad(\forall i\in N)$$

有唯一的解$s=t_1+t_2+\cdots$．

今往证$s\notin L$．假若不然，则s是K上代数元．令$\bar{s}=s^{p^l}$为K上可分代数元，此时$\bar{s}$为协调同余方程组

$$x\equiv s_i^{p^l}(\bmod\ \mathfrak{Q}_i)\quad(\forall i\in N)$$

的解．设$g(X)=0$是$\bar{s}$所适合的最低次方程．若$\deg g(X)=1$，则$\bar{s}\in K$，此为不可能．今于指数列$l_1<l_2<\cdots$中取第一个大于l的指数l_n，于是有

$$t_1^{p^{l_n}},\cdots,t_{n-1}^{p^{l_n}}\in K,s_{n-1}^{p^{l_n}}\in K$$

但$s_n^{p^{l_n}}\notin K$，从而有

$$\gamma=\bar{s}-s_{n-1}^{p^{l_n}}\in K$$

$$w(t_n^{p^{l_n}} - \gamma) > p^{l_n}\lambda'_n > \lambda'_n$$

这与 λ'_n 的取法相悖,故 $\bar{s} \notin K$. 设 $\deg g(X) = m > 1$, $\bar{s} = \bar{s}_1, \cdots, \bar{s}_n$ 为 $g(X) = 0$ 的所有零点,置

$$\lambda = \max\{w(\bar{s}_i - \bar{s}_j) \mid i, j = 1, \cdots, m, i \neq j\}$$

选择自然数 r,使得有 $w(\bar{s}_i - s_r^{p^{l_n}}) > \lambda$,令

$$K_1 = K(t_1^{p^l}, \cdots, t_r^{p^l})$$

此为 K 上一纯不可分扩张,由引理 5.47 知 $\bar{s} \in K_1$. 但这又与 $\bar{s}$ 为 K 上可分代数的元的所设相矛盾,故此为不可能. 这就证明了 s 不是 K 上的代数元,即 $s \notin L$. 定义 5.29 的条件 ② 不能满足,因此 (L, w) 不是完全赋值域,命题即告成立.

□

第 5 章参考文献

[1] 戴执中. 似收敛与完全赋值体[J]. 数学学报,1955,5(4):489-495.

[2] 戴执中. 关于离散赋值[J]. 数学学报,1963,13(1):17-22.

[3] 戴执中. 赋值完全域的代数扩张[J]. 高等学校自然科学学报:数学力学天文学版,1966,2(1):43-51.

[4] 戴执中. 关于多重赋值完全域[J]. 数学进展,1966,9(4):401-406.

[5] KAPLANSKY L. Maximal fields with valuations[J]. Duke Math. J., 1942,9:302-321.

[6] KAPLANSKY L. Maximal fields with valuations Ⅱ[J]. Ibid.,1945,12:243-248.

[7] KRULL W. Allgemeine Bewertungstheorie[J]. Jour. reine angew. Math.,1932,167:160-196.

[8] OSTROWSKI A. Über sogenannte perfekte Köpertheorie[J]. Ibid., 1913,143:255-284.

[9] OSTROWSKI A. Über sogenannte perfekte Köper[J]. Ibid.,1917,147:191-204.

[10] OSTROWSKI A. Untersuchungen zur arithmetischen theorie der Körper[J]. Math. Z.,1935,39:269-404.

[11] RAYNER F J. Gravett's proof of a theorem of Krull[J]. Quart. J. Math.,1973,24:409-410.

[12] RIBENBOIM P. Corps maximaux et completes des valuations de krull [J]. Math. Z. ,1958,69:466-479.

[13] RIBENBOIM P. Sur la théorie du prolongement des valuations de Krull [J]. Ibid. ,1961,75:449-466.

[14] RIBENBOIM P. Théorie des valuations[M]. Montréal: Les Presses de L'Univ. de Montréal,1965.

[15] SCHILLING O F G. The Theory of valuations[M]. New York: Amer. Math. Soc. ,1950.

[16] SCHMIDT F K. Mehrfach perfekte Körper[J]. Math. Ann. ,1933,108: 1-25.

[17] 王湘浩. 关于似收敛[J]. 东北人民大学自然科学学报,1956:153-159.

[18] WARNER S. Topological fields[M]. New York: Elsevier Sci. Pub. Co. Inc. ,1989.

第6章 环的赋值

本章所论及的环皆指带有乘法单位元(记以1)的交换环,而且它的子环也都含有1,将不再予指明.与2.1节的记法相同.Γ为一加法序群,$\Gamma_\infty=\Gamma\cup\{\infty\}$,$\infty$与$\Gamma$中元的运算及有关性质均同于2.1节中的规定.设$R$为一环,$v$是由$R$到$\Gamma_\infty$的满映射,满足条件

$$\begin{aligned}&①v(ab)=v(a)+v(b)\\&②v(a+b)\geqslant\min\{v(a),v(b)\}\end{aligned}\tag{1}$$

其中,a,b可取R中任何元,对于R的零元0,与域的情形相同,取$v(0)=\infty$.由于R可以有零因子,故定义2.6中的①不适用于环,当v满足条件(1)时,称v为R的一个赋值,Γ为v的值群.带有赋值v的环R可记以(R,v).若$\Gamma=\{0\}$,就称v为浅显的,否则为非浅显的.在以下的论述中,若非特别指出,所涉及的赋值概为非浅显的.

6.1 赋值与赋值对

设环R有赋值v,Γ_∞的意义如上.由v可定出R中三个子集如下

$$\begin{aligned}A_v&=\{x\in R\mid v(x)\geqslant 0\}\\m_v&=\{x\in R\mid v(x)>0\}\\p_v&=\{x\in R\mid v(x)=\infty\}\end{aligned}\tag{2}$$

不难验知 A_v 是 R 的一个子环，$\mathfrak{M}_v$ 是 A_v 中一个素理想，p_v 既是 A_v 的素理想，又是 R 的素理想. 由上述规定知对任一 $x \in R\backslash A_v$ 均有 $v(x) < 0$，且 $R\backslash A_v$ 是乘法封闭的，今称 $(A_v, \mathfrak{M}_v)$ 为 v 的赋值对，A_v 为 v 的赋值环，P_v 为 v 的核. 就环而论，P_v 一般 $\neq (0)$. 这是不同于域的一个特点.

首先，对环中子环与赋值的关系给以如下的判断：

定理 6.1 设 A 是环 R 的一个子环，$A \neq R$，$\mathfrak{M}$ 是 A 的一个素理想. $(A, \mathfrak{M})$ 成为 R 中某个赋值 v 的赋值对，当且仅当对任一 $x \in R\backslash A$，必有某个 $y \in \mathfrak{M}$，使有

$$xy \in A\backslash \mathfrak{M} \tag{3}$$

成立.

证明 必要性. 设 $(A, \mathfrak{M})$ 定出赋值 v，即 $A = A_v$，$\mathfrak{M} = \mathfrak{M}_v$. 若 $x \in R\backslash A$，则 $v(x) < 0$. 此时可取满足 $v(y) = -v(x) > 0$ 的 $y \in m$. 从而式(3)成立.

充分性. 首先注意到

$$p = \{x \in R \mid xR \subset \mathfrak{M}\} \tag{4}$$

它既是 A 的素理想，又是 R 的素理想，并且 $p \subset \mathfrak{M}$. 今对 $R\backslash p$ 中的元 x，y 规定一个等价关系如下

$$x \sim y \text{ 当且仅当有 } e, e' \in A\backslash \mathfrak{M}\text{，使得 } ex = e'y \tag{5}$$

不难验知这是个等价关系，今以 $[x]$ 记 x 所在的等价类. 又记 $\Gamma = \{[x] \mid x \in R\backslash p\}$. 对这个集规定一个加法运算 $+$ 如下

$$[x] + [y] = [xy] \tag{6}$$

由于 p 是 R 中素理想，式(6)中的规定是有效的. 对于 $x \in A\backslash \mathfrak{M}$，由规定知 $x \sim 1$. 再按式(6)知 $[1]$ 应为加法 $+$ 的单位元，故可记以 O. 对于 $x \in R\backslash p$，总有某个 $z \in R$，使得 $xz \notin \mathfrak{M}$. 此时若有 $xz \notin A$，再次使用式(3)即可得到同样的结果，因此 $(\Gamma, +)$ 是个加法群.

对于 $x \in p$，规定 $[x] = \infty$，∞ 是个不在 Γ 内的符号，它与 Γ 中元的运算同于 2.1 节式(6)中的规定. 于是 $\Gamma_\infty = \Gamma \cup \{\infty\}$ 成为一个增广加法群. 现在来对 Γ_∞ 的元规定一个序关系. 首先，对每个 $[x] \in \Gamma$，规定 $[x] < \infty$；对 $x_1, x_2 \in R\backslash p$，按所设可在 R 中选取 y_1, y_2，使有 $x_1y_1, x_2y_2 \in A\backslash \mathfrak{M}$. 于是有以下的情形出现

$$x_1y_2 \in \begin{cases} R\backslash A & \text{①} \\ A\backslash \mathfrak{M} & \text{②} \\ \mathfrak{M} & \text{③} \end{cases} \tag{7}$$

若上式中的式 ① 成立，就规定 $[x_1] < [x_2]$，式 ② 成立时可取 $e_1 = x_2y_2$，$e_2 =$

x_1y_2. 于是有 $e_1, e_2 \in A\setminus\mathfrak{M}$,且满足 $e_1x_1=e_2x_2$,即 $x_1\sim x_2$. 因此应有$[x_1]=[x_2]$;若式 ③ 成立,则规定$[x_1]>[x_2]$. 不难验知,对 Γ 的元作此规定是有效的,从而$(\Gamma_\infty, \leqslant)$ 就成为一个增广有序加法群. 令

$$v: x \mapsto \begin{cases} [x] & x\in R\setminus p \\ \infty & x\in p \end{cases} \tag{8}$$

这是个从 R 到 Γ_∞ 的满映射,它显然满足条件(1) 中的 ①. 为验证条件(1) 中的 ②,设 x_1, x_2, y_1, y_2 如前. 若有$[x_1]=[x_2]$,则

$$(x_1+x_2)y_2=x_1y_2+x_2y_2\in A$$

从而$[x_1+x_2]+[y_2]\geqslant 0$,即$[x_1+x_2]\geqslant[x_1]$. 若$[x_1]>[x_2]$,则由

$$(x_1+x_2)y_2=x_1y_2+x_2y_2\in A\setminus\mathfrak{M}$$

可得

$$[x_1+x_2]+[y_2]=[x_1+x_2]-[x_2]=0$$

结合上式即得

$$v(x_1+x_2)\geqslant \min\{v(x_1), v(x_2)\}$$

这就证明了 ②. 因此 v 是 R 的一个以 Γ 为值群的赋值. 从证明中又可知 $A=A_v$,$\mathfrak{M}=\mathfrak{M}_v$,即$(A,\mathfrak{M})$ 是 v 的赋值对. 定理即告证明. □

定理中的$(A,\mathfrak{M})$ 可迳称为 R 的一个赋值对,A 为 R 的一个赋值环,与定理 2.11 的推论 2 一样,今有下面的推论.

推论 1 环 R 的赋值环在 R 中是整闭的.

证明 取 R 中任一赋值环 A,及由之所定的赋值对$(A,\mathfrak{M})$. 设 x 是 A 上一整元,满足

$$x^n+a_1x^{n-1}+\cdots+a_n=0 \quad (a_i\in A, i=1,\cdots,n)$$

若 $x\in R\setminus A$,由定理知有 $y\in\mathfrak{M}$,使得 $xy\in A\setminus\mathfrak{M}$. 今以 y^n 乘入上式,得

$$(xy)^n+ya_1(xy)^{n-1}+\cdots+y^na_n=0$$

即

$$(xy)^n=-y(a_1(xy)^{n-1}+\cdots+a_ny^{n-1})\in\mathfrak{M}$$

从而有$(xy)^n\in\mathfrak{M}$,矛盾! 因此应有 $x\in A$,结论即告成立. □

推论 2 环 R 的赋值环在 R 中的余集是个乘法封闭集.

证明 设 A 为 R 中一赋值环,$(A,\mathfrak{M})$ 为由之所定的赋值对. 今任取 x_1,$x_2\in R\setminus A$. 由定理知有 $y_1, y_2\in\mathfrak{M}$,满足 $x_1y_1, x_2y_2\in A\setminus\mathfrak{M}$. 若 $x_1x_2\in A$,则$(x_1y_1)(x_2y_2)=(x_1x_2)(y_1y_2)\in\mathfrak{M}$,从而应有 x_1y_1 或 x_2y_2 属于 $\mathfrak{M}$,矛盾! 因此有 $x_1x_2\in R\setminus A$,即 $R\setminus A$ 是乘法封闭的,结论成立. □

不同于定理 2.11 的推论 1,对于环中余集为乘法封闭的子环并不恒为环中

的赋值环.今有一个简明的例子如次:

设 $R=F[x]$ 为域 F 上的多项式环.作为子环的域 F 只有(0)为它唯一的素理想,余集 $R\backslash F$ 显然是乘法封闭的,但(F,(0))不成为 R 的赋值对.

对于环的赋值对也有与命题 2.15 类似的结论.

定理 6.2 设 A 是环 R 的一个真子环,$\mathfrak{M}$ 是 A 的一个素理想,于是下列二论断等价:

①(A,$\mathfrak{M}$)是 R 的一个赋值对.

②[①] 对于 R 中任一子环 $C\supseteq A$,以及 C 的某个素理想 n,若有 $A\cap\mathfrak{N}=\mathfrak{M}$,则 $C=A$.

证明 ① → ②.假若论断 ② 不成立,即 $C\supset A$,但 C 中有素理想 $\mathfrak{N}$,满足 $A\cap\mathfrak{N}=\mathfrak{M}$.取 $x\in X\backslash A$,据论断 ① 有某个 $y\in\mathfrak{M}\subset\mathfrak{N}$,使有 $xy\in A\backslash\mathfrak{M}$.由 $A\cap\mathfrak{N}=\mathfrak{M}$,应有 $xy\notin\mathfrak{N}$.但按 x 与 y 的选取又有 $xy\in\mathfrak{N}$,矛盾!因此应有 $C=A$,故论断 ② 成立.

② → ①.首先,取 A 在 R 中的整闭包 C,以及 C 中素理想 n,使有 $A\cap\mathfrak{N}=\mathfrak{M}$.由论断 ② 知 $A=C$,即 A 在 R 中为整闭的.今取 $x\in R\backslash A$.于是 $C=A[x]$ 是 R 中真包含 A 的子环.令 $\mathfrak{N}=\mathfrak{M}C$.$\mathfrak{N}$ 显然是 C 中素理想,且有 $A\cap\mathfrak{N}\supseteq\mathfrak{M}$.但 $C\neq A$,按所设应有 $A\cap\mathfrak{N}\supset\mathfrak{M}$.取 $a\in(A\cap\mathfrak{N})\backslash\mathfrak{M}$,并且表如

$$a=p_nx^n+\cdots+p_1x+p_0\quad(p_0,\cdots,p_n\in\mathfrak{M})\tag{9}$$

可以选取一个使 a 表如上式时具有最小的次数 n,显然 $n\geqslant1$.今以 p_n^{n-1} 乘入式(9)的两侧,于是有

$$ap_n^{n-1}=(p_nx)^n+p_{n-1}(p_nx)^{n-1}+\cdots+p_1p_n^{n-2}(p_nx)+p_0p_n^{n-1}$$

即 p_n^x 是 A 上的整元.据 A 在 R 中的整闭性,$p_nx\in A$.若有 $p_nx\in m$,则式(9)又可写如

$$a=(p_nx+p_{n-1})x^{n-1}+\cdots+p_0$$

这就与 n 的选取相矛盾.因此应有 $p_nx\in A\backslash\mathfrak{M}$.据定理 6.1,($A$,$\mathfrak{M}$)是 R 的一个赋值对,即论断 ① 成立,证毕. □

定理中的论断 ② 尚可更换为一较简的形式.为此,先有下面的引理.

引理 6.3 设 A,B 为二环,$A\subset B$,p 是 A 中一素理想,于是 B 中有素理想 q 满足 $A\cap q=p$ 的充要条件为 $A\cap pB=p$.

证明 必要性.在 B 中对满足 $A\cap I=p$ 的理想 I 组成的集中取一个按包

① 此一条件在本章参考文献[9]中为条件(P_1),但作者在该文中未使用"赋值"这一概念.

含关系为极大的理想 q,q 显然是个素理想,于是有

$$p \subseteq A \cap pB \subseteq A \cap q = p$$

从而有 $A \cap pB = p$.

充分性. 设 $\mathscr{L}$ 为 B 中由满足 $A \cap I = p$ 的理想 I 组成的集. 据所设,$\mathscr{L}$ 不是空集. 由包含关系知 $\mathscr{L}$ 中有极大理想. 令 q 为其一,今往证 q 为素理想. 任取 x,$y \in B \backslash q$, 于是有

$$A \cap (q + Bx) \neq p, A \cap (q + By) \neq p$$

这表明 $A \backslash p$ 中有元 a,b,使得 $a = c + b_1 x$,$b = d + b_2 y$,c,$d \in q$,b_1,$b_2 \in B$. 显然有 $cd \in q$,$ab \notin p$. 另一方面,由 $ab = cd + cb_2 y + db_1 x + b_1 b_2 xy$ 得知,若 $xy \in q$,则将给出 $ab \in A \cap q = p$. 矛盾! 因此应有 $xy \notin q$,即 q 为一素理想,证毕. □

从这个引理即得下面的定理.

定理 6.4 设环 R 的子环 A 及其素理想 $\mathfrak{M}$ 所组成的偶为 $(A, \mathfrak{M})$. $(A, \mathfrak{M})$ 成为 R 的一个赋值对,当且仅当对于 R 中任一真包含 A 的子环 B 皆有 $A \cap \mathfrak{M}B \neq \mathfrak{M}$ 成立,也即 B 中任一素理想 $\mathfrak{N}$ 皆有 $A \cap \mathfrak{N} \neq \mathfrak{M}$. □

与域赋值中的定理 2.33 相类似,对于环赋值有下述结论成立:

定理 6.5 设 C 是环 R 中一个非整闭的子环,p 是 C 的一个素理想,于是有 R 的赋值对 $(A, \mathfrak{M})$ 满足

$$A \supset C, C \cap \mathfrak{M} = p \tag{10}$$

证明 设 A' 是 C 在 R 中的一个整扩环. 据 Cohen-Seidenberg 定理[①],可在 A' 中取一个素理想 $\mathfrak{M}'$,满足 $C \cap \mathfrak{M}' = p$. 再对 A' 与 $\mathfrak{M}'$ 作同样的处理,即在 R 中取 A' 的整扩环 A'' 及其素理想 $\mathfrak{M}''$ 使满足 $A' \cap \mathfrak{M}'' = \mathfrak{M}'$. 按此方式进行可在 R 中作一序列 $\{(A^{(i)}, \mathfrak{M}^{(i)})\}_i$ 满足 $A^{(i)}$ 为 $A^{(i-1)}$ 在 R 中的整扩张,且满足 $A^{(i-1)} \cap \mathfrak{M}^{(i)} = \mathfrak{M}^{(i-1)}$. 今规定 $(A^{(i)}, \mathfrak{M}^{(i)}) \geqslant (A^{(i-1)}, \mathfrak{M}^{(i-1)})$. 这一规定使得 $\{(A^{(i)}, \mathfrak{M}^{(i)})\}_i$ 成一归纳集. 按 Zorn 引理,它有极大对,设为 $(A, \mathfrak{M})$. 它显然满足式(10). 至于证明 $(A, \mathfrak{M})$ 是 R 的一个赋值对,全同于定理 6.2 之证,兹从略. □

对于域的子环,定理 2.34 指出,它的整闭包是所有包含该子环的赋值环所成的交. 此一事实对环的子环一般是不成立的[②]. 若取所有包含该子环,且余集为乘法封闭的子环,则可得一类似于定理 2.34 的结论,今有下面的定理.

---

① 见本章参考文献[2]Theo. 1.

② 见本章参考文献[4].

定理 6.6 设环 R 的子环 C 在 R 中的整闭包为 $D \neq R$，于是有

$$D = \bigcap_{B} B \tag{11}$$

其中 B 遍取包含 C，且 $R \backslash B$ 为乘法封闭的子环.

证明 首先证明凡 $R \backslash B$ 为乘法封闭的子环 B 在 R 中都是整闭的. 设 $x \in R$ 是 B 上一整元，满足方程

$$x^n + b_{n-1}x^{n-1} + \cdots + b_1 x + b_0 = 0 \quad (b_i \in B, i = 0, \cdots, n-1)$$

次数 n 设为可能最小的整数，$n \geqslant 2$.

上式今改写成

$$x(x^{n-1} + b_{n-1}x^{n-2} + \cdots + b_1) = -b_0 \in B$$

若 $x \in R \backslash B$，则应有 $x^{n-1} + b_{n-1}x^{n-2} + \cdots + b_1 = b \in B$. 这就与 n 的取法相悖. 因此有 $x \in B$. 这表明了式(11) 中每个 B 都是整闭的. 从而 $\bigcap_B B$ 在 R 中为整闭，故有 $\bigcap_B B \supseteq D$. 设 $x \notin D$，令

$$\Pi = \{\text{子环 } A \mid A \supseteq C, x \text{ 在 } A \text{ 上非整元}\}$$

显然 $\Pi = \varnothing$，并且按子环的包含关系是个归纳集. 据 Zorn 引理它有极大元，设 B 为其一，今往证 $R \backslash B$ 是个乘法封闭集.

设 $s, t \in R \backslash B$. 此时 x 在子环 $B[s]$ 和 $B[t]$ 上都是整元，于是有方程

$$f(x, s) = 0 \text{ 与 } g(x, t) = 0$$

现将它们分别按 s 和 t 的幂项表出，于是可改写成

$$\begin{aligned} h(x) &= h_1(x)s + \cdots + h_d(x)s^d \\ l(x) &= l_1(x)t + \cdots + l_e(x)t^e \end{aligned} \tag{12}$$

其中 $h(x)$ 与 $l(x)$ 的首项系数均为 1，且又有

$$\deg h(x) > \deg h_i(x) \quad (i = 1, \cdots, d)$$

$$\deg l(x) > \deg l_i(x) \quad (j = 1, \cdots, e)$$

今对 f 和 g 作适当的选择，使式(12) 中的 d 和 e 分别是关于 s 和 t 的最低次数，又设 $d \geqslant e$.

令 $st = b \in B$，以 $l(x)$ 乘入等式 $h(x)$ 的两侧，可得

$$k(x) = h(x)l(x) = h_1(x)l(x)s + \cdots + h_{d-1}(x)l(x)s^{d-1} + bh_d(x)l_1(x)s^{d-1} + \cdots + b^e h_d(x)l_e(x)s^{d-e}$$

上式左边的首项系数为 1 含 x 的多项式，右边对每个含 s 的幂项其系数均有

$$\deg h_i(x)l_j(x) < \deg k(x)_j$$

同时关于 s 的次数 $\leqslant d-1$. 但这与 f 和 g 的选择相矛盾. 因此应有 $st \in R \backslash B$，即 $R \backslash B$ 是个乘法封闭集. 由 $B \in \Pi$，故 $x \notin B$. 从而又有 $D \supseteq \bigcap_B B$. 因此等式(11)

成立. 证毕. □

在给出下一结论前,先引入几个称谓:环中的非零元,若非零因子就称作正则元;含有正则元的理想称作正则理想. 设R为一环,M为其中所有正则元组成的乘法子集. 于是称R关于M的商环R_M为R的全商环,记以$T(R)$. 若有$R=T(R)$,则径称R为全商环. 当R是个整环时,它的全商环就是它的商域.

由定理 2.16 知域的赋值环在域中的扩环也是个赋值环,对于环,有定理如下:

定理 6.7[①] 设环R有赋值对$(A,\mathfrak{M})$,$\mathfrak{M}$是A中一正则素理想,又设$R=T(A)$. 若A在R中的每个扩环B皆有一素理想$\mathfrak{N}\subset A$,使得$(B,\mathfrak{N})$成为R的赋值对,则$\mathfrak{M}$是A的一个极大理想.

证明 任取$\mathfrak{M}$中一正则元b,以及$A\backslash\mathfrak{M}$中元a. 设$B=A[\frac{a}{b}]$,$\mathfrak{N}$为适合上述条件的B中素理想. 于是$b\notin\mathfrak{N}$,$\frac{1}{b}\in B$,令

$$\frac{1}{b}=\sum_{i=0}^{n}c_i\left(\frac{a}{b}\right)^i \quad (c_i\in A,i=0,1,\cdots,n) \tag{13}$$

此处n为可能最小的正整数. 若$n\geqslant 2$,则以b^{n-1}乘入上式,即有$c_na^{n-1}\left(\frac{a}{b}\right)\in A$. 但$a^{n-1}\in A\backslash\mathfrak{N}$,故应有$c_n\left(\frac{a}{b}\right)\in A$,于是式(13)可改写为

$$\frac{1}{b}=\left(c_{n-1}+c_n\left(\frac{a}{b}\right)\right)\left(\frac{a}{b}\right)^{n-1}+\sum_{i=0}^{n-2}c_i\left(\frac{a}{b}\right)^i$$

而与n的所设矛盾. 因此应有$n=1$,即$\frac{1}{b}=c_1\left(\frac{a}{b}\right)+c_0$,从而有$1=c_1a+c_0b\in(a)+\mathfrak{M}$. 这就证明了$\mathfrak{M}$是$A$中一极大理想. □

在环的赋值对中出现的素理想并不必为极大理想. 今有一简例如下:

例 设$R=F[x,y,\frac{1}{x}]$,x,y是域F上二独立的未定元. 取环$A=F[x,y]$;又令$\mathfrak{M}=(x)$为A中一主理想,它显然为一素理想. $(A,\mathfrak{M})$能满足定理6.1中的条件,故为R的一个赋值对. 但$\mathfrak{M}$不是A中的极大理想,因为有$(x)\subset(x,y)$.

与域的情形不同. 由上例结合定理 6.7 即知赋值环在其所在环内的扩环就不一定是个赋值环.

---

① 见本章参考文献[5]Theo. 2.

6.2 赋值的拓展

本节将考虑环赋值在扩环上的拓展问题. 首先,由定理 6.5 可证得下述定理.

定理 6.8 设$(A,\mathfrak{M})$是环R的一个赋值时,又设S为R的一个扩环,于是有S的赋值对$(B,\mathfrak{N})$满足关系如下

$$R\cap B=A, A\cap\mathfrak{N}=\mathfrak{M} \tag{14}$$

证明 首先,A是R中的整闭环,但作为S的子环,它并非整闭的. 因此可使用定理 6.5,即在S中有赋值对$(B,\mathfrak{N})$满足

$$B\supset A, A\cap\mathfrak{N}=\mathfrak{M}$$

于是有$R\cap B\supseteq A$. 若$R\cap B\neq A$,则有$a\in(R\cap B)\backslash A$. 由于$(A,\mathfrak{M})$是$R$的赋值对,因此有$b\in\mathfrak{M}$使得$ab\in A\backslash\mathfrak{M}$. 另一方面,由$a\in B$与$b\in\mathfrak{M}=A\cap\mathfrak{N}\subset\mathfrak{N}$. 因此有$ab\in\mathfrak{N}$. 于是又有$ab\in A\cap\mathfrak{N}=\mathfrak{M}$,矛盾! 因此应有$R\cap B=A$. 证毕. □

由此定理可称$(B,\mathfrak{N})$是赋值对$(A,\mathfrak{M})$在S中的拓展. 当所论及的对象为域时,此结论即定理 2.36. 对域而言,它也就是赋值的拓展定理. 由于环赋值的核并非恒为零理想,故对于环赋值的拓展问题还需考虑它的核.

定理 6.9 设S为R的扩环;v,w分别为R,S的赋值. 又设$(A,\mathfrak{M}),p$与$(B,\mathfrak{N}),q$分别为v与w的赋值对和核. 于是,w成为v的拓展,当且仅当有下列二式成立

$$R\cap B=A, A\cap\mathfrak{N}=\mathfrak{M}$$

$$p\subset q \tag{15}$$

证明从略.

为证明拓展赋值存在性的一个判别定理,先有一简单的引理如下:

引理 6.10 设$(A,\mathfrak{M})$是环R的一个赋值对,p是由该赋值对所定赋值的核. 若I是R的理想,且包含在A中,则有$I\subseteq p$.

证明 设v是由$(A,\mathfrak{M})$所定出的赋值. 若$I\not\subseteq p$,则有$a\in I\backslash p$,从而$\alpha=v(a)<\infty$. 由$I\subseteq A$知$v(a)=\alpha\geqslant 0$. 令$b\in R, v(b)=-\alpha$. 于是$ab\in I\leqslant A$. 今任取$c\in R\backslash A$,即$v(c)<0$;以及

$$v(abc)=v(ab)+v(c)=v(c)<0$$

即$abc\in R\backslash A$. 但另一方面,据所设应有$abc\in I\subseteq A$,矛盾! 因此应有$I\subseteq p$.

证毕. □

定理 6.11(Manis) 设 v 是环 R 的一赋值,其核为 p,又设 S 是 R 的扩环. 于是 v 在 S 上有拓展的充分必要条件为有等式

$$R \cap pS = p \tag{16}$$

成立.

证明 必要性. 设 v 的赋值对为$(A, \mathfrak{M})$;w 是 v 在 S 上的一个拓展,它的赋值对和核分别为$(B, \mathfrak{N})$ 和 q. 由定理 6.9 知 $R \cap B = A$,$pS \subseteq q$. 因此 $R \cap pS \subseteq R \cap q \subseteq R \cap B = A$. 按 $R \cap pS$ 为 R 中理想,故由引理 6.10 知有 $R \cap pS \leqslant p$. 另一方面,显然有 $R \cap pS \supseteq p$. 因此式(16) 成立.

充分性. 设 v 的赋值对为$(A, \mathfrak{M})$,核为 p. 由定理 6.8 知 S 中有赋值对$(B, \mathfrak{N})$ 满足 $R \cap B = A$,$A \cap \mathfrak{N} = \mathfrak{M}$. 今以 w 记由$(B, \mathfrak{N})$ 所定的赋值,其核为 q. 欲证 w 为 v 的拓展,据定理 6.9 只须验证 $p \subset q$. 由 $R \cap pS = p$ 及 $p \subset A = R \cap B$ 知 $pS \subset B$. 另一方面,pS 是 S 中理想,故由引理 6.10 有 $pS \subseteq q$. 于是即有

$$p \subseteq pS \subseteq q$$

再由定理 6.9 即知 w 是 v 的拓展. 证毕. □

推论 设 v 是环 R 的一个赋值,S 是 R 的一个整扩环. 于是 v 在 S 上有拓展.

证明 设 p 是 v 的核,由于它是 R 中的素理想. 由定理 2.28,S 中有素理想 q,满足 $R \cap q = p$. 再据引理 6.3 即知 $p = R \cap pS$. 因此 v 在 S 上有拓展. 证毕.

□

在上述推论中实际上只要在 S 中有理想使它与 R 的交等于 v 的核就能使 v 在 S 上有拓展. 又从式(16) 得知对于整环而言,该条件是必然成立的. 设 R 为一整环,赋值 v 的核为(0). 此时对 R 上任一扩环 S 均有 $R \cap (0)S = (0)$,即 v 在 S 上有拓展. 当然,对于 p − 进赋值那就不如此了.

6.3 Prüfer 环

在 2.8 节中我们曾对整环引入 Prüfer 整环这一概念. 对一般的交换环也可得到一个相类同的结果. 以下恒设 R 为一有乘法单位元(记以 1) 的交换环,并以 $K = T(R)$ 记其全商环. 若 a 是 R 中一正则元,且 $\frac{1}{a} \in R$,则称 a 为 R 中的单

位. 设 $H \neq (0)$ 是 R 中任一理想. K 中有子集

$$H^{-1} = [R : H] = \{x \in K \mid xH \subseteq R\} \tag{17}$$

H^{-1} 显然是个 R－模，满足 $HH^{-1} \subseteq R$. 若有 $HH^{-1} = R$，则 H 中有元 $a_1, \cdots, a_n$ 满足等式

$$\sum_{i=1}^{n} a_i b_i = a_1 b_1 + \cdots + a_n b_n = 1 \tag{18}$$

其中 $b_i \in K, i = 1, \cdots, n$. 当上式成立时，就称 H 是个可逆理想，或径称 H 是可逆的. 在上式中每个 b_i 均可表如 $\frac{c_i}{s_i}$，其中 c_i, s_i 均在 R 内，s_i 均为正则元（可以包含 1）. 今记 $s = s_1 \cdots s_n$，s 是个正则元. 不妨假定 s_i 均不相同，且 $\neq 1$. 如果以 t_i 取代 s 中去掉 s_i 所余下的积，于是 b_i 可写如 $\frac{c_i t_i}{s}$. 于是由式(18) 又有

$$\sum_{i=1}^{n} a_i b_i = \frac{1}{s} \sum_{i=1}^{n} a_i c_i t_i = 1$$

从而有 $\sum_{i=1}^{n} a_i c_i t_i = s \in H$，即可逆理想 H 含有正则元 s，因此 R 中凡有限生成的可逆理想必然是正则理想. 但这一事实的逆理并不必然成立. 因此有如下的定义：

设 R 为一环. 若其中每个有限生成的正则理想在 R 的全商环中都是可逆的，则称 R 为一 Prüfer 环.

在上述中集 H^{-1} 是个特殊的 R－模. 今称它为 K 中的分式理想. 由于 $HH^{-1} = R$，又可称 H^{-1} 为 H 的逆理想.

为了刻画 Prüfer 环，再次使用一个曾在 2.3 节中出现过的符号：设 p 是 R 的一个素理想. 令 $R_p = \left\{\frac{a}{b} \in K \mid a, b \in R, b \notin p\right\}$. 由于 $R \backslash p$ 是乘法封闭的，故 R_p 是 K 中一子环. 设 H 是 R 中一理想，由它可做出在扩环 R_p 上的延展，记以 HR_p. 当 R_p 取定后，可用 H^e 简记 HR_p. 设 H, G 是 R 中任意二理想，且至少有一个是正则的. 若它们在 R_p 上的延展 H^e, G^e 必有 $H^e \subseteq G^e$ 或者 $G^e \subseteq H^e$ 成立，则称集 $\{R, p\}$ 具有正则可序性. 今有下面的引理.

引理 6.12 设 p 是环 R 的一个正则素理想. 于是下列二论断等价：

① 对于 R 中任意二元 a, b，其中至少有一正则元，则 R 中必有不同属于 p 的元 s, t，满足 $sa = tb$.

② $\{R, p\}$ 有正则可序性.

证明 ① → ②. 设 H, G 为 R 中二理想，H 是正则的. 若 $H^e \not\subseteq G^e$，则有某

个元 $a \in H$，使得对任何 $c \in R\backslash p$ 皆有 $ac \notin G$. 设 a 为正则元，则对任一 $b \in G$，据所设有 $s,t \in R$，使有 $sa = tb$ 成立. 此时应有 $s \in p$，从而 $t \notin p$，故 $b \in H^e$. 由于 b 为 G 中任取的元，故有 $G^e \subseteq H^e$.

今若 a 不为正则元，据所设 b 为正则元. 由以上的论法此时将给出 $H^e \subseteq G^e$. 这表明了 $\{R,p\}$ 有正则可序性.

② → ①. 只须考虑 $H=(a)$，$G=(b)$，即可得到论断 ①，证毕. □

今再引入一个较 R_p 稍强的子集，令

$$R_{[p]} = \{x \in K \mid \text{对某个 } c \in R\backslash p \text{ 有 } cx \in R\}$$

对于 R 的理想 H，它在 $R_{[p]}$ 上也同样有延伸

$$HR_{[p]} = \{x \in K \mid \text{对某个 } b \in R\backslash p \text{ 有 } bx \in H\}$$

定理 6.13 对于环 R，下列诸论断是等价的：

①R 是个 Prüfer 环；

② 对于 R 的每个正则素理想 p，$(R_{[p]}, pR_{[p]})$ 皆为 K 的赋值对；

③ 对于 R 的每个素理想 p，$\{R,p\}$ 均有正则可序性；

④ 对于 R 中任意二理想 H,G，其中至少有一个是正则的，则有下式成立

$$(H+G)(H \cap G) = HG \tag{19}$$

⑤R 在全商环 K 中的扩环都是整闭的.

证明 ① → ②. 设 R 为一 Prüfer 环，p 是它的一个正则素理想. 令 $x \in K\backslash R_{[p]}$，于是有正则元 $b \in R$，使得 $bx \in R$. (b,bx) 是 R 中有限生成的正则理想. 据所设，有 K 中分式理想 H 使得 $(b,bx)H = R$，且对每个 $a \in H$ 总有 $ab \in p$. 因若不然，$ab \in R\backslash p$，则由 $(ab)x \in R$ 将导致 $x \in R_{[p]}$，与 x 的取法矛盾. 另一方面，由 $(b,bx)H = R$，故有某个元 $a \in H$，使得 $abx \notin p$. 令 $s = ab$，此时有 $sx = abx \in R_{[p]}\backslash pR_{[p]}$，以及 $s \in p \subset pR_{[p]}$. 因此按定理 6.1 即知 $(R_{[p]}, pR_{[p]})$ 是 K 的一个赋值对，即论断 ② 成立.

② → ③. 据引理 6.12，今就引理中的论断 ① 来证明. 设 $a,b \in R$，b 是个正则元，又以 v 表由 $(R_{[p]}, pR_{[p]})$ 所定的赋值. 易知 $v(b) \neq \infty$. 不失一般性，今设 $v(b) \leqslant v(a)$. 取 $l \in K$，使有 $v(lb) = 0$. 此时 $lb \in R_{[p]}\backslash pR_{[p]}$. 于是有元 $e \in R\backslash p$ 使得 $elb \in R\backslash p$. 另一方面，由 $v(ela) = v(la) \geqslant 0$，即 $ela \in R_{[p]}$. 再取 $f \in R\backslash p$，使得 $elfa \in R$. 易知 $elfa \in R\backslash p$. 于是令 $t = elfa$，$s = elfb$. 于是就有 $sa = tb$. 这就证明了论断 ③.

③ → ④. 任取 H,G 如论断 ④ 中所设. 对于每个素理想 p，作 H,G 在 R_p 上的延伸 H^e, G^e，由论断 ③ 知有

$$(H^e + G^e)(H^e \cap G^e) = H^e G^e = (HG)^e \tag{20}$$

成立. 由于 H,G 中至少有一个是正则的,故有 $H^e=R_p$ 或 $G^e=R_p$. 从而论断 ④ 对每个素理想皆成立. 不难验知,对任一理想 H,等式

$$H=\bigcap_p HR_p$$

皆成立,p 遍取 R 所有的素理想. 由此即由式(20) 可得论断 ④.

为证明 ④ → ①,先有引理如下:

引理 6.14 设定理 6.13 的 ④ 成立;元 $a,b,c\in R$,其中 a 为正则元. 若对于素理想 p 有 $(a)^e\subseteq(b)^e$,则必有 $(b)^e\subseteq(c)^e$ 或 $(c)^e\subseteq(b)^e$ 二者之一成立.

证明 据所设有 $x\in R$ 与 $y\in R\backslash p$,使有 $ay=bx$. 又由定理的论断 ④ 知

$$(a,b,c)[(a,b)\cap(c)]=(a,b)(c)$$

因此有 $bc=x_1a+x_2b+x_3c$,其中 $x_i\in(a,b)\cap(c)$,$i=1,2,3$. 若 $x_3=au+bv$,则 $x_3y=bxu+byv$,从而

$$bc[y-(xu+yv)]=(x_1x+x_2y)b$$

当 $z=xu+yv\notin p$,由 $zb=x_3y\in(c)$ 可得$(b)^e=(c)^e$. 当 $z\in p$,由于 $y\notin p$,故 $y-z\notin p$. 再由 $x_1,x_2\in(a,b)$ 可得

$$(c)^e(b)^e\leqslant(a,b)^e(b)^e=(b)^e(b)^e$$

但$(b)^e$ 在 R_p 中是正则的,因此有$(c)^e\subseteq(b)^e$. □

现在来证明 ④ → ①. 设 H 是 R 中一个有限生成的正则理想,$c\in H$ 是个正则元,令

$$H=(a_1,\cdots,a_n)\quad(a_k=c,1<k<n)$$

按引理 6.14 可对 a_i 作适当的排列,使得有

$$(a_1,\cdots,a_{k-1})^e\subseteq(a_k)^e\subseteq\cdots\subseteq(a_n)^e\tag{21}$$

对每个 $i(1\leqslant i\leqslant n-1)$,令 $x_i,y_i\in R,y_i\notin p$ 使得对 $1\leqslant i\leqslant k-1$ 有 $a_iy_i=a_kx_i$;以及对 $k\leqslant i\leqslant n-1$,有 $a_iy_i=a_{i+1}x_i$,令

$$b=y_1\cdots y_{k-1}x_k\cdots x_{n-1},G=((c):H)$$

不难验知 $bH\subseteq(c)$,从而 $b\in G$. 由此又有 $a_n,b\in HG$. 但 $a_nb=y_1\cdots y_{k-1}a_k$,其中 $y_1,\cdots,y_{k-1}\notin p$. 这就表明了在任何一个 R_p 上有$(c)^e\subseteq(HG)^e$. 由此即有$(c)\subseteq HG$,从而 $HG=(c)$. c 是个正则元,主理想(c) 在 K 中是可逆的,这就证明了论断 ①.

⑤ → ②. 设 p 为 R 中一素理想,$x\in K\backslash R_{[p]}$. 据所设,扩环 $R_{[p]}[x^2]$ 在 K 中整闭,故有 $x\in R_{[p]}[x^2]$,令

$$x=a_0+a_1x^2+\cdots+a_nx^{2n}\quad(a_i\in R_{[p]},a_n\neq0)\tag{22}$$

其中 n 为使上式成立的最小整数,$n\geqslant1$. 今设 $n>1$,对上式乘以 a_n^{2n-1},得

$$(a_n x)^{2n} + \cdots + a_n^{2n-3} a_1 (a_n x)^2 - a_n^{2n-2}(a_n x) + a_0 a_n^{2n-1} = 0$$

故有 $a_n x \in R_{[p]}$，再以 a_n^{n-1} 乘入式(21)，则有

$$(a_n x^2)^n + \cdots + a_n^{n-2} a_1 (a_n x^2) + (a_0 a_n^{n-1} - a_n^{n-2}(a_n x)) = 0$$

于是，又有 $a_n x^2 \in R_{[p]}$. 因而有 $a_{n-1} + a_n x^2 \in R_{[p]}$，以及

$$x = a_0 + a_1 x^2 + \cdots + (a_{n-1} + a_n x^2) x^{2(n-1)}$$

但这与 n 的取法矛盾，故应有 $n=1$，即 $x = a_0 + a_1 x^2$ 以及 $a_1 x \in R_{[p]}$. 但 $x \notin R_{[p]}$，因此 $a_1 \in pR_p$. 又由 $x(1 - a_1 x) = a_0 \in R_p$，知有某个 $s \in R \backslash p$ 使得

$$sx(1 - a_1 x) \in R$$

从 $a_1 x \in R_{[p]}$ 知有 $t \in R \backslash p$，使得 $ta_1 x \in R$. 按 $x \notin R_{[p]}$，故

$$st(1 - a_1 x) \notin R \backslash p$$

因此应有 $st(1 - a_1 x) \in p$. 又由 $st \in R \backslash p$ 得 $1 - a_1 x \in pR_p$. 从而导致

$$a_1 x \in R_{[p]} \backslash pR_{[p]}$$

这就证明了$(R_{[p]}, pR_{[p]})$是 K 的一个赋值对，即论断 ② 成立.

与整环的情形一样，论断 ① 与 ⑤ 是等价的. 今先来证明 ② → ⑤. 首先有引理如下：

引理 6.15 设定理 6.13 的论断 ② 成立，S 是 R 在 K 中的一个扩环，有素理想 q，满足 $p = q \cap R$，于是有 $S_{[q]} = R_{[p]}$.

证明 首先有 $R_{[p]} \subseteq S_{[q]}$. 设 $x \in K \backslash R_{[p]}$. 于是有 $b \in p$ 使得 $bx \in R \backslash p$. 今设 $x \in S_{[q]}$. 于是有 $s \in S \backslash q$，使得 $sx \in S$. 但 $b \in p \subseteq q$，以及 $bx \in R \backslash p \subseteq S \backslash q$. 因此 $bsx \in q \cap (s \backslash q)$. 这是不可能的，故应有 $x \notin S_{[q]}$，从而 $R_{[p]} = S_{[q]}$. 证毕. □

引理 6.16 符号意义同于引理 6.15，对任一 $x \in S$，皆有

$$(R : x)_R S = S, \text{此处} (R : x)_R = \{a \in R \backslash ax \in R\}$$

证明 设 $p \subset R$ 为任一素理想，且 $pS \neq S$. 于是 S 中有包含 pS 的极大理想 q，$p \subseteq q \cap R$. 从而 $R_{[q \cap R]} \subseteq S_{[q]}$. 由引理 6.15 知 $S_{[q]} = R_{[q \cap R]}$，故有

$$S \subseteq S_{[q]} = R_{[q \cap R]} \subseteq R_{[p]}$$

设 $x \in S$ 为任一元，若$(R : x)_R S \neq S$，则有 R 中素理想 $p \supseteq (R : x)_R$，$pS \neq S$. 令 q 为 S 中包含 pS 的极大理想，即 $q \cap R \supseteq p$. 从而有

$$R_{[p]} \supseteq R_{[q \cap R]} = S_{[q]} \supseteq S$$

因此有某个 $b \in R \backslash p$ 使得 $bx \in R$，但 $b \in (R : x)_R \subseteq p$，矛盾！这就证明了$(R : x)_R S = S$ 对任何 $x \in S$ 都成立，证毕. □

与定理 2.37 相类似，今证明 ② → ⑤. 设 S 为 R 在 K 中任一扩环；T 为 S 在

K 内的整闭包，它自然也是 R 的扩环. 据引理 6.16，对任一 $x \in T$ 皆有 $(R : x)_R T = T$. 从而有

$$T \subseteq (S : x)_R T \subseteq (S : x)_S T \subseteq T$$

故有 $(S : x)_S T = T$. 设 $\mathfrak{M}$ 为 S 的素理想，$\mathfrak{M} \supseteq (S{:}x)_s$. 按 T 是 S 的整扩张，故有素理想 $\mathfrak{N}$，满足 $\mathfrak{N} \cap S = \mathfrak{M}$. 于是 $\mathfrak{M}T \subseteq \mathfrak{N}$，故 $\mathfrak{M}T \neq T$. 但另一方面有 $(S : x)_S T = T$. 因此 $(S : x)_S$ 不含在 S 的任何素理想内，即 $(S : x)_S = S$. 这就证明了论断 ⑤. 定理 6.13 的证明即告完成. □

由定理的论断 ① 与 ⑤ 即得下面的论断.

推论 1 当 R 为 Prüfer 环时，R 在其全商环 K 中的任一扩环也都是 Prüfer 环.

上述定理的论断 ② 等价于如下论断：

推论 2 $(R_{[p]}, pR_{[p]})$ 成为 K 的赋值对，当且仅当 (R_p, pR_p) 是 K_p 的赋值对.

证明 按所设，有

$$K_p = \left\{ \left(\frac{a}{b}\right) / s \;\middle|\; \frac{a}{b} \in K, s \in R \backslash p \right\}$$

令 v 是 K 上由 $(R_{[p]}, pR_{[p]})$ 所定的赋值. 今对 K_p 中任一元 $x = \left(\frac{a}{b}\right)/s$ 规定

$$v'(x) = v\left(\frac{a}{b}\right) - v(x) = v\left(\frac{a}{b}\right)$$

这是由于 $s \in R\backslash p, v(s) = 0$. 易知 v' 的规定是有效的，并能满足赋值所需的条件.

$v'(x) \geqslant 0$ 等同于 $v\left(\frac{a}{b}\right) \geqslant 0$. 按 $\frac{a}{b} \in K$，故 $v\left(\frac{a}{b}\right) \geqslant 0$，当且仅当 $\frac{a}{b} \in R_{[p]}$，即对某个 $t \in R\backslash p$，有 $t\,\frac{a}{b} \in R$，从而有

$$x = \frac{t\left(\frac{a}{b}\right)}{ts} \in R_p$$

这表明了 v' 的赋值环为 R_p，又可知 v' 的赋值理想为 pR_p.

因此 (R_p, pR_p) 是 K_p 的一个赋值对.

反之，设 K_p 有赋值对 (R_p, pR_p)，所定的赋值为 v'. 对于 K 中元

$$x = \frac{a}{b} = \left(\frac{a}{b}\right)/1$$

令

$$v(x)=v'\left(\left(\frac{a}{b}\right)/1\right)=v'\left(\frac{a}{b}\right)-v'(1)=v'\left(\frac{a}{b}\right)$$

于是 $v(x)\geqslant 0$ 等同于 $\frac{a}{b}\in R_p$，即有 $t\in R\backslash p$ 使得 $t\frac{a}{b}\in R$，故 $\frac{a}{b}\in R_{[p]}$. 这表明了 v 的赋值环为 $R_{[p]}$. 同样，不难得知它的赋值理想为 $pR_{[p]}$. 证毕. □

以下将讨论同时为 Prüfer 环的赋值环，首先有下面的定义.

定义 6.17 设 (R,p) 是全商环 K 的一个赋值对. 若 R 同时是个 Prüfer 环，就称 R 为 Prüfer 赋值环，(R,p) 为 Prüfer 赋值对.

为刻画 Prüfer 赋值环，今再引入一个概念. 设 H 是环 R 的一个理想. 在 R 的全商环 K 中作如下子集

$$T(H)=\bigcup_{n=1}^{\infty}\{x\in K\mid xH^n\subseteq R\}$$

不难验知 $T(H)$ 是 K 的一个 $R-$模，称为 H 的变换理想. 今有下面的引理.

引理 6.18 设 R 是个 Prüfer 环，H 是它的一个有限生成的正则理想，$T(H)$ 为它的变换理想. 若 p 为 R 中一素理想，于是有

$$T(H)\subseteq R_{[p]} \text{ 当且仅当 } H\not\subseteq p$$

证明 充分性. 设 $H\not\subseteq p$，$a\in H\backslash p$. 对任何 $x\in T(H)$，必有某个正整数 n，使得 $xa^n\in R$. 从 $a\notin p$ 有 $a^n\notin p$，以及 $x\in R_p$，即 $T(H)\subseteq R_p$.

必要性. 在所设的前提下，H 是可逆的，以 H^{-1} 表它的逆，易知有

$$T(H)H\subseteq T(H) \text{ 以及 } T(H)H^{-1}\subseteq T(H)$$

从而得到 $T(H)H=T(H)$. 若有 $H\subseteq p$，则 $T(H)H\subseteq T(H)p\subseteq T(H)$. 于是又有 $T(H)=T(H)p$. 从 $1\in T(H)$ 可得

$$1=\sum_{i=1}^{n}p_i\frac{a_i}{b_i},p_i\in p,\frac{a_i}{b_i}\in T(H)\subseteq R_{[p]}$$

于是有 $x_i\in R\backslash p$，使得

$$x_i\frac{a_i}{b_i}\in R\quad(i=1,\cdots,n)$$

今以 $x_1,\cdots,x_n$ 乘入等式 $1=\sum_{i=1}^{n}p_i\frac{a_i}{b_i}$ 的两侧，得到

$$x_1\cdots x_n=\sum_{i=1}^{n}p_ic_i\quad(c_i\in R)$$

此式左边 $\notin p$，但右边 $\in p$，矛盾！这就证明了 $H\subseteq p$. □

作了以上的准备，现在来对 Prüfer 赋值环给出两个刻画：

定理 6.19[①] 对于环 R 及其素理想 p,以下诸论断等价:

①(R,p) 是个 Prüfer 赋值对;

②R 是个 Prüfer 环,p 是它唯一的正则极大理想;

③(R,p) 是个赋值对,p 是 R 唯一的正则极大理想.

证明 ① → ②. 设 q 为 R 的任一正则素理想. 由于 $R_{[p]}=R\subseteq R_{[q]}$,若 $q\not\subseteq p$,则有 $b\in q\backslash p$. 任取 q 中正则元 c,于是有限生成的正则理想 $H=(b,c)\not\subseteq p$. 因此有 $T(H)\subseteq R_{[p]}\subseteq R_{[q]}$. 但由引理 6.18 应有 $H\not\subseteq q$,矛盾! 从而应有 $q\subseteq p$,故 p 是 R 唯一的正则极大理想.

② → ③. 因为 p 是 R 唯一的正则极大理想,故 $R=R_{[p]}$ 以及 $p=pR_{[p]}$. 又按定义 6.17,(R,p) 是个赋值对.

③ → ①. 由 $R=R_{[p]}$ 及 $p=pR_{[p]}$ 即得论断 ①. 证毕. □

定理 6.20 环 R 成为 Prüfer 赋值环的充分必要条件为 R 中所有的正则理想按包含关系组成一个列.

证明 充分性. 由所设知定理 6.13 中的论断 ③ 成立. 因此 R 是个 Prüfer 环. 另一方面,R 又有唯一的正则极大理想,故 R 是个 Prüfer 赋值环.

必要性. 从 R 是个 Prüfer 赋值环,知对某个素理想 p,(R,p) 为 Prüfer 赋值对. 据定理 6.19,p 是 R 唯一的正则极大理想. 又由定理 6.13 的论断 ③ 知(R,p) 有正则可序性. 从而对 R 中任意二正则理想 H,G,它们在 R_p 中的延伸是可序的. 当 p 遍取 R 中所有的极大理想时,从该定理论断 ③ 的证明中即知 H 与 G 是可序的. 证毕. □

引理 6.21 设(R,p) 是个 Prüfer 赋值对,S 是 R 在 K 中的扩环. 若 q 为 S 的一个正则理想,则有 $q\subseteq p$.

证明 设 $t\in q$ 是个正则元. 若 $t\notin R$,则有 $t^{-1}\in R\subset S$. 从而

$$1=t\cdot t^{-1}\in q$$

矛盾! 因此 S 中所有的正则元均属于 R,从而 $q\cap R$ 是 R 中正则素理想. 据所设应有 $q\cap R\subseteq p$. 令 $x\in q$ 为任一元. 若 $x\in q\backslash R$,则有 $y\in p$ 使得 $xy\in R\backslash p$. 另一方面,又有 $xy\in R\cap q\leqslant p$,矛盾! 这就证明了 $q\subseteq p$. □

定理 6.22 设(R,p) 为一 Prüfer 赋值对,S 是 R 在 K 中的任一扩环,于是 S 是个 Prüfer 赋值环.

证明 设 q 是 S 的一个正则极大理想,n 是 S 的任一正则素理想. 据引理

---

① 本章参考文献[2],Theo. 2.3.

6.21,q 与 n 均属于 R,且有 $q\subseteq p$ 与 $n\subseteq p$. 按 R 为 Prüfer 环,R 的正则素理想据定理 6.20 以包含关系组成一列. 因此有 $q\subseteq n$ 或 $n\subseteq q$ 成立. 由于 q 是 S 的正则极大理想,故有 $n\subseteq q$. 这就证明了 S 有唯一的正则极大理想. 结论由定理 6.19 即得. 证毕. □

6.4 环赋值的完全性

设 v 为环 R 的一个赋值,$(A,\mathfrak{M})$,p 分别为 v 的赋值对和核. 设 $\{a_\tau\}_{\tau\in T}$ 是 R 中取自 $A\backslash p$ 的一个无最后元的良序列,T 为其标号集. 若自某个标号 τ_0 起,它满足定义 5.1 中的条件,则称 $\{a_\tau\}_{\tau\in T}$ 为 A 中一似收敛列,并以 Γ 记其值元素列 $\{\gamma_\tau\}_{\tau>\tau_0}$. 至于似极限及幅度等概念皆同于定义 5.2 及其后的规定,兹不另述.

首先对 A 中似收敛列有似极限存在的条件作一简介.

命题 6.23 设 $\{a_\tau\}_\tau$ 为 R 中取自 $A\backslash p$ 的一似收敛列. $\{a_\tau\}_\tau$ 在 v 的核 p 中有似极限的充要条件为自某个标号 τ_0 起,对所有的 $\tau_0<\tau<\sigma$ 均有

$$v(a_\tau)<v(a_\sigma)\quad(\forall\,\tau,\sigma\in T)$$

证明 必要性显然成立. 今设上式成立,于是

$$\gamma_\tau=v(a_\sigma-a_\tau)=\min\{v(a_\sigma),v(a_\tau)\}=v(a_\tau)$$

今在 p 中任取一元 c,由 $v(c-a_\tau)=\min\{v(c),v(a_\tau)\}=v(a_\tau)$,结合上式即有 $v(c-a_\tau)=\gamma_\tau$,即 c 为 $\{a_\tau\}_\tau$ 的一个似极限. 证毕.

命题 6.24 设似收敛列 $\{a_\tau\}_\tau$ 有似极限 $a\in A\backslash p$. 于是自某个标号 τ_0 起,恒有

$$v(a_\rho)=v(a_\sigma)\quad(\tau_0<\rho<\sigma,\forall\,\rho,\sigma\in T)$$

并且又有 $v(a)=v(a_\sigma)$,$\sigma\geqslant\tau_0$.

证明 据所设及命题 6.23 知 $\{v(a_\tau)\}_\tau$ 不论自哪项起都不能成为一无限递增列. 今往证自某项起所有的 $v(a_\tau)$ 均相等. 设若不然,对 $\sigma'>\rho'>\tau$. 有 $v(a_{\sigma'})\leqslant v(a_{\rho'})$ 成立,则当 $\sigma>\sigma'$ 时,由

$$v(a_\sigma-a_{\sigma'})>v(a_{\sigma'}-a_{\rho'})\geqslant v(a_{\sigma'})$$

即

$$v(a_\sigma-a_{\sigma'})>v(a_{\sigma'})$$

因此应有 $v(a_\sigma)=v(a_{\sigma'})$,故自 τ_0 起 $v(a_\sigma)$ 均相等.

次证后一论断. 若 $v(a)>v(a_\rho)=v(a_\sigma)$,$\tau<\rho<\sigma$,则有

$$v(a_\rho)=v(a_\rho-a)>v(a_\tau-a)=v(a_\tau)$$

矛盾！又若 $v(a) < v(a_\rho) = v(a_\tau)$，则有

$$v(a) = v(a_\rho - a) > v(a_\tau - a) = v(a)$$

矛盾！因此后一论断也成立. 证毕. □

上述命题在域的情况也是成立的. 定理 5.32 对域赋值的完全性给一刻画. 基于此一结论，今对环赋值的完全性做类似的规定：

定义 6.25 设环 R 有非浅显赋值 v，$(A, \mathfrak{M})$ 与 p 分别为 v 的赋值对和核. 若 $A\backslash p$ 中每个以素理想为幅度的似收敛列都在 A 中有似极限，就称 R 关于 v 是完全的，或称 (R, v) 为一完全赋值环.

对于环 R 的赋值 v，它的核 p 自然是 R 的一个素理想，从而 $F = R/p$ 是个整环，其元素集为 $\{\bar{x} = x \bmod p, \forall x \in R\}$，于是 $\bar{A} = A/p$，$\overline{\mathfrak{M}} = \mathfrak{M}/p$ 构成 F 的赋值环和赋值理想. 由 $(\bar{A}, \overline{\mathfrak{M}})$ 定出 F 的一个赋值 $\bar{v}$，它满足

$$\bar{v}(\bar{x}) = v(x) \quad (\forall \bar{x} \in F) \tag{23}$$

由于在同一剩余集中的 x 均有同一值 $v(x)$，故 $\bar{v}$ 的规定是有效的，今有下面的定理.

定理 6.26 设环 R 有赋值 v，$(A, \mathfrak{M})$ 和 p 分别是 v 的赋值对和核. 又设 $F = R/p$，它有由式(23)所规定的赋值 $\bar{v}$. 于是，(R, v) 成为完全赋值环，当且仅当 $(F, \bar{v})$ 的一完全赋值整环.

证明 必要性. 设 (R, v) 为完全赋值环，今在 $(F, \bar{v})$ 中任取一个幅度为素理想 $\bar{I} = I/p$ 的似收敛列 $\{\bar{a}_\tau\}_{\tau \in T}$，其中 $\bar{a}_\tau = a_\tau \bmod p$，$a_\tau \in A\backslash p$，$\forall \tau \in T$. 由 $\bar{v}$ 的规定知 $\{a_\tau\}_{\tau \in T}$ 是 (R, v) 中一个以素理想 I 为幅度的似收敛列，且 $\{\bar{a}\}_\tau$ 与 $\{a_\tau\}_\tau$ 有共同的值元素列，设为 $\{\gamma_\tau\}_\tau$. 由所设，$\{a_\tau\}_\tau$ 在 A 中有似极限，令 a 为其一，于是取 $\bar{a} = a \bmod p$，从而有

$$\bar{v}(\bar{a} - \bar{a}_\tau) = v(a - a_\tau) = \gamma_\tau \quad (\forall \tau \in T, \tau \geqslant \tau_0)$$

这表明了 $\bar{a}$ 是 $\{\bar{a}_\tau\}_\tau$ 在 $\bar{A}$ 中的一个似极限. 从 $\{\bar{a}_\tau\}_\tau$ 取择的任意性即知 $(F, \bar{v})$ 是个完全赋值整环.

充分性. 今设 $(F, \bar{v})$ 是个完全赋值整环；$\{a_\tau\}_{\tau \in T}$ 是 R 中取自 $A\backslash p$ 的一个幅度为素理想 I 的似收敛列. 从这个 $\{a_\tau\}_\tau$ 可得出 $(F, \bar{v})$ 的赋值环 $\bar{A}$ 中一元素列 $\{\bar{a}_\tau\}_\tau$，按 $\bar{v}$ 与 $\bar{a}_\tau$ 的规定可知 $\{\bar{a}_\tau\}_\tau$ 是个以类理想 $\bar{I} = I/p$ 为幅度的似收敛列. 由 $(F, \bar{v})$ 的完全性知 $\{\bar{a}_\tau\}_\tau$ 在 $\bar{A}$ 中有似极限，令 $\bar{a}$ 为其一，由于 $\bar{a} = a \bmod p$，故有

$$v(a - a_\tau) = \bar{v}(\bar{a} - \bar{a}_\tau) = \gamma_\tau \quad (\forall \tau \in T, \tau \geqslant \tau_0)$$

这表明了 a 是 $\{a_\tau\}_\tau$ 的一个似极限，由 $\{a_\tau\}_\tau$ 取择的任意性，按定义 6.25 即知 (R, v) 是个完全赋值环. 证毕. □

此定理中的 p 如果是 R 的一个极大理想，则 $F = R/p$ 是个域，从而定理的结

论演化为：(R,v) 成为完全赋值环，当且仅当$(F,\bar{v})$ 是个完全赋值域.

赋值 v 的核 p 在 R 中为极大理想这在 von Newmann 正则环(以下简称正则环)的情形下是成立的，因为正则环中所有的素理想均系极大理想[①]. 因此有下面的推论.

推论 设 R 为一正则环，有赋值 v，p 是 v 的核；又设 $F=R/p$，$\bar{v}$ 是 F 上按式(23)所规定的赋值. 于是，(R,v) 成为完全赋值环，当且仅当$(F,\bar{v})$ 为一完全赋值域. □

与完全赋值域的情形相类似，今有下面的定理.

定理 6.27[②] 设 R 为一正则环，v 为它的赋值，且(R,v) 为完全赋值环；又设 S 为 R 上一代数扩环，并且是个有限 $R-$模. 于是 v 在 S 上有拓展，设为 w，使得(S,w) 为完全赋值环.

证明 设 v 的核为 $p\neq(0)$. 按所设知其为 R 中一极大理想. 从而有 $R\cap pS=p$. 因此 v 在 S 上有拓展[③]，令 w 为其拓展. 今以 q 记 w 为核. 按 S 是 R 的代数扩张，故 S 也是个正则环[④]，从而 q 是 S 的一个极大理想，令

$$F=R/p,K=S/q \tag{24}$$

由于 p,q 分别为 R,S 的极大理想，故 F,K 均为域. 又由 $R\cap q=p$，以及 S 是有限 $R-$模这一规定知 K 是 F 上的有限扩张. 今按式(22)的方式由 v,w 分别在 F,K 上定出赋值 $\bar{v},\bar{w}$. 由定理 6.26 知$(F,\bar{v})$ 是个完全赋值域，又由$[K:F]<\infty$ 按定理 5.45 知$(K,\bar{w})$ 也是完全赋值域. 于是，从定理 6.26 即知(S,w) 是个完全赋值环. 证毕. □

第 6 章参考文献

[1] BOISEN M B, LANSEM M D. Prüfen and valuation rings with zero divisors[J]. Pac. J. Math.,1972,49.

[2] COHEN I S, SEIDENBENG A. Prime ideals and integral dependence[J]. Bull. A. M. S.,1946,52:252-261.

[3] 戴执中. 交换环上赋值的完全性[J]. 南昌大学学报(自然科学版)，2015，

① 见本章参考文献[6]，33 页，prop. 3.

② 见本章参考文献[3] 定理 4.

③ 见本章参考文献[7]prop. 7.

④ 见本章参考文献[8].

39(2):103-106.

[4] GRÄTEN J. An integrally closed ring which is not the intensection of valuation Rings[J]. Amer. Math. Jour. ,1989,107(2):333-336.

[5] KELLY P H, LASSEN M D. Valuation rings with zero divisons[J]. Proc. A. M. S. ,1971,30:426-430.

[6] LAMBEK J. Lectuses on rings and modules[M]. New York: Blaisdell Pub. Company,1966.

[7] MANIS N E. Valuations on a commutative rings[J]. Proc. A. M. S. , 1969,20:193-198.

[8] RAPHAAL R M. Algebraic extensions of commutative regular rings[J]. Can. J. Math. ,1970,22(6):1133-1155.

[9] SAMUEL R. La notion de place dans um anneau[J]. Bull. Soc. Math. France,1957,85:123-133.

赋值论的诞生及其始创期工作简介

附录

§1 产生的背景

“域”这个概念在19世纪后期已有定型.当时所认知的具体域不外三种,即有限域、数域和函数域.就数域而言,最小的是有理数域**Q**,从**Q**可以得到实数域**R**,对**R**作二次扩张得到复数域**C**.**C**是个代数闭域,它包含所有的代数数域,在它之外就不存在别的数域了.所以数域的范围是介于**Q**与**C**之间,此外就只有函数域.数域有一特点,就是每个数都可以定其绝对值$|\ |$.有了绝对值就可以对数列来定义收敛性和极限等概念.由此又引进了完全性这一概念.就此而言,**Q**不是一个完全域,它关于$|\ |$的完全化域是**R**.**C**是**R**上的二次扩域,它关于$|\ |$也是完全的.所以**C**既是代数闭域,又是个完全域.

关于数论的研究在19世纪后期是很热门.在哥廷根有D. Hilbert, E. Landau等人;在马堡有K. Hensel. Hensel的研究方式不同于前者.他于1904年对有理数域**Q**引进另一种绝对值$|\ |_p$①,从而定义关于$|\ |_p$的收敛列、极限以及完全性等.**Q**关于$|\ |_p$的完全化域$\mathbf{Q}_p$称作p－进数域,其中的元称作p－进数,它为如形式

$$\alpha=\sum_{i=n}^{\infty}a_i p^i$$

① 见本书第1章.

其中 a_i 满足 $0 \leqslant a_i \leqslant p-1$；$n$ 可取任一正、负整数；$|\alpha|_\rho = |p|_\rho^n$，$|p|_\rho$ 取一个满足 $0<\rho<1$ 的实数 ρ.

$\mathbf{Q}_p$ 自然包含 $\mathbf{Q}$，但它不在 $\mathbf{C}$ 内，同时也非函数域. 这就突破了原有的数域范围. Hensel 的专著[1] 出版于 1908 年. 它的问世引发了 E. Steinitz 对域作一般性的研究[①]. Steinitz的论文[2]发表于1910年. 这是一篇有里程碑意义的著作. 四十年后经 R. Baer 和 H. Hasse 作注释后又以单行本出版. 在该文中作者对一般性的域引入了素子域、特征数、可分性及完备性等概念，它的一个主要结论是：

每个域均可经代数扩张而得到一代数闭域，并且除同构不计外，它是唯一的.

§2 赋值的产生

Steinitz 的论文一发表就引起广泛的关注. 匈牙利数学家 J. Kürschák(1864—1933) 觉得其中缺少一个完全性的概念，而复数域 $\mathbf{C}$ 除了代数封闭性外，还有一个关于绝对值 $|\ |$ 的完全性. 为了弥补此一欠缺，他对任意域引进了“赋值”这一概念[②]. 设 K 为任一域. 对其中每个元 a 给定一个实数值 $|a|$，并要求满足下列条件：

(1) $|a| \geqslant 0$，$|0|=0$，对于 $a \neq 0$，$|a|>0$，且 K 中至少有一个 $a \neq 0$ 使得 $|a| \neq 1$；

(2) $|a \cdot b| = |a| \cdot |b|$；

(3) $|a+b| \leqslant |a| + |b|$.

这样规定的 $|\ |$ 称作 K 的一个赋值，有赋值 $|\ |$ 的域 K 称为赋值域记以 $(K, |\ |)$.

实数域和复数域自然都是赋值域，它们的赋值就是原有的绝对值. Hensel 对 $\mathbf{Q}$ 规定的 $p-$ 进绝对值 $|\ |_p$ 也满足上述条件，所以也是 $\mathbf{Q}$ 的另一个赋值.

在引进赋值这个概念后，对任一赋值域 $(K, |\ |)$ 就可以与对待数域一样来定义关于 $|\ |$ 的收敛列、极限和完全性等概念. 一个首先要解决的问题是：若 L 是赋值域 $(K, |\ |)$ 上的一个代数扩域，对于 L 中的元，应该怎样来规定它的赋值 $|\ |'$，换言之，K 上的 $|\ |$ 应以什么方式拓展于 L？设 $\alpha \in L$ 满足 K 上的不可约

① 见参考文献[2] 的前言.

② 见参考文献[3].

方程

$$\alpha^n + a_1\alpha^{n-1} + \cdots + a_n = 0 \qquad (*)$$

作者认为 α 的赋值应为 $|\alpha|' = |a_n|^{1/n}$. 他用分析方法证明 $|\ |'$ 满足上述的条件(2);又在(K, $|\ |$) 为完全赋值域的情况下证明了 $|\ |'$ 满足条件(3),论文[3]的主要结论是:

每个赋值域均可添入适当的新元而得到一个完全赋值赋,并且它又是代数闭域①.

论文[3] 中作者提出问题:$\mathbf{Q}_p$ 的最小代数闭扩张关于 $|\ |_p$ 的拓展是否为完全赋值域? 他猜测是否定的.

§3 始创期的几项重要工作

Kürschák 的论文[3] 一经发表立即引起一位来自乌克兰,时在马堡师从 Hensel 的青年数学家 A. Ostrowski(1893—1986) 的关注. 他在该刊物同一年的后期上发表了论文[4],就 Kürschák 的猜测予以证实. 他研究完全赋值域的代数扩张,先证明三条引理如下:

(1) 完全赋值域的有限可分扩张是完全的.

(2) 完全赋值域的任一无限可分扩张都是非完全的.

(3) 设 L 是完全赋值域 K 的最小代数闭扩张. M 是由 L 中所有在 K 上为可分代数无所成的子域. 若 M 是 K 上有限扩张,则 L 也是 K 的有限扩张,且 $L = M$.

通过这三条引理 Ostrowski 得出最终的结论:

完全赋值域(K, $|\ |$) 的最小代数闭扩张 L 成为完全赋值域的充要条件是 $[L:K] < \infty$. 在论文[6] 中作者将赋值分为两类:阿基米德型的和非阿基米德型的. Kürschák 所定义的赋值属于前者;后者是以

$$|a+b| \leqslant \max\{|a|, |b|\} \quad (\text{记为引理}(3'))$$

替代原有的(3) 而得的赋值. $\mathbf{Q}$ 的 p-绝对值 $|\ |_p$ 就是它的一例. 作者在该文中主要研究阿基米德型赋值,所得结论如下:

(1) 每个阿基米德型的赋值域均可映射于复数域的一子域上,对原有的代

① 按参考文献[3] 中的赋值即本书第 1 章中的绝对值,故此一结论与本书的定理 1.29 在"赋值"一词的意义上是不同的.

数关系和极限关系均不因映射而改变.

(2) 每个阿基米德型的完全赋值域,若同时是代数闭域,则可映射于复数域 **C**,且域中原有的代数关系和极限关系均不因映射而改变.

在论文[5]中作者研究非阿基米德型的完全赋值域.他证明了以下三个结论①:

(1) 完全赋值域 K 的每个有限赋值扩域都是完全的.

(2) 完全赋值域 K 的每个代数赋值扩域,若其中包含关于 K 的任意高次数的元,则不是完全的.

(3) 完全赋值域 K 的最小代数闭扩张 L 关于拓展赋值成为完全赋值域的充要条件是 $[L:K]<\infty$.

另一位在赋值论发展的早期做出重要贡献的是捷克数学家 K. Rychlik(1885—1968).他主要研究非阿基米德型的赋值域.首先在赋值域中时元素引入可除性概念,使得赋值域 K 乃其中整元素环的商域.于是和通常的数域一样有关于多项式的结式定理成立.在 $(K,|\,|)$ 为完全赋值域的情况下,即可证得著名的 Hensel 引理②.

在 $|\,|$ 为非阿基米德型赋值的情况下,当 K 上的代数元 α 适合方程(∗)时,他用代数的方法证明了 $|\alpha|'=|a_n|^{1/n}$ 满足定义中的条件(2);以及在 $(K,|\,|)$ 为完全赋值时,$|\,|'$ 满足引理(3′).

论文[7]中的另一主要结论为:若赋值域 $(K,|\,|)$ 为代数闭域,则它的完全化域 $\widetilde{K}$ 也是代数闭域③.

附录参考文献

(按发表年代为序)

[1] HENSEL K. Theorie der algebraischen Zahlen[M]. Leipzig:不详,1908.

[2] STEINITZ E. Algebraische theorie der Körper[J]. Jour. reine angew. Math.,1910,137:167-309.

---

① 结论(1),(2)见本书定理5.45,5.46.论文[5]中的(1),(2)系其特款;结论(3)也可视为定理5.48之特款.

② 他最初的论文是用捷克文写的,致未引起广泛的注意.Hensel 引理最初曾被称作 Hensel-Rychlik 引理.现今都简作 Hensel 引理.Hensel 本人并未研究赋值理论,他被认为是赋值论的 Grandpa.

③ 参见本书定理1.28,但表述稍异.

[3] KÜRSCHÁK J. Über limesbildung und allgemeine Körpertheorie[J]. Jour. reine angew. Math. ,1913,142:211-253.
[4] OSTROWSKI A. Über einige fragen der allgemeinen körpertheorie[J]. Jour. reine angew. Math. ,1913,143:255-284.
[5] OSTROWSKI A. Über sogenannte perfekte Körper[J]. Jour. reine angew. Math. ,1917,147:191-204.
[6] OSTROWSKI A. Über einige lösungen der funktion-algleichung $\varphi(x) \cdot \varphi(y)=\varphi(xy)$[J]. Acta Math. ,1918,41:271-284.
[7] RYCHLIK K. Zur Bewertungs theorie der algebraischen Körper[J]. Jour. reine angew. Math. ,1924,153:94-107.

刘培杰数学工作室

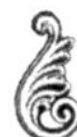

已出版(即将出版)图书目录——高等数学

书　　名	出版时间	定　价	编号
距离几何分析导引	2015—02	68.00	446
大学几何学	2017—01	78.00	688
关于曲面的一般研究	2016—11	48.00	690
近世纯粹几何学初论	2017—01	58.00	711
拓扑学与几何学基础讲义	2017—04	58.00	756
物理学中的几何方法	2017—06	88.00	767
几何学简史	2017—08	28.00	833

书　　名	出版时间	定　价	编号
复变函数引论	2013—10	68.00	269
伸缩变换与抛物旋转	2015—01	38.00	449
无穷分析引论(上)	2013—04	88.00	247
无穷分析引论(下)	2013—04	98.00	245
数学分析	2014—04	28.00	338
数学分析中的一个新方法及其应用	2013—01	38.00	231
数学分析例选:通过范例学技巧	2013—01	88.00	243
高等代数例选:通过范例学技巧	2015—06	88.00	475
基础数论例选:通过范例学技巧	2018—09	58.00	978
三角级数论(上册)(陈建功)	2013—01	38.00	232
三角级数论(下册)(陈建功)	2013—01	48.00	233
三角级数论(哈代)	2013—06	48.00	254
三角级数	2015—07	28.00	263
超越数	2011—03	18.00	109
三角和方法	2011—03	18.00	112
随机过程(Ⅰ)	2014—01	78.00	224
随机过程(Ⅱ)	2014—01	68.00	235
算术探索	2011—12	158.00	148
组合数学	2012—04	28.00	178
组合数学浅谈	2012—03	28.00	159
丢番图方程引论	2012—03	48.00	172
拉普拉斯变换及其应用	2015—02	38.00	447
高等代数.上	2016—01	38.00	548
高等代数.下	2016—01	38.00	549
高等代数教程	2016—01	58.00	579
数学解析教程.上卷.1	2016—01	58.00	546
数学解析教程.上卷.2	2016—01	38.00	553
数学解析教程.下卷.1	2017—04	48.00	781
数学解析教程.下卷.2	2017—06	48.00	782
函数构造论.上	2016—01	38.00	554
函数构造论.中	2017—06	48.00	555
函数构造论.下	2016—09	48.00	680
函数逼近论(上)	2019—02	98.00	1014
概周期函数	2016—01	48.00	572
变叙的项的极限分布律	2016—01	18.00	573
整函数	2012—08	18.00	161
近代拓扑学研究	2013—04	38.00	239
多项式和无理数	2008—01	68.00	22

刘培杰数学工作室
已出版(即将出版)图书目录——高等数学

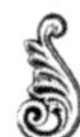

书　　名	出版时间	定　价	编号
模糊数据统计学	2008－03	48.00	31
模糊分析学与特殊泛函空间	2013－01	68.00	241
常微分方程	2016－01	58.00	586
平稳随机函数导论	2016－03	48.00	587
量子力学原理.上	2016－01	38.00	588
图与矩阵	2014－08	40.00	644
钢丝绳原理:第二版	2017－01	78.00	745
代数拓扑和微分拓扑简史	2017－06	68.00	791
半序空间泛函分析.上	2018－06	48.00	924
半序空间泛函分析.下	2018－06	68.00	925
概率分布的部分识别	2018－07	68.00	929
Cartan 型单模李超代数的上同调及极大子代数	2018－07	38.00	932
纯数学与应用数学若干问题研究	2019－03	98.00	1017
受控理论与解析不等式	2012－05	78.00	165
不等式的分拆降维降幂方法与可读证明	2016－01	68.00	591
实变函数论	2012－06	78.00	181
复变函数论	2015－08	38.00	504
非光滑优化及其变分分析	2014－01	48.00	230
疏散的马尔科夫链	2014－01	58.00	266
马尔科夫过程论基础	2015－01	28.00	433
初等微分拓扑学	2012－07	18.00	182
方程式论	2011－03	38.00	105
Galois 理论	2011－03	18.00	107
古典数学难题与伽罗瓦理论	2012－11	58.00	223
伽罗华与群论	2014－01	28.00	290
代数方程的根式解及伽罗瓦理论	2011－03	28.00	108
代数方程的根式解及伽罗瓦理论(第二版)	2015－01	28.00	423
线性偏微分方程讲义	2011－03	18.00	110
几类微分方程数值方法的研究	2015－05	38.00	485
N 体问题的周期解	2011－03	28.00	111
代数方程式论	2011－05	18.00	121
线性代数与几何:英文	2016－06	58.00	578
动力系统的不变量与函数方程	2011－07	48.00	137
基于短语评价的翻译知识获取	2012－02	48.00	168
应用随机过程	2012－04	48.00	187
概率论导引	2012－04	18.00	179
矩阵论(上)	2013－06	58.00	250
矩阵论(下)	2013－06	48.00	251
对称锥互补问题的内点法:理论分析与算法实现	2014－08	68.00	368
抽象代数:方法导引	2013－06	38.00	257
集论	2016－01	48.00	576
多项式理论研究综述	2016－01	38.00	577
函数论	2014－11	78.00	395
反问题的计算方法及应用	2011－11	28.00	147
数阵及其应用	2012－02	28.00	164
绝对值方程—折边与组合图形的解析研究	2012－07	48.00	186
代数函数论(上)	2015－07	38.00	494
代数函数论(下)	2015－07	38.00	495

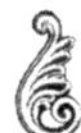

刘培杰数学工作室
已出版(即将出版)图书目录——高等数学

书　　名	出版时间	定　价	编号
偏微分方程论:法文	2015—10	48.00	533
时标动力学方程的指数型二分性与周期解	2016—04	48.00	606
重刚体绕不动点运动方程的积分法	2016—05	68.00	608
水轮机水力稳定性	2016—05	48.00	620
Lévy 噪音驱动的传染病模型的动力学行为	2016—05	48.00	667
铣加工动力学系统稳定性研究的数学方法	2016—11	28.00	710
时滞系统:Lyapunov 泛函和矩阵	2017—05	68.00	784
粒子图像测速仪实用指南:第二版	2017—08	78.00	790
数域的上同调	2017—08	98.00	799
图的正交因子分解(英文)	2018—01	38.00	881
点云模型的优化配准方法研究	2018—07	58.00	927
锥形波入射粗糙表面反散射问题理论与算法	2018—03	68.00	936
广义逆的理论与计算	2018—07	58.00	973
不定方程及其应用	2018—12	58.00	998
几类椭圆型偏微分方程高效数值算法研究	2018—08	48.00	1025
现代密码算法概论	2019—05	98.00	1061
模形式的 p—进性质	2019—06	78.00	1088
吴振奎高等数学解题真经(概率统计卷)	2012—01	38.00	149
吴振奎高等数学解题真经(微积分卷)	2012—01	68.00	150
吴振奎高等数学解题真经(线性代数卷)	2012—01	58.00	151
高等数学解题全攻略(上卷)	2013—06	58.00	252
高等数学解题全攻略(下卷)	2013—06	58.00	253
高等数学复习纲要	2014—01	18.00	384
超越吉米多维奇.数列的极限	2009—11	48.00	58
超越普里瓦洛夫.留数卷	2015—01	28.00	437
超越普里瓦洛夫.无穷乘积与它对解析函数的应用卷	2015—05	28.00	477
超越普里瓦洛夫.积分卷	2015—06	18.00	481
超越普里瓦洛夫.基础知识卷	2015—06	28.00	482
超越普里瓦洛夫.数项级数卷	2015—07	38.00	489
超越普里瓦洛夫.微分、解析函数、导数卷	2018—01	48.00	852
统计学专业英语	2007—03	28.00	16
统计学专业英语(第二版)	2012—07	48.00	176
统计学专业英语(第三版)	2015—04	68.00	465
代换分析:英文	2015—07	38.00	499
历届美国大学生数学竞赛试题集.第一卷(1938—1949)	2015—01	28.00	397
历届美国大学生数学竞赛试题集.第二卷(1950—1959)	2015—01	28.00	398
历届美国大学生数学竞赛试题集.第三卷(1960—1969)	2015—01	28.00	399
历届美国大学生数学竞赛试题集.第四卷(1970—1979)	2015—01	18.00	400
历届美国大学生数学竞赛试题集.第五卷(1980—1989)	2015—01	28.00	401
历届美国大学生数学竞赛试题集.第六卷(1990—1999)	2015—01	28.00	402
历届美国大学生数学竞赛试题集.第七卷(2000—2009)	2015—08	18.00	403
历届美国大学生数学竞赛试题集.第八卷(2010—2012)	2015—01	18.00	404
超越普特南试题:大学数学竞赛中的方法与技巧	2017—04	98.00	758
历届国际大学生数学竞赛试题集(1994—2010)	2012—01	28.00	143
全国大学生数学夏令营数学竞赛试题及解答	2007—03	28.00	15
全国大学生数学竞赛辅导教程	2012—07	28.00	189
全国大学生数学竞赛复习全书(第2版)	2017—05	58.00	787

刘培杰数学工作室

已出版(即将出版)图书目录——高等数学

书　　名	出版时间	定　价	编号
历届美国大学生数学竞赛试题集	2009—03	88.00	43
前苏联大学生数学奥林匹克竞赛题解(上编)	2012—04	28.00	169
前苏联大学生数学奥林匹克竞赛题解(下编)	2012—04	38.00	170
大学生数学竞赛讲义	2014—09	28.00	371
大学生数学竞赛教程——高等数学(基础篇、提高篇)	2018—09	128.00	968
普林斯顿大学数学竞赛	2016—06	38.00	669

书　　名	出版时间	定　价	编号
初等数论难题集(第一卷)	2009—05	68.00	44
初等数论难题集(第二卷)(上、下)	2011—02	128.00	82,83
数论概貌	2011—03	18.00	93
代数数论(第二版)	2013—08	58.00	94
代数多项式	2014—06	38.00	289
初等数论的知识与问题	2011—02	28.00	95
超越数论基础	2011—03	28.00	96
数论初等教程	2011—03	28.00	97
数论基础	2011—03	18.00	98
数论基础与维诺格拉多夫	2014—03	18.00	292
解析数论基础	2012—08	28.00	216
解析数论基础(第二版)	2014—01	48.00	287
解析数论问题集(第二版)(原版引进)	2014—05	88.00	343
解析数论问题集(第二版)(中译本)	2016—04	88.00	607
解析数论基础(潘承洞,潘承彪著)	2016—07	98.00	673
解析数论导引	2016—07	58.00	674
数论入门	2011—03	38.00	99
代数数论入门	2015—03	38.00	448
数论开篇	2012—07	28.00	194
解析数论引论	2011—03	48.00	100
Barban Davenport Halberstam 均值和	2009—01	40.00	33
基础数论	2011—03	28.00	101
初等数论 100 例	2011—05	18.00	122
初等数论经典例题	2012—07	18.00	204
最新世界各国数学奥林匹克中的初等数论试题(上、下)	2012—01	138.00	144,145
初等数论(Ⅰ)	2012—01	18.00	156
初等数论(Ⅱ)	2012—01	18.00	157
初等数论(Ⅲ)	2012—01	28.00	158
平面几何与数论中未解决的新老问题	2013—01	68.00	229
代数数论简史	2014—11	28.00	408
代数数论	2015—09	88.00	532
代数、数论及分析习题集	2016—11	98.00	695
数论导引提要及习题解答	2016—01	48.00	559
素数定理的初等证明.第 2 版	2016—09	48.00	686
数论中的模函数与狄利克雷级数(第二版)	2017—11	78.00	837
数论:数学导引	2018—01	68.00	849
域论	2018—04	68.00	884
代数数论(冯克勤　编著)	2018—04	68.00	885
范式大代数	2019—02	98.00	1016

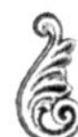

刘培杰数学工作室
已出版(即将出版)图书目录——高等数学

书　　名	出版时间	定　价	编号
新编 640 个世界著名数学智力趣题	2014—01	88.00	242
500 个最新世界著名数学智力趣题	2008—06	48.00	3
400 个最新世界著名数学最值问题	2008—09	48.00	36
500 个世界著名数学征解问题	2009—06	48.00	52
400 个中国最佳初等数学征解老问题	2010—01	48.00	60
500 个俄罗斯数学经典老题	2011—01	28.00	81
1000 个国外中学物理好题	2012—04	48.00	174
300 个日本高考数学题	2012—05	38.00	142
700 个早期日本高考数学试题	2017—02	88.00	752
500 个前苏联早期高考数学试题及解答	2012—05	28.00	185
546 个早期俄罗斯大学生数学竞赛题	2014—03	38.00	285
548 个来自美苏的数学好问题	2014—11	28.00	396
20 所苏联著名大学早期入学试题	2015—02	18.00	452
161 道德国工科大学生必做的微分方程习题	2015—05	28.00	469
500 个德国工科大学生必做的高数习题	2015—06	28.00	478
360 个数学竞赛问题	2016—08	58.00	677
德国讲义日本考题. 微积分卷	2015—04	48.00	456
德国讲义日本考题. 微分方程卷	2015—04	38.00	457
二十世纪中叶中、英、美、日、法、俄高考数学试题精选	2017—06	38.00	783
博弈论精粹	2008—03	58.00	30
博弈论精粹. 第二版(精装)	2015—01	88.00	461
数学 我爱你	2008—01	28.00	20
精神的圣徒　别样的人生——60 位中国数学家成长的历程	2008—09	48.00	39
数学史概论	2009—06	78.00	50
数学史概论(精装)	2013—03	158.00	272
数学史选讲	2016—01	48.00	544
斐波那契数列	2010—02	28.00	65
数学拼盘和斐波那契魔方	2010—07	38.00	72
斐波那契数列欣赏	2011—01	28.00	160
数学的创造	2011—02	48.00	85
数学美与创造力	2016—01	48.00	595
数海拾贝	2016—01	48.00	590
数学中的美	2011—02	38.00	84
数论中的美学	2014—12	38.00	351
数学王者　科学巨人——高斯	2015—01	28.00	428
振兴祖国数学的圆梦之旅:中国初等数学研究史话	2015—06	98.00	490
二十世纪中国数学史料研究	2015—10	48.00	536
数字谜、数阵图与棋盘覆盖	2016—01	58.00	298
时间的形状	2016—01	38.00	556
数学发现的艺术:数学探索中的合情推理	2016—07	58.00	671
活跃在数学中的参数	2016—07	48.00	675

刘培杰数学工作室

已出版(即将出版)图书目录——高等数学

书　　名	出版时间	定　价	编号
格点和面积	2012－07	18.00	191
射影几何趣谈	2012－04	28.00	175
斯潘纳尔引理——从一道加拿大数学奥林匹克试题谈起	2014－01	28.00	228
李普希兹条件——从几道近年高考数学试题谈起	2012－10	18.00	221
拉格朗日中值定理——从一道北京高考试题的解法谈起	2015－10	18.00	197
闵科夫斯基定理——从一道清华大学自主招生试题谈起	2014－01	28.00	198
哈尔测度——从一道冬令营试题的背景谈起	2012－08	28.00	202
切比雪夫逼近问题——从一道中国台北数学奥林匹克试题谈起	2013－04	38.00	238
伯恩斯坦多项式与贝齐尔曲面——从一道全国高中数学联赛试题谈起	2013－03	38.00	236
卡塔兰猜想——从一道普特南竞赛试题谈起	2013－06	18.00	256
麦卡锡函数和阿克曼函数——从一道前南斯拉夫数学奥林匹克试题谈起	2012－08	18.00	201
贝蒂定理与拉姆贝克莫斯尔定理——从一个拣石子游戏谈起	2012－08	18.00	217
皮亚诺曲线和豪斯道夫分球定理——从无限集谈起	2012－08	18.00	211
平面凸图形与凸多面体	2012－10	28.00	218
斯坦因豪斯问题——从一道二十五省市自治区中学数学竞赛试题谈起	2012－07	18.00	196
纽结理论中的亚历山大多项式与琼斯多项式——从一道北京市高一数学竞赛试题谈起	2012－07	28.00	195
原则与策略——从波利亚“解题表”谈起	2013－04	38.00	244
转化与化归——从三大尺规作图不能问题谈起	2012－08	28.00	214
代数几何中的贝祖定理(第一版)——从一道 IMO 试题的解法谈起	2013－08	18.00	193
成功连贯理论与约当块理论——从一道比利时数学竞赛试题谈起	2012－04	18.00	180
素数判定与大数分解	2014－08	18.00	199
置换多项式及其应用	2012－10	18.00	220
椭圆函数与模函数——从一道美国加州大学洛杉矶分校(UCLA)博士资格考题谈起	2012－10	28.00	219
差分方程的拉格朗日方法——从一道 2011 年全国高考理科试题的解法谈起	2012－08	28.00	200
力学在几何中的一些应用	2013－01	38.00	240
高斯散度定理、斯托克斯定理和平面格林定理——从一道国际大学生数学竞赛试题谈起	即将出版		
康托洛维奇不等式——从一道全国高中联赛试题谈起	2013－03	28.00	337
西格尔引理——从一道第 18 届 IMO 试题的解法谈起	即将出版		
罗斯定理——从一道前苏联数学竞赛试题谈起	即将出版		
拉克斯定理和阿廷定理——从一道 IMO 试题的解法谈起	2014－01	58.00	246
毕卡大定理——从一道美国大学数学竞赛试题谈起	2014－07	18.00	350
贝齐尔曲线——从一道全国高中联赛试题谈起	即将出版		
拉格朗日乘子定理——从一道 2005 年全国高中联赛试题的高等数学解法谈起	2015－05	28.00	480
雅可比定理——从一道日本数学奥林匹克试题谈起	2013－04	48.00	249
李天岩－约克定理——从一道波兰数学竞赛试题谈起	2014－06	28.00	349
整系数多项式因式分解的一般方法——从克朗耐克算法谈起	即将出版		

刘培杰数学工作室
已出版(即将出版)图书目录——高等数学

书　　名	出版时间	定　价	编号
布劳维不动点定理——从一道前苏联数学奥林匹克试题谈起	2014－01	38.00	273
伯恩赛德定理——从一道英国数学奥林匹克试题谈起	即将出版		
布查特－莫斯特定理——从一道上海市初中竞赛试题谈起	即将出版		
数论中的同余数问题——从一道普特南竞赛试题谈起	即将出版		
范·德蒙行列式——从一道美国数学奥林匹克试题谈起	即将出版		
中国剩余定理:总数法构建中国历史年表	2015－01	28.00	430
牛顿程序与方程求根——从一道全国高考试题解法谈起	即将出版		
库默尔定理——从一道 IMO 预选试题谈起	即将出版		
卢丁定理——从一道冬令营试题的解法谈起	即将出版		
沃斯滕霍姆定理——从一道 IMO 预选试题谈起	即将出版		
卡尔松不等式——从一道莫斯科数学奥林匹克试题谈起	即将出版		
信息论中的香农熵——从一道近年高考压轴题谈起	即将出版		
约当不等式——从一道希望杯竞赛试题谈起	即将出版		
拉比诺维奇定理	即将出版		
刘维尔定理——从一道《美国数学月刊》征解问题的解法谈起	即将出版		
卡塔兰恒等式与级数求和——从一道 IMO 试题的解法谈起	即将出版		
勒让德猜想与素数分布——从一道爱尔兰竞赛试题谈起	即将出版		
天平称重与信息论——从一道基辅市数学奥林匹克试题谈起	即将出版		
哈密尔顿－凯莱定理:从一道高中数学联赛试题的解法谈起	2014－09	18.00	376
艾思特曼定理——从一道 CMO 试题的解法谈起	即将出版		
一个爱尔特希问题——从一道西德数学奥林匹克试题谈起	即将出版		
有限群中的爱丁格尔问题——从一道北京市初中二年级数学竞赛试题谈起	即将出版		
糖水中的不等式——从初等数学到高等数学	2019－07	48.00	1093
帕斯卡三角形	2014－03	18.00	294
蒲丰投针问题——从 2009 年清华大学的一道自主招生试题谈起	2014－01	38.00	295
斯图姆定理——从一道"华约"自主招生试题的解法谈起	2014－01	18.00	296
许瓦兹引理——从一道加利福尼亚大学伯克利分校数学系博士生试题谈起	2014－08	18.00	297
拉姆塞定理——从王诗宬院士的一个问题谈起	2016－04	48.00	299
坐标法	2013－12	28.00	332
数论三角形	2014－04	38.00	341
毕克定理	2014－07	18.00	352
数林掠影	2014－09	48.00	389
我们周围的概率	2014－10	38.00	390
凸函数最值定理:从一道华约自主招生题的解法谈起	2014－10	28.00	391
易学与数学奥林匹克	2014－10	38.00	392
生物数学趣谈	2015－01	18.00	409
反演	2015－01	28.00	420
因式分解与圆锥曲线	2015－01	18.00	426
轨迹	2015－01	28.00	427
面积原理:从常庚哲命的一道 CMO 试题的积分解法谈起	2015－01	48.00	431
形形色色的不动点定理:从一道 28 届 IMO 试题谈起	2015－01	38.00	439
柯西函数方程:从一道上海交大自主招生的试题谈起	2015－02	28.00	440

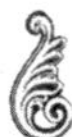

刘培杰数学工作室
已出版(即将出版)图书目录——高等数学

书　　名	出版时间	定　价	编号
三角恒等式	2015－02	28.00	442
无理性判定:从一道 2014 年"北约"自主招生试题谈起	2015－01	38.00	443
数学归纳法	2015－03	18.00	451
极端原理与解题	2015－04	28.00	464
法雷级数	2014－08	18.00	367
摆线族	2015－01	38.00	438
函数方程及其解法	2015－05	38.00	470
含参数的方程和不等式	2012－09	28.00	213
希尔伯特第十问题	2016－01	38.00	543
无穷小量的求和	2016－01	28.00	545
切比雪夫多项式:从一道清华大学金秋营试题谈起	2016－01	38.00	583
泽肯多夫定理	2016－03	38.00	599
代数等式证题法	2016－01	28.00	600
三角等式证题法	2016－01	28.00	601
吴大任教授藏书中的一个因式分解公式:从一道美国数学邀请赛试题的解法谈起	2016－06	28.00	656
易卦——类万物的数学模型	2017－08	68.00	838
"不可思议"的数与数系可持续发展	2018－01	38.00	878
最短线	2018－01	38.00	879
从毕达哥拉斯到怀尔斯	2007－10	48.00	9
从迪利克雷到维斯卡尔迪	2008－01	48.00	21
从哥德巴赫到陈景润	2008－05	98.00	35
从庞加莱到佩雷尔曼	2011－08	138.00	136
从费马到怀尔斯——费马大定理的历史	2013－10	198.00	Ⅰ
从庞加莱到佩雷尔曼——庞加莱猜想的历史	2013－10	298.00	Ⅱ
从切比雪夫到爱尔特希(上)——素数定理的初等证明	2013－07	48.00	Ⅲ
从切比雪夫到爱尔特希(下)——素数定理 100 年	2012－12	98.00	Ⅲ
从高斯到盖尔方特——二次域的高斯猜想	2013－10	198.00	Ⅳ
从库默尔到朗兰兹——朗兰兹猜想的历史	2014－01	98.00	Ⅴ
从比勃巴赫到德布朗斯——比勃巴赫猜想的历史	2014－02	298.00	Ⅵ
从麦比乌斯到陈省身——麦比乌斯变换与麦比乌斯带	2014－02	298.00	Ⅶ
从布尔到豪斯道夫——布尔方程与格论漫谈	2013－10	198.00	Ⅷ
从开普勒到阿诺德——三体问题的历史	2014－05	298.00	Ⅸ
从华林到华罗庚——华林问题的历史	2013－10	298.00	Ⅹ
数学物理大百科全书.第 1 卷	2016－01	418.00	508
数学物理大百科全书.第 2 卷	2016－01	408.00	509
数学物理大百科全书.第 3 卷	2016－01	396.00	510
数学物理大百科全书.第 4 卷	2016－01	408.00	511
数学物理大百科全书.第 5 卷	2016－01	368.00	512
朱德祥代数与几何讲义.第 1 卷	2017－01	38.00	697
朱德祥代数与几何讲义.第 2 卷	2017－01	28.00	698
朱德祥代数与几何讲义.第 3 卷	2017－01	28.00	699

刘培杰数学工作室

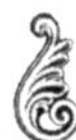

已出版(即将出版)图书目录——高等数学

书　　名	出版时间	定　价	编号
闵嗣鹤文集	2011—03	98.00	102
吴从炘数学活动三十年(1951～1980)	2010—07	99.00	32
吴从炘数学活动又三十年(1981～2010)	2015—07	98.00	491
斯米尔诺夫高等数学．第一卷	2018—03	88.00	770
斯米尔诺夫高等数学．第二卷．第一分册	2018—03	68.00	771
斯米尔诺夫高等数学．第二卷．第二分册	2018—03	68.00	772
斯米尔诺夫高等数学．第二卷．第三分册	2018—03	48.00	773
斯米尔诺夫高等数学．第三卷．第一分册	2018—03	58.00	774
斯米尔诺夫高等数学．第三卷．第二分册	2018—03	58.00	775
斯米尔诺夫高等数学．第三卷．第三分册	2018—03	68.00	776
斯米尔诺夫高等数学．第四卷．第一分册	2018—03	48.00	777
斯米尔诺夫高等数学．第四卷．第二分册	2018—03	88.00	778
斯米尔诺夫高等数学．第五卷．第一分册	2018—03	58.00	779
斯米尔诺夫高等数学．第五卷．第二分册	2018—03	68.00	780
zeta 函数，q-zeta 函数，相伴级数与积分	2015—08	88.00	513
微分形式：理论与练习	2015—08	58.00	514
离散与微分包含的逼近和优化	2015—08	58.00	515
艾伦·图灵：他的工作与影响	2016—01	98.00	560
测度理论概率导论，第 2 版	2016—01	88.00	561
带有潜在故障恢复系统的半马尔柯夫模型控制	2016—01	98.00	562
数学分析原理	2016—01	88.00	563
随机偏微分方程的有效动力学	2016—01	88.00	564
图的谱半径	2016—01	58.00	565
量子机器学习中数据挖掘的量子计算方法	2016—01	98.00	566
量子物理的非常规方法	2016—01	118.00	567
运输过程的统一非局部理论：广义波尔兹曼物理动力学，第 2 版	2016—01	198.00	568
量子力学与经典力学之间的联系在原子、分子及电动力学系统建模中的应用	2016—01	58.00	569
算术域	2018—01	158.00	821
高等数学竞赛：1962—1991 年的米洛克斯·史怀哲竞赛	2018—01	128.00	822
用数学奥林匹克精神解决数论问题	2018—01	108.00	823
代数几何(德语)	2018—04	68.00	824
丢番图逼近论	2018—01	78.00	825
代数几何学基础教程	2018—01	98.00	826
解析数论入门课程	2018—01	78.00	827
数论中的丢番图问题	2018—01	78.00	829
数论(梦幻之旅)：第五届中日数论研讨会演讲集	2018—01	68.00	830
数论新应用	2018—01	68.00	831
数论	2018—01	78.00	832
测度与积分	2019—04	68.00	1059
卡塔兰数入门	2019—05	68.00	1060

刘培杰数学工作室

已出版(即将出版)图书目录——高等数学
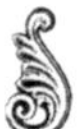

书　名	出版时间	定　价	编号
湍流十讲	2018—04	108.00	886
无穷维李代数:第 3 版	2018—04	98.00	887
等值、不变量和对称性:英文	2018—04	78.00	888
解析数论	2018—09	78.00	889
《数学原理》的演化:伯特兰·罗素撰写第二版时的手稿与笔记	2018—04	108.00	890
哈密尔顿数学论文集(第 4 卷):几何学、分析学、天文学、概率和有限差分等	2019—05	108.00	891

书　名	出版时间	定　价	编号
数学王子——高斯	2018—01	48.00	858
坎坷奇星——阿贝尔	2018—01	48.00	859
闪烁奇星——伽罗瓦	2018—01	58.00	860
无穷统帅——康托尔	2018—01	48.00	861
科学公主——柯瓦列夫斯卡娅	2018—01	48.00	862
抽象代数之母——埃米·诺特	2018—01	48.00	863
电脑先驱——图灵	2018—01	58.00	864
昔日神童——维纳	2018—01	48.00	865
数坛怪侠——爱尔特希	2018—01	68.00	866

书　名	出版时间	定　价	编号
当代世界中的数学.数学思想与数学基础	2019—01	38.00	892
当代世界中的数学.数学问题	2019—01	38.00	893
当代世界中的数学.应用数学与数学应用	2019—01	38.00	894
当代世界中的数学.数学王国的新疆域(一)	2019—01	38.00	895
当代世界中的数学.数学王国的新疆域(二)	2019—01	38.00	896
当代世界中的数学.数林撷英(一)	2019—01	38.00	897
当代世界中的数学.数林撷英(二)	2019—01	48.00	898
当代世界中的数学.数学之路	2019—01	38.00	899

书　名	出版时间	定　价	编号
偏微分方程全局吸引子的特性:英文	2018—09	108.00	979
整函数与下调和函数:英文	2018—09	118.00	980
幂等分析:英文	2018—09	118.00	981
李群,离散子群与不变量理论:英文	2018—09	108.00	982
动力系统与统计力学:英文	2018—09	118.00	983
表示论与动力系统:英文	2018—09	118.00	984

书　名	出版时间	定　价	编号
初级统计学:循序渐进的方法:第 10 版	2019—05	68.00	1067
工程师与科学家统计学:第 4 版	2019—06	58.00	1068
大学代数与三角学	2019—06	78.00	1069
培养数学能力的途径	即将出版		1070
工程师与科学家微分方程用书:第 4 版	即将出版		1071
贸易与经济中的应用统计学:第 6 版	2019—06	58.00	1072
傅立叶级数和边值问题:第 8 版	2019—05	48.00	1073
通往天文学的途径:第 5 版	2019—05	58.00	1074

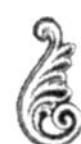

刘培杰数学工作室
已出版(即将出版)图书目录——高等数学

书　　名	出版时间	定　价	编号
拉马努金笔记.第1卷	2019－06	165.00	1078
拉马努金笔记.第2卷	2019－06	165.00	1079
拉马努金笔记.第3卷	2019－06	165.00	1080
拉马努金笔记.第4卷	2019－06	165.00	1081
拉马努金笔记.第5卷	2019－06	165.00	1082
拉马努金遗失笔记.第1卷	2019－06	109.00	1083
拉马努金遗失笔记.第2卷	2019－06	109.00	1084
拉马努金遗失笔记.第3卷	2019－06	109.00	1085
拉马努金遗失笔记.第4卷	2019－06	109.00	1086

联系地址:哈尔滨市南岗区复华四道街10号　哈尔滨工业大学出版社刘培杰数学工作室
网　　址:http://lpj.hit.edu.cn/
邮　　编:150006
联系电话:0451－86281378　　13904613167
E-mail:lpj1378@163.com